Die wissenschaftlichen Grundlagen der nassen Erzaufbereitung

Von

Dipl. Berging. **Josef Finkey**
a. o. Professor der Aufbereitungskunde an der
Montan. Hochschule in Sopron

Aus dem ungarischen Manuskript übersetzt
von
Dipl. Berging. **Johann Pocsubay**
Assistent an der Montan. Hochschule
in Sopron

Mit 44 Textabbildungen
und 31 Tabellen

Springer-Verlag Berlin Heidelberg GmbH

Alle Rechte, insbesondere das der Übersetzung
in fremde Sprachen, vorbehalten.

ISBN 978-3-642-89420-6   ISBN 978-3-642-91276-4 (eBook)
DOI 10.1007/978-3-642-91276-4

Softcover reprint of the hardcover 1st edition 1924

Vorwort.

Die Hand- und Lehrbücher der Aufbereitungskunde legen das Gewicht hauptsächlich auf die Beschreibung der bei der Aufbereitung in Anwendung stehenden Maschinen und anderer Apparate; die physikalischen Grundlagen der Aufbereitungsvorgänge hingegen werden nur in gedrängter Kürze besprochen. Eine Ausnahme bildet in dieser Hinsicht Rittingers bekanntes Lehrbuch, seit dessen Erscheinen jedoch mehr als ein halbes Jahrhundert verstrichen ist, und die Aufbereitungstechnik während dieser Zeit gewaltige Fortschritte gemacht hat.

Die Wichtigkeit der physikalischen Grundlagen des Aufbereitungswesens ist unbestreitbar. Ihre Kenntnis ist nicht nur zum Verständnis des Wesens der Aufbereitungsvorgänge und der Arbeitsweise der Maschinen und Apparate unerläßlich, sondern auch der praktische Aufbereitungsmann kann sie nicht entbehren, wenn er seine Vorrichtungen am vollkommensten und vom wirtschaftlichen Gesichtspunkte am vorteilhaftesten ausnutzen will. Gleichfalls wichtig ist die Kenntnis der physikalischen Grundlagen bei der Wahl neuer Einrichtungen, und schließlich bedarf ihrer auch der Konstrukteur der Aufbereitungsmaschinen und -apparate.

Diese Gesichtspunkte leiteten mich bei der Bearbeitung meines Werkes, durch das ich die Hand- und Lehrbücher der Aufbereitungskunde nicht ersetzen, sondern ergänzen wollte. Hierbei bemühte ich mich natürlich, die Literatur, die mir zur Verfügung stand, nach Möglichkeit zu berücksichtigen; der Fachmann wird aber sehen, daß ein großer Teil meines Werkes das Resultat selbständiger Forschungen ist.

Die Anwendung der höheren Mathematik konnte ich wegen der Natur des Stoffes nicht vermeiden; ich bemühte mich jedoch nur solche Verfahren anzuwenden, zu deren Verständnis die Kenntnis der Elemente der Differential- und Integralrechnung genügt.

Ich bin mir dessen bewußt, daß mein Werk die weiteren Forschungen auf diesem Gebiet nicht erübrigt, doch glaube ich, daß es mir gelungen ist, mehrere solche Fragen zu klären, die zur Vervollkommnung der praktischen Verfahren der nassen Aufbereitung beitragen können.

Die Übersetzung des in ungarischer Sprache abgefaßten Manuskriptes hat Herr Dipl.-Bergingenieur Johann Pocsubay übernommen, dem ich für die mühevolle und zeitraubende Arbeit auch an dieser Stelle meinen verbindlichsten Dank ausspreche.

Dank schulde ich auch der Verlagsbuchhandlung Julius Springer, die das Buch sorgfältig ausstatten ließ.

Sopron (Ungarn), am 29. Jänner 1924.

Josef Finkey.

Inhaltsverzeichnis.

Seite

Einleitung 1

I. **Die mechanischen Grundlagen der nassen Aufbereitung** 11
- § 1. Dynamische Wirkung des Wasserstromes auf feste Körper 11
- § 2. Freier Fall kugelförmiger fester Körper im ruhenden Wasser 18
- § 3. Experimenteller Nachweis der abgeleiteten Formeln. Die Formel von Stokes. Eastmans logarithmische Kurven . 30
- § 4. Wagoners Formel 48
- § 5. Bewegung eines kugelförmigen Körpers im vertikalen Wasserstrom 50
- § 6. Bewegung eines kugelförmigen Körpers im über eine geneigte Fläche fließenden Wasserstrome 61

II. **Die Vorarbeiten der nassen Aufbereitung** 77
- § 7. Zweck der Vorarbeiten 77
- § 8. Das Klassieren nach der Korngröße 79
- § 9. Das Sortieren nach der Gleichfälligkeit 86

III. **Die Setzarbeit** 100
- § 10. Grundgleichungen der Setzmaschinen 100
- § 11. Praktische Anwendung der Grundgleichungen. Richards Indikator 116
- § 12. Bestimmung der Hauptdaten der Setzmaschinen 129
- § 13. Betrachtungen über das allgemeine Problem des Setzens 131
- § 14. Kraftbedarf der Setzmaschinen 162

IV. **Die Herdarbeit** 165
- § 15. Allgemeines über die Herdarbeit 165
- § 16. Die festen Herde 174
- § 17. Die modernen bewegten Herde 177

a) Die Stoßherde 180
- § 18. Grundgleichungen der Stoßherde 180
- § 19. Bestimmung der Hauptdaten der ebenen Herde 198
- § 20. Der Rittinger-Herd 200
- § 21. Der Stein-Bilharzsche Herd 204
- § 22. Die Rundherde 208
- § 23. Bestimmung der Hauptdaten der Rundherde 214
- § 24. Der Rundherd mit feststehender Aufgebevorrichtung . . . 221

§ 25. Der Rundherd von Bartsch 225
§ 26. Der Linkenbachsche Rundherd 234
§ 27. Kraftbedarf der Stoßherde 235
§ 28. Die Schnellstoßherde 239
b) Die Schüttelherde 242
§ 29. Grundgleichungen der Schüttelherde 242
§ 30. Bestimmung der Hauptdaten der Schüttelherde 251
§ 31. Der Ferraris-Herd 254
§ 32. Kraftbedarf der Schüttelherde 257
c) Zusammenfassung und Folgerungen 260
§ 33. Die Verwendbarkeit der verschiedenen Herde. Kritische Betrachtungen über die nasse Aufbereitung der Bergerze . . 260
Sachverzeichnis 287

Einleitung.

Die metallhaltigen Mineralien können mit wirtschaftlichem Erfolg nur dann verhüttet werden, wenn sie einen bestimmten minimalen **Metallgehalt** haben und entsprechend **rein** sind.

Im allgemeinen ist der minimale Metallgehalt von der Erzgattung und dem Entwicklungsgrade des Hüttenwesens abhängig. So wird z. B. derzeit verlangt, daß die Eisenerze mindestens 25—30 vH. Eisen enthalten und dabei entsprechend rein sein sollen, d. h. ein größerer Gehalt an Arsen, Phosphor, Schwefel oder Kupfer ist unzulässig.

Mit Rücksicht auf diese Anforderung kann man derzeit den **Braunspat** (Ankerit [FeCaMg]CO_3), der nur etwa 16 vH. Eisen enthält, als Eisenerz nicht verwerten. Der **Arsenkies** (FeAsS) kann wegen des hohen Arsengehaltes — nämlich 46 vH. — nicht verhüttet werden, obgleich sein Eisengehalt 34 vH. beträgt, wiel die Trennung des auf die Qualität des Eisens außerordentlich schädlich einwirkenden Arsens vom Eisen bei dem heutigen Stande der hüttenmännischen Technik mit zu hohen Hüttenkosten verbunden ist.

Folglich bilden solche Mineralien — als Eisenerze — heute auch nicht den Gegenstand des Bergbaues.

Die metallhaltigen Mineralien, Erze, die — vom hüttenmännischen Standpunkte betrachtet — hinreichenden Metallgehalt haben und entsprechend rein sind, kommen auf ihren Lagerstätten fast stets mit anderen Mineralien, zum Teil mit anderen Erzen, zum Teil mit Gangarten verwachsen vor, so daß eine unmittelbare Verhüttung des aus der Grube geförderten Roherzes zumeist unmöglich ist.

Der **Bleiglanz** (PbS) — in reinem Zustande 86,6 vH. Blei enthaltend — ist ein erstklassiges Bleierz, das aber sehr häufig mit Zinkerzen und Quarz zusammen vorkommt, so daß z. B. das geförderte Roherz manchmal nur 3,5 vH. Blei und 15 vH.

Zink enthält. Unmittelbar als Zinkerz kann dieses Roherz nicht verhüttet werden, weil der erforderte minimale Metallgehalt bei Zinkerzen 25—30 vH. beträgt; aber auch als Bleierz ist es nicht schmelzwürdig, eben wegen des geringen Gehaltes an Blei.

Wenn man aber das Roherz durch entsprechendes Verfahren von der Gangart, d. h. vom Quarz trennt, so kann dadurch der Blei- und Zinkgehalt wesentlich erhöht werden. Damit sind aber die Ansprüche der hüttenmännischen Technik noch immer nicht befriedigt; denn wollte man dieses an Metallgehalt konzentrierte Erz z. B. als Bleierz verhütten, so würde einerseits wegen des hohen Zinkgehaltes der Verbrauch an Brennmaterialien, also die Hüttenkosten zu groß sein, anderseits würde der hohe Zinkgehalt beim Schmelzen große Verluste an Blei verursachen.

Wenn wir also dieses blei- und zinkhaltige Erz ökonomisch verwerten wollen, so ist nicht nur die Trennung des Quarzes erforderlich, sondern es muß vor der Verhüttung das Roherz in reines Bleierz und in Zinkerz getrennt werden.

Diese Aufgabe zu lösen ist die Erzaufbereitung berufen.

Der Zweck der Erzaufbereitung ist also: die nutzbaren Mineralien von den nicht nutzbaren sowie die nutzbaren voneinander zu trennen, um auf diese Weise zur Verhüttung geeignete Produkte zu erhalten.

Um diese Aufgabe lösen zu können, muß das aus der Grube geförderte Roherz aufgeschlossen, d. h. derart zerkleinert werden, daß die ursprünglich miteinander verwachsenen haltigen und unhaltigen Mineralkörner freigelegt werden. Erst nachher beginnt die eigentliche Erzaufbereitung, die Trennung der verschiedenen Mineralien voneinander, die mit Separation oder — weil dadurch der Metallgehalt des Roherzes erhöht, konzentriert wird — mit Anreicherung oder Konzentration bezeichnet wird.

Die Konzentration beruht auf der Verschiedenheit der mechanischen, physikalischen oder chemischen Eigenschaften der einzelnen Mineralien und in Berücksichtigung dieser können die verschiedenen Aufbereitungsverfahren in folgende drei Hauptgruppen eingeteilt werden.

I. Die mechanische Aufbereitung, die auf dem Unterschied in den spezifischen Gewichten der zu trennenden Mineralien beruht. Da in den meisten Fällen die spezifischen Gewichte der zu trennenden Mineralien erheblich verschieden sind, kann man die Gemengteile des hinreichend aufgeschlossenen Roherzes voneinander nach dem spezifischen Gewicht trennen, womit die Aufgabe der Erzaufbereitung gelöst ist. Je größer der Unterschied in den spezifischen Gewichten der zu trennenden Mineralien ist, desto leichter und vollkommener kann die Trennung praktisch durchgeführt werden. Wenn z. B. das Roherz nur aus Bleiglanz und Quarz besteht, deren spezifische Gewichte 7,5 und 2,5 sind, so wird die Trennung — weil das spezifische Gewicht des Bleiglanzes $\frac{7,5}{2,5} = 3$ mal größer als das des Quarzes ist, verhältnismäßig leicht vor sich gehen. Man kann das Verhältnis der spezifischen Gewichte steigern, also die Trennung noch leichter durchführen, wenn man diese im Wasser bewirkt, weil dann die um das Wassergewicht, d. h. um die Einheit verminderten relativen spezifischen Gewichte in Betracht kommen, so daß z. B. das spezifische Gewicht des Bleiglanzes im Wasser $\frac{7,5-1}{2,5-1} = 4,33$ mal größer sein wird als das des Quarzes. Im allgemeinen ist das Verhältnis der spezifischen Gewichte im Wasser desto größer, je weniger das spezifische Gewicht des leichteren Minerals die Einheit übertrifft. Während z. B. das Verhältnis der spezifischen Gewichte des Schiefers (spez. Gew. = 2,4) und der Steinkohle (spez. Gew. = 1,2) in der Luft nur $\frac{2,4}{1,2} = 2$ ist, beträgt dasselbe im Wasser schon $\frac{2,4-1}{1,2-1} = 7$.

Wenn V den Rauminhalt und δ das spezifische Gewicht eines Mineralkornes bezeichnet, so ist das absolute Gewicht des Kornes:
$$G = V\delta$$
und das im Wasser gemessene relative Gewicht:
$$G_0 = V(\delta - 1).$$
Da die Masse des Kornes in beiden Fällen unverändert bleibt, so ist, wenn g die absolute, g_0 die im Wasser gültige Beschleunigung bedeutet:
$$\frac{G}{g} = \frac{G_0}{g_0};$$
setzt man für G und G_0 die obigen Werte ein, so erhält man:
$$g_0 = g\frac{\delta - 1}{\delta} \qquad \ldots \ldots \ldots \quad 1)$$

Einleitung.

Die relative Beschleunigung g_0, mit der das Mineralkorn im ruhenden Wasser fallen würde, wenn das Wasser der Bewegung keinen hydrodynamischen Widerstand entgegensetzen würde, werden wir im folgenden als **hydrostatische Beschleunigung des Minerals** bezeichnen. Diese hydrostatische Beschleunigung wird in den folgenden Berechnungen von außerordentlich großer Wichtigkeit sein, und wie aus der Formel 1 ersichtlich, hängt ihr Wert nur von dem spezifischen Gewicht des betreffenden Minerals ab und ist um so größer, je größer das spezifische Gewicht ist.

In der folgenden Tabelle 1 sind — mit Rücksicht auf den Zweck des vorliegenden Werkes — die spezifischen Gewichte der praktisch wichtigsten Mineralien samt ihren chemischen Zusammensetzungen angegeben.

Zur mechanischen Aufbereitung gehören:
1. **Die Aufbereitung auf nassem Wege.**
2. **Die Aufbereitung auf trockenem Wege.**

Beim ersten Verfahren wird diese Aufbereitung unter Benutzung des Wassers ausgeführt, beim zweiten wird auf trockenem Wege gearbeitet. Aus dem Vorstehenden geht hervor, daß die nasse Aufbereitung viel wirksamer ist als die trockene, weswegen das letztere Aufbereitungsverfahren nur selten Anwendung findet.

Im Falle, daß in den spezifischen Gewichten der zu trennenden Mineralien kein genügend großer Unterschied vorhanden ist, oder für die nasse Aufbereitung keine hinreichende Wassermenge zur Verfügung steht, wird die Trennung durch die sogenannten **seltener angewendeten Aufbereitungsverfahren** bewirkt. Bemerkt sei aber, daß die Aufbereitung der Erze zum überwiegenden Teile auf nassem Wege erfolgt. Die seltener angewendeten Aufbereitungsverfahren kommen vielmehr in speziellen Fällen, oft nur als Ergänzung des nassen Aufbereitungsverfahrens zur Anwendung.

Zu den seltener angewendeten Aufbereitungsverfahren gehören:
II. Die Aufbereitungsverfahren nach besonderen physikalischen Eigenschaften, und zwar:
1. **Das Schwimmverfahren oder Flotationsverfahren,** das zur Trennung die voneinander abweichenden Randwinkel der mit Wasser und Luft sich gleichzeitig berührenden Mineralien ausnützt. Dieses Verfahren ist besonders geeignet für die Trennung der sulfidischen Mineralien von den nichtsulfidischen.

Einleitung.

Tabelle 1.

Lfde. Nr.	Name des Minerals	Chemische Zusammensetzung	Spez. Gewicht
1	Gold, gediegen	Au	15,6—19,0
2	Silber, gediegen	Ag	10,1—11,0
3	Kupfer, gediegen	Cu	8,5—8,9
4	Zinnober (Cinnabarit).	HgS	8,0—8,2
5	Bleiglanz (Galenit)	PbS	7,4—7,6
6	Silberglanz (Argentit)	Ag_2S	7,2—7,4
7	Zinnerz (Kassiterit)	SnO_2	6,8—7,0
8	Stephanit	Ag_5SbS_4	6,2—6,3
9	Polybasit	$(AgCu)_9 \cdot SbS_6$	6,0—6,3
10	Arsenkies (Arsenopyrit). . . .	FeAsS	6,0—6,2
11	Rotkupfererz (Cuprit)	Cu_2O	5,7—6,0
12	Rotgiltigerz (dunkel, Pyrargyrit)	Ag_3SbS_3	5,7—5,9
13	Rotgiltigerz (licht, Proustit). .	Ag_3AsS_3	5,6
14	Kupferglanz (Chalkosin) . . .	Cu_2S	5,5—5,8
15	Schwefelkies (Pyrit)	FeS_2	4,9—5,2
16	Speerkies (Markasit)	FeS_2	4,6—4,9
17	Roteisenerz (Hämatit)	Fe_2O_3	4,5—5,3
18	Chromeisenerz (Chromit) . . .	$FeCr_2O_4$	4,5—4,8
19	Antimonglanz (Antimonit) . .	Sb_2S_3	4,5—4,6
20	Magnetkies (Pyrrhotin)	FeS	4,5—4,6
21	Fahlerz (Tetraedrit)	$4(Cu_2Ag_2FeZn)S \cdot Sb_2S_3$	4,4—5,4
22	Schwerspat (Baryt).	$BaSO_4$	4,3—4,6
23	Kupferkies (Chalkopyrit) . . .	$CuFeS_2$	4,1—4,3
24	Zinkblende (Sphalerit)	ZnS	3,9—4,2
25	Korund	Al_2O_3	3,9—4,1
26	Malachit	$CuCO_3 \cdot Cu(OH)_2$	3,7—4,1
27	Spateisenstein (Siderit)	$FeCO_3$	3,7—3,9
28	Brauneisenerz (Limonit) . . .	$Fe_2O_3 \cdot H_2O$	3,4—3,9
29	Manganspat (Rhodochrosit) . .	$MnCO_3$	3,3—3,6
30	Diaspor (Dilnit)	$AlO \cdot OH$	3,3—3,5
31	Flußspat (Fluorit)	CaF_2	3,1—3,2
32	Diamant	C	3,0—3,5
33	Magnesit	$MgCO_3$	2,9—3,0
34	Dolomit	$CaCO_3 \cdot MgCO_3$	2,8—3,0
35	Kalkspat (Calcit).	$CaCO_3$	2,6—2,8
36	Quarz.	SiO_2	2,5—2,7
37	Orthoklas	$KAlSi_3O_8$	2,5—2,6
38	Kaolin	$Al_2Si_2O_7 \cdot 2\,H_2O$	2,2—2,6
39	Schiefer	—	1,8—2,7
40	Mineralische Kohle	—	1,2—1,6

2. **Die magnetische Aufbereitung**, die auf der verschiedenen Permeabilität, d. h. magnetischen Durchlässigkeit der verschiedenen Mineralien beruht. Der magnetischen Scheidung werden besonders Eisenerze und eisenhaltige Mineralien unterworfen.

3. Die elektrostatische Aufbereitung, die auf der Trennung von verschiedenen Mineralien nach ihrer elektrischen Leitfähigkeit beruht, wird selten angewendet.

III. Die Aufbereitungsverfahren nach besonderen chemischen Eigenschaften.

1. Die Amalgamation beruht auf jener Eigenschaft des Quecksilbers, vermöge welcher dieses mit einigen Metallen, besonders mit Freigold und Freisilber sehr leicht eine Legierung, das sogenannte Amalgam bildet, aus dem das Metall durch Ausglühen in Retorten wiedergewonnen werden kann. Die Amalgamation kommt besonders in Verbindung mit der nassen Aufbereitung freigoldhaltiger Erze zur Anwendung.

2. Die Laugerei und besonders die Zyanidlaugerei. Beim letzteren Verfahren wird das Freigold durch eine verdünnte Zyankalilösung (KCN) ausgelaugt und aus dieser Lösung das Gold auf chemischem Wege oder elektrolytisch ausgefällt. Die Zyanidlaugerei ist besonders geeignet zur Aufbereitung freigoldhaltiger, fein eingesprengter Erze.

Durch die Aufbereitung wird im allgemeinen der Metallgehalt des ursprünglich an Metall armen Roherzes konzentriert. Bezeichnet man den Metallgehalt des Roherzes mit a vH., den des konzentrierten Erzes mit b vH., so läßt sich das Maß der Konzentration, der Anreicherungsgrad, durch den folgenden Quotienten ausdrücken:

$$C = \frac{b}{a} \quad \ldots \ldots \ldots \quad 2)$$

Wenn z. B. für ein Bleierz (Bleiglanz) $a = 10$ vH., $b = 60$ vH. wäre, so ist der Anreicherungsgrad:

$$C = \frac{60}{10} = 6.$$

Es ist nicht möglich, welches immer der Aufbereitungsverfahren man auch benutzen mag, die einzelnen Mineralien völlig rein zu trennen, und man muß sich daher mit dem praktisch erreichbaren besten Ergebnis begnügen. Im allgemeinen liefert die Aufbereitung dreierlei Produkte:

1. Konzentrate, die den hüttenmännischen Anforderungen entsprechen und bereits verhüttet werden können.

Einleitung. 7

2. Zwischenprodukte, deren Metallgehalt für die Verhüttung noch nicht hinreichend ist.

3. Berge, deren Metallgehalt so gering ist, daß ihre nochmalige Verarbeitung sich nicht mehr lohnt.

Das Zwischenprodukt kann man in zwei Gruppen teilen. Es besteht entweder aus sogenanntem durchwachsenen Gut, d. h. aus Körnern, in denen nutzbare und wertlose Mineralien vereinigt sind, die also noch nicht hinreichend aufgeschlossen sind und vor einer weiteren Anreicherung so weit zerkleinert werden müssen, als es zur vollständigen Aufschließung derselben erforderlich ist, oder aus einem genügend aufgeschlossenen Gut, das aber noch einer weiteren Trennung unterworfen werden muß.

Aus den vorstehenden Betrachtungen geht hervor, daß bei der Erzaufbereitung die Metallverluste nicht ganz zu vermeiden sind. Die Ursachen des Metallverlustes werden später ausführlich behandelt werden; hier sei nur erwähnt, daß dieser Verlust mit der Feinheit des zu verarbeitenden Materials zunimmt, daher desto größer ist, je feiner das Roherz zerkleinert werden muß und je größer der Anreicherungsgrad ist.

Z. B. die Aufbereitungsanlage des Zink- und Bleierzbergwerks Bleischarley bei Beuthen, die von der Maschinenbauanstalt Humboldt in den Jahren von 1908—1911 erbaut wurde, verarbeitet Roherze mit 25,11 vH. Zink- und 3,34 vH. Bleigehalt. Als fertige Produkte werden hier erhalten:

1. Zinkblendeschlich mit 46,93 vH. Zn und 1,15 vH. Pb Gehalt
2. Bleischlich ,, 79,88 ,, Pb ,, 2,25 ,, Zn ,,

Das Metallausbringen beträgt an Zink 91 vH., an Blei 72,77 vH. Aus diesen Angaben geht hervor, daß

beim Zink der Anreicherungsgrad 1,87 und der Metallverlust 9,00 vH.,

beim Blei aber der Anreicherungsgrad 23,92 und der Metallverlust 27,23 vH. ist.

Hieraus ergibt sich, daß bei höherem Anreicherungsgrad auch der Metallverlust größer ist.

Es ist von Interesse zu erwähnen, daß diese Aufbereitungsanlage eine der größten des Kontinents ist, die in einer zehnstündigen Schicht 1000 t Roherz verarbeitet. Der Kraftbedarf der ganzen Anlage beträgt etwa 1278 PS, der Wasserverbrauch

13 m³ in der Minute. Aus vorstehendem ist ersichtlich, daß das täglich verarbeitete Roherzquantum 251,1 t Zink und 33,4 t Blei enthält, so daß täglich ein Metallverlust von 22,6 t Zink und 9,1 t Blei zu erwarten ist. Aus diesem folgt, daß die Verminderung des Metallverlustes um so mehr angestrebt werden muß, je größer der Metallgehalt des Roherzes ist.

Die Größe des Metallverlustes bzw. des Metallausbringens kann auf folgende Weise bestimmt werden[1]). Bedeutet:

x in t die Menge und a vH. den Metallgehalt des verarbeiteten Roherzes,

y in t die Menge und b vH. den Metallgehalt des Konzentrates,

z in t die Menge und c vH. den Metallgehalt der abfließenden Berge,

so kann das Ausbringen durch folgende Formel ausgedrückt werden:

$$k = \frac{100\,b\,y}{a\,x} \text{ vH.}$$

Da aber
$$a\,x = b\,y + c\,z$$
und anderseits
$$x = y + z$$
ist, so ergibt sich aus beiden Gleichungen:

$$\frac{y}{x} = \frac{a-c}{b-c},$$

folglich ist das Ausbringen:

$$k = \frac{100\,b\,(a-c)}{a\,(b-c)} \quad \ldots \ldots \ldots \text{ 3)}$$

Bei der Aufbereitung eines Zinkerzes sei z. B. der Zinkgehalt des Roherzes $a = 7$ vH., des Konzentrates $b = 40$ vH., der abfließenden Berge $c = 2$ vH., dann ist das Ausbringen nach obiger Formel:

$$k = \frac{100 \cdot 40 \cdot 5}{7 \cdot 38} = 75{,}2 \text{ vH.,}$$

daher der Metallverlust:
$$100 - 75{,}2 = 24{,}8 \text{ vH.}$$

Der Metallverlust bzw. das Metallausbringen ist aber nicht nur von der Korngröße der Einsprengung und dem Anreicherungs-

---

[1]) Engg. Min. Journ. Bd. 89, Nr. 24. New York 1910.

Einleitung.

Tabelle 2.

Lfde. Nr.	Vorkommen des Erzes	Erzgattung	Ausbringen	
1	Kalifornien	Golderz	96 vH.	Gold
2	Kalifornien (Seifen)	,,	56,0 ,,	,,
3	Süd-Dakota	,,	95,0 ,,	,,
4	Witwatersrand (Südafrika)	,,	94,1 ,,	,,
5	Siebenbürgen	,,	84,0 ,,	,,
6	Kolorado	Gold- und Silbererz	93,5 ,, 85,0 ,,	,, Gold u. Silber
7	Nevada	desgl.	94,0 ,, 89,6 ,, 90,5 ,,	Gold u. Silber Gold Silber
8	Mexiko	desgl.	83,3 ,, 45,0 ,,	Gold Silber
9	Australien	desgl.	91,5 ,,	Gold u. Silber
10	Sumatra	desgl.	71,0 ,, 50,0 ,,	Gold Silber
11	Kolorado	Gold-, Silber-, Blei- und Kupfererz	88,0 ,, 67,3 ,, 83,0 ,, 79,0 ,, 75,0 ,,	Gold Silber Blei Kupfer Gold, Silber u. Blei
12	Missouri	Silber- und Bleierz	60,7 ,, 81,6 ,,	Silber Blei
13	Mexiko	desgl.	76,0 ,,	Silber u. Blei
14	Utah	Silber-, Blei- und Zinkerz	62,7 ,, 72,1 ,, 72,4 ,,	Silber Blei Zink
15	Australien	desgl.	62,3 ,, 72,1 ,, 72,4 ,,	Silber Blei Zink
16	Clausthal	Blei- und Zinkerz	46,9 ,, 35,4 ,,	Blei Zink
17	Pyrenäen (Frankreich)	desgl.	74,3 ,, 74,7 ,,	Blei Zink
18	Oberschlesien	Zinkerz	76,0 ,,	Zink
19	Preußen	,,	85,0 ,,	,,
20	Deutschland	Eisen- und Manganerz	74,1 ,, 73,9 ,,	Eisen Mangan
21	Minnesota	Eisenerz	82,9 ,,	Eisen
22	New York	,,	92,9 ,,	,,
23	Virginien	,,	88,0 ,,	,,
24	Pennsylvanien	Eisen- und Kupfererz	94,3 ,, 33,3 ,,	,, Kupfer
25	Nevada	Gold-, Silber- u. Kupfererz	86,7 ,,	Gold, Silber u. Kupfer
26	Montana	Silber- und Kupfererz	78,2 ,, 80,5 ,,	Silber Kupfer

Tabelle 2 (Fortsetzung).

Lfde. Nr.	Vorkommen des Erzes	Erzgattung	Ausbringen
27	Lake-Superior (Michigan)	Kupfererz	80,0 vH. Kupfer
28	Utah	,,	82,5 ,, ,,
29	Vermont	,,	66,7 ,, ,,
30	Mexiko und S. W. Ver.-Staaten	,,	81,0 ,, ,,
31	Schlesien	Pyrit	85,0 ,, Pyrit
32	Cornwall (England) . . .	Zinnerz	89,1 ,, Zinn
33	Südafrika	Diamant	98,0 ,, Diamant

grad abhängig, sondern auch von der Erzgattung, dem angewendeten Aufbereitungsverfahren, von der Vollkommenheit der Einrichtungen und von der entsprechenden Überwachung, so daß allgemeine Verlustgrenzen nicht angegeben werden können.

Um sich in dieser Hinsicht einigermaßen orientieren zu können, sind in der vorstehenden Tabelle 2 einige Angaben nach Richards[1]) zusammengestellt, jedoch mit der Bemerkung, daß diese vielmehr als Beispiele und nicht als allgemeine Werte zu betrachten sind.

Das Obenerwähnte zusammenfassend sieht man, daß die übertriebene Anreicherung im allgemeinen nicht ökonomisch ist, weil dadurch überflüssige Metallverluste verursacht werden.

Besteht z. B. das Roherz aus quarzführendem Bleiglanz, in dem auch Schwefelkies vorhanden ist, so genügt es, wenn man die Anreicherungsgrenze nur so hoch steigert, daß der Eisengehalt des Schwefelkieses zur Verschlackung des im Konzentrat zurückgebliebenen Quarzes ausreicht. Dieses Prinzip kann besonders dann Anwendung finden, wenn ein Bergwerk imstande ist, eine Hütte längere Zeit hindurch mit großen Mengen Erz von derselben Zusammensetzung zu versehen.

Zum Schluß sei noch erwähnt, daß man die Roherze in Anbetracht der nassen Aufbereitung in folgende drei Gruppen einzuteilen pflegt:

1. Derberze, die das Erz in so großen Stücken enthalten, daß die Trennung der Bergart durch Scheiden, d. h. durch Zerschlagen der einzelnen Roherzstücke unter Zuhilfenahme eines

---

[1]) Richards, R. H.: Ore Dressing. Bd. IV, S. 1612. New York 1909.

Hammers erreicht werden kann. Die Derberze erfordern also eigentlich keine besondere Aufbereitung.

2. **Mittelerze.** Diese beanspruchen schon vor der Verhüttung eine regelmäßige Aufbereitung. Die Korngröße der Einsprengung ist im allgemeinen größer als 1—2 mm.

3. **Arme- oder Bergerze.** Die Korngröße der Einsprengung beträgt bei diesen Erzen durchschnittlich 1—2 mm oder noch weniger.

Wie wichtig die Unterscheidung der letzten zwei Gruppen ist, werden wir später sehen.

I. Die mechanischen Grundlagen der nassen Aufbereitung.

§ 1. Dynamische Wirkung des Wasserstromes auf feste Körper.

Tauchen wir in einen vertikal aufsteigenden Wasserstrom, dessen Geschwindigkeit v m/sek ist, eine ebene dünne Platte ab senkrecht zur Stromrichtung ein, und nehmen wir an, daß der Querschnitt des Wasserstromes unendlich groß ist, bzw. daß die Fläche der Platte im Verhältnis zum Querschnitte des Stromes vernachlässigt werden kann (Abb. 1). Ferner sei noch angenommen, daß sowohl die Reibung zwischen Platte und Wasser als auch der Koeffizient der inneren Reibung des Wassers gleich Null ist, und daß die in einer Sekunde strömende Wassermenge konstant bleibt. Dieser Annahme zufolge werden die Wasserteilchen sich entlang der Achse dc mit fortwährend abnehmender Geschwindigkeit bewegen; im Punkte c wird die Geschwindigkeit sogar Null. Wenn der hydrostatische Druck im unbewegten Wasserraum $eabf$ mit p_0 bezeichnet wird, so ist der hydrodynamische Druck im Punkte c

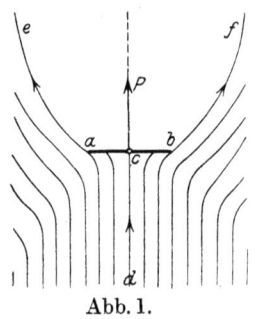
Abb. 1.

$$p_0 + \frac{v^2}{2g} \cdot \Delta,$$

wo $\frac{v^2}{2g}$ die Druckhöhe in Meter bedeutet, die der Geschwindigkeit v entspricht, und Δ in Kilogramm das Gewicht von 1 m³

Wasser ist. Der im Punkte c herrschende Überdruck ist daher:
$$\left(p_0 + \frac{v^2}{2g} \cdot \Delta\right) - p_0 = \frac{v^2}{2g} \cdot \Delta.$$

Wenn die Plattenfläche f m² beträgt, so wirkt auf die ganze Platte der Überdruck in Kilogramm:

$$P = f \frac{v^2}{2g} \cdot \Delta \qquad \ldots \ldots \ldots \text{1)}$$

Die Werte $\Delta = 1000$ kg und $g = 9{,}81$ m in die Formel eingesetzt ergibt:
$$\frac{\Delta}{2g} = 50{,}97,$$

folglich ist: $\qquad \underline{P = 50{,}97\, f v^2} \qquad \ldots \ldots \ldots \text{2)}$

Im allgemeinen, wenn
$$\frac{\Delta}{2g} = \alpha$$

gesetzt wird, kann man schreiben:
$$\underline{P = \alpha f v^2} \qquad \ldots \ldots \ldots \ldots \text{3)}$$

Man findet also, daß die hydrodynamische Wirkung des Wasserstromes auf eine zur Richtung des Stromes senkrechte ebene Platte proportional ist der Größe dieser Platte und dem Quadrat der Strömungsgeschwindigkeit. Wenn $f = 1$ m² und $v = 1$ m/sek ist, so ergibt sich:

$$P = \alpha,$$

d. h. der Koeffizient α ist gleich dem Druck, den ein Wasserstrom von $v = 1$ m/sek Geschwindigkeit auf eine zur Richtung des Stromes senkrechte Platte von 1 m² Fläche ausübt. Wenn z. B. $f = 5$ m² und $v = 2$ m[1]) ist, so wirkt auf die Platte der Druck:

$$P = 51 \cdot 5 \cdot 4 = 1020 \text{ kg}.$$

Die Wirkung wird auch dann dieselbe sein, wenn man im ruhenden Wasser der dünnen Platte eine Translationsbewegung von der Geschwindigkeit v erteilt.

In diesem Falle wird zwar die Platte fv m³ Wasser in der

---

[1]) Da die Geschwindigkeit immer auf eine Sekunde bezogen wird, werden wir im folgenden der Einfachheit halber statt m/sek, cm/sek, mm/sek kurz nur m, cm und mm schreiben.

Sekunde verdrängen, aber in Berücksichtigung unserer Annahme kann die dadurch erzeugte Strömung als unbedeutend angesehen werden, so daß die relative Geschwindigkeit zwischen Platte und Wasser wieder v sein wird.

Wenn die dünne Platte ab mit der Strömungsrichtung einen Angriffswinkel φ bildet (Abb. 2), so kommt nur die zur Platte senkrechte Komponente der Kraft P zur Geltung[1]), und deren Größe ist:

$$P' = P \sin \varphi \quad \ldots \ldots \quad 4)$$

Setzt man statt P dessen Wert in die Gleichung ein, so ergibt sich:

$$P' = \alpha \sin \varphi \cdot f v^2 \quad \ldots \quad 5)$$

Die Richtung des Überdruckes P' fällt also nicht mit der Strömungsrichtung zusammen, sondern bildet mit dieser den Winkel $\beta = 90^0 - \varphi$.

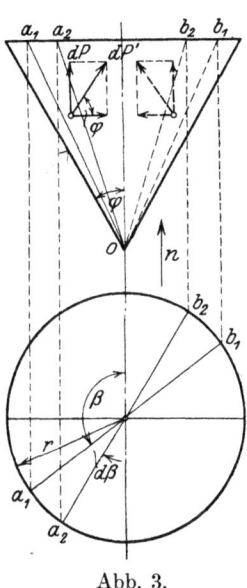

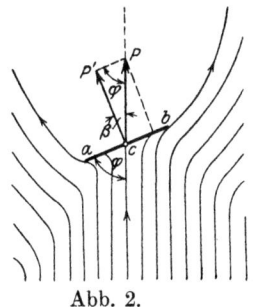

Abb. 2.   Abb. 3.

Bestimmen wir jetzt den Druck, den der vertikal aufsteigende Wasserstrom auf eine Kegelfläche ausübt. Wenn wir voraussetzen, daß die Achse des Kreiskegels parallel zur Strömungsrichtung ist (Abb. 3), die der Pfeil n bezeichnet, so kann der Druck auf das Elementardreieck $a_1 a_2 o$ nach der Gleichung 5 folgend ausgedrückt werden:

$$dP' = \alpha \sin \varphi \cdot df \cdot v^2,$$

wo df den Flächeninhalt des Elementardreiecks bedeutet. Dieser Druck ist senkrecht zur Erzeugenden des Kegels gerichtet. Bedeutet h die Länge der Erzeugenden und r den Halbmesser

---

[1]) Föppl, A.: Vorlesungen über technische Mechanik. Bd. I, S. 386 bis 393. Leipzig und Berlin 1917.

der Grundfläche, so ist:
$$df = \frac{h}{2} r \cdot d\beta$$
und
$$dP' = \alpha \sin \varphi \cdot \frac{rh}{2} \cdot d\beta \cdot v^2 \quad \ldots \ldots \quad 6)$$

Auf das dem Elementardreieck $a_1 a_2 o$ symmetrisch gegenüberliegende Elementardreieck $b_1 b_2 o$ wirkt ebenfalls der Druck dP', und zwar in derselben Vertikalebene, und diese zwei Drücke bilden den Winkel $360^0 - 2\varphi$.

Ihre Horizontalkomponenten heben sich daher gegenseitig auf, so daß nur die in die Strömungsrichtung fallende und zur Grundfläche senkrechte Komponente dP zur Geltung kommt. Diese Komponente ist gleich:
$$dP = dP' \cdot \sin \varphi \quad \ldots \ldots \ldots \quad 7)$$
oder den Wert von dP' eingesetzt:
$$dP = \alpha \sin^2 \varphi \cdot \frac{rh}{2} v^2 d\beta.$$

Für den ganzen Druck kann man also schreiben:
$$P = \alpha \cdot \sin^2 \varphi \cdot \frac{rh}{2} v^2 \int_0^{2\pi} d\beta = \alpha \sin^2 \varphi \cdot v^2 h r \pi.$$

Da aber $\quad h r \pi = f',$

d. h. der Mantelfläche des Kreiskegels gleich ist, so ist der Druck:
$$P = \alpha \sin^2 \varphi \cdot f' v^2 \quad \ldots \ldots \quad 8)$$

Anderseits ist: $\quad P = \alpha \sin^2 \varphi \cdot \dfrac{h}{r} \cdot v^2 r^2 \pi.$

Aber $r^2 \pi = f$ bedeutet den größten zur Strömungsrichtung senkrechten Querschnitt des Kreiskegels, ferner ist $\dfrac{r}{h} = \sin \varphi$, so daß man nach Einsetzen dieser Werte erhält:
$$\underline{P = \alpha \sin \varphi \cdot f v^2} \quad \ldots \ldots \ldots \quad 9)$$

Der Druck P wirkt in der Strömungsrichtung, er ist also senkrecht zur Grundfläche des Kegels gerichtet. Die Kegelfläche geht in eine ebene Fläche über, falls $\varphi = 90^0$ ist. Hiermit ergibt sich wieder die Formel 3:
$$P = \alpha f v^2.$$

Dynamische Wirkung des Wasserstromes auf feste Körper. 15

Setzt man: $a \sin \varphi = \alpha_\varphi$,
so kann die Formel 9 auch folgend geschrieben werden:
$$P = \alpha_\varphi \cdot f v^2 \quad \ldots \ldots \ldots \quad 10)$$
Vergleicht man die Formeln 3 und 10, so sieht man, daß für die Kegelfläche α_φ ein variabler und um so größerer Koeffizient ist, je größer der Scheitelwinkel des Kegels ist, während im Falle einer ebenen, zur Strömungsrichtung senkrechten Fläche der Koeffizient α einen konstanten Wert hat.

Nun können wir schon auch jenen Druck leicht bestimmen, den der vertikal aufsteigende Wasserstrom auf eine Kugelfläche ausübt, vorausgesetzt, daß die Geschwindigkeit des Wasserstromes v und der Kugelhalbmesser bekannt sind. Es soll r den Kugelhalbmesser bezeichnen; ferner seien ab und $a_1 b_1$ zwei zur Strömungsrichtung n senkrechte Schnittebenen (Abb. 4), deren normaler Abstand unendlich gering ist. Die Halbmesser der Kugelschnitte sind ϱ und $\varrho + d\varrho$. Der Mantelteil $a a_1 b b_1$ eines den Kreis $a_1 o_1 b_1$ berührenden Kreiskegels ($a_1 b_1 o_2$) kann mit der Kugelzone $a' a_1 b' b_1$ als zusammenfallend angenommen werden.

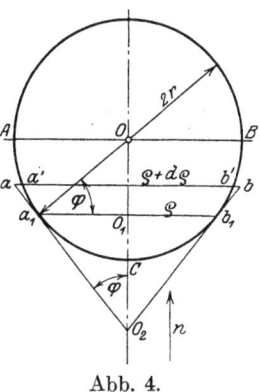

Abb. 4.

Nach Formel 9 ist der auf den Kegel $a b o_2$ wirkende Druck:
$$P + dP = \alpha \sin \varphi \cdot (\varrho + d\varrho)^2 \pi v^2; \quad \ldots \ldots \quad 11)$$
auf den Kegel $a_1 b_1 o_2$ wirkt:
$$P = \alpha \sin \varphi \cdot \varrho^2 \pi v^2, \quad \ldots \ldots \ldots \quad 12)$$
so daß auf die Kugelzone $a' a_1 b' b_1$ der Druck
$$dP = (P + dP) - P = \alpha \sin \varphi \cdot 2 \pi v^2 \cdot \varrho \, d\varrho \quad \ldots \quad 13)$$
ausgeübt wird.

Da aber $\cos \varphi = \dfrac{\varrho}{r}$ und $\sin \varphi = \dfrac{1}{r} \sqrt{r^2 - \varrho^2}$ gesetzt werden kann, so ist der Druck auf die Halbkugel ABC:
$$P = \frac{2 \pi \alpha v^2}{r} \int_0^r \varrho \, d\varrho \cdot \sqrt{r^2 - \varrho^2} \quad \ldots \ldots \quad 14)$$

Um den Wert von P zu erhalten, soll zunächst folgendes Integral berechnet werden:

$$I = \int \varrho\, d\varrho \cdot \sqrt{r^2 - \varrho^2} \quad \ldots \ldots \quad 15)$$

Setzt man:
$$\frac{\varrho}{r} = \sin x, \quad \ldots \ldots \ldots \quad 16)$$

so wird:
$$\varrho \cdot d\varrho \cdot \sqrt{r^2 - \varrho^2} = r^3 \sin x \cdot \cos^2 x \cdot dx.$$

Es ist aber: $\sin x\, dx = -d\cos x$,

folglich:
$$I = -r^3 \int \cos^2 x \cdot d\cos x \quad \ldots \ldots \quad 17)$$

Hier ist unmittelbare Integration möglich. Es ergibt sich:

$$I = -\frac{r^3 \cos^3 x}{3} \quad \ldots \ldots \quad 18)$$

Aus der Gleichung 16 folgt:

$$x = \arcsin \frac{\varrho}{r},$$

so daß für $\varrho = r$:

$$x = \frac{\pi}{2}, \quad \cos x = 0, \quad \cos^3 x = 0,$$

und für $\varrho = 0$:

$$x = 0, \quad \cos x = 1, \quad \cos^3 x = 1 \text{ ist.}$$

Entsprechend der Gleichung 14 erhält man:

$$I_r - I_0 = \frac{r^3}{3}, \quad \ldots \ldots \quad 19)$$

daher ist:
$$P = \frac{2\alpha}{3} \cdot \pi r^2 \cdot v^2 \quad \ldots \ldots \quad 20)$$

Beachtet man aber, daß $\pi r^2 = f$ den größten Querschnitt der Kugel bedeutet, so kann man schreiben:

$$P = \frac{2}{3} \cdot \alpha f v^2 \quad \ldots \ldots \quad 21)$$

Setzt man:
$$\frac{2}{3}\alpha = \alpha_0,$$

so wird:
$$P = \alpha_0 f v^2 \quad \ldots \ldots \quad 22)$$

In dieser Formel ist, weil $\alpha = 50{,}97 \sim 51$,

$$\alpha_0 = 33{,}98 \sim 34.$$

Hier sei erwähnt, daß Rittinger den Wert des Koeffizienten α_0

irrtümlich berechnete[1]), da er $\alpha_0 = \frac{\alpha}{2}$ fand. Diesen Wert hat nicht nur die Fachliteratur der Erzaufbereitung fast ohne Ausnahme übernommen, sondern er ist sogar auch in die Literatur der Mechanik übergegangen. In unseren bisherigen Betrachtungen haben wir vorausgesetzt, daß der Querschnitt des eingetauchten Körpers im Verhältnis zum Stromquerschnitte sehr gering ist und daher vernachlässigt werden kann. Es soll nun untersucht werden, wie die abgeleiteten Formeln sich ändern, falls auch der Querschnitt des Wasserstromes berücksichtigt wird. Nehmen wir z. B. an, daß der Wasserstrom sich mit der Geschwindigkeit v in einer geschlossenen Röhre bewegt, deren Querschnitt F m² ist. Wenn wir jetzt in diesen beengten Wasserstrom eine feste Kugel vom Querschnitt f m² hineinbringen, so wird neben dieser der freie Querschnitt der Röhre nur $(F-f)$ sein, so daß, falls die in einer Sekunde durchströmende Wassermenge konstant bleibt, an dieser Stelle die Stromgeschwindigkeit größer als v sein wird. Bezeichnet V diesen Wert, so ist:

$$F \cdot v = (F-f) \cdot V,$$

daher:
$$V = \frac{F}{F-f} v \quad \ldots \ldots \ldots \quad 23)$$

Zur Vereinfachung wenden wir nun folgende Bezeichnung an:

$$\vartheta = \frac{F-f}{F} = 1 - \frac{f}{F}, \quad \ldots \ldots \quad 24)$$

dann wird:
$$V = \frac{v}{\vartheta} \quad \ldots \ldots \ldots \quad 25)$$

Der Wert von ϑ ändert sich zwischen 0 und 1. Ist $\frac{f}{F} = 0$, so ist $\vartheta = 1$ und $V = v$, also unverändert, so wie dies in den obigen Betrachtungen vorausgesetzt wurde. Wenn aber $\frac{f}{F} = 1$ ist, so wird $\vartheta = 0$ und $V = \infty$. Der auf die Kugelfläche ausgeübte Druck ist demnach in Berücksichtigung der Gleichung 25:

$$P = \alpha_0 f V^2 = \alpha_0 f \frac{v^2}{\vartheta^2} \quad \ldots \ldots \quad 26)$$

---

[1]) Rittinger, P. R.: Lehrbuch der Aufbereitungskunde. S. 171. Berlin 1867.

Man kann beweisen, daß dieses Resultat auch dann erhalten wird, wenn eine Kugel sich im ruhenden Wasser mit der Geschwindigkeit v bewegt. In diesem Falle verdrängt die Kugel fv m³ Wasser in einer Sekunde, und diese Wassermenge wird durch den ringförmigen Raum — dessen Querschnitt $(F-f)$ ist — mit der Geschwindigkeit v_1 entgegengesetzt zur Bewegungsrichtung der Kugel hindurchströmen. Aus der Gleichung

$$fv = (F-f)v_1$$

erhält man:
$$v_1 = \frac{f}{F-f}v.$$

Die relative Geschwindigkeit zwischen Wasser und Kugel ist:

$$V = v + v_1 = v\left(1 + \frac{f}{F-f}\right) = \frac{F}{F-f}v.$$

Setzt man:
$$V = \frac{v}{\vartheta},$$

so ergibt sich:
$$P = \alpha_0 f \frac{v^2}{\vartheta^2} \quad \ldots \ldots \ldots \quad 27)$$

§ 2. Freier Fall kugelförmiger fester Körper im ruhenden Wasser.

Läßt man im ruhenden Wasser eine feste Kugel — deren Durchmesser d m und spezifisches Gewicht δ ist — frei fallen, so würde diese, wie aus der Einleitung bereits bekannt ist, mit der konstanten Beschleunigung

$$g_0 = g\frac{\delta-1}{\delta} \quad \ldots \ldots \ldots \quad 1)$$

niedersinken, wenn das Wasser der Bewegung keine dynamischen Widerstände entgegensetzen würde. Im vorangehenden Paragraph haben wir aber gesehen, daß ein dem Quadrat der Bewegungsgeschwindigkeit proportionaler Druck auftreten wird, der im vorliegenden Falle zu der Schwere entgegengesetzt gerichtet ist und daher die Geschwindigkeit vermindert. Ist also das Gewicht der Kugel im Wasser G_0 und der auf die Kugel ausgeübte Druck P, so wirkt momentan auf die Kugel die Kraft:

$$p = G_0 - P, \quad \ldots \ldots \ldots \quad 2)$$

unter deren Wirkung diese im Wasser fallen wird. Bezeichnet m

Freier Fall kugelförmiger fester Körper im ruhenden Wasser. 19

die Masse der Kugel und t die Zeit, so ist:
$$p = m\frac{dv}{dt}$$
und anderseits $G_0 = mg_0$. Diese Werte und den von P in die Gleichung 2 eingesetzt, ergibt die Differentialgleichung der Bewegung:
$$m\frac{dv}{dt} = mg_0 - \alpha_0 f v^2 \quad \ldots \ldots \quad 3)$$
oder
$$\frac{dv}{dt} = g_0\left(1 - \frac{\alpha_0 f}{mg_0}v^2\right) \quad \ldots \ldots \quad 4)$$

Wird $P = G_0$, so ist die beschleunigende Kraft $p = 0$, und von jetzt ab wird die Kugel mit der konstanten Geschwindigkeit v fallen. Bezeichnen wir diese konstante Geschwindigkeit mit v_0, so ist aus der Gleichung 4:
$$1 - \frac{\alpha_0 f}{mg_0}v_0^2 = 0,$$
woraus man erhält:
$$v_0 = \sqrt{\frac{mg_0}{\alpha_0 f}} \quad \ldots \ldots \quad 5)$$

Die Geschwindigkeit v_0 werden wir **Endgeschwindigkeit** nennen. Im allgemeinen — wenngleich dieser Ausdruck weniger zutreffend ist — bezeichnet man diese mit **Fallgeschwindigkeit**; wie aber aus dem Vorstehenden folgt, hat die Fallgeschwindigkeit keinen konstanten Wert, und v_0 ist eigentlich der Endwert der Fallgeschwindigkeit. Mit Rücksicht auf den Wert von v_0 kann man die Gleichung 4 in folgender Form schreiben:
$$\frac{dv}{dt} = g_0\left(1 - \frac{v^2}{v_0^2}\right) \quad \ldots \ldots \quad 6)$$

Hieraus ergibt sich:
$$\frac{dv}{1-\left(\frac{v}{v_0}\right)^2} = g_0\, dt$$
oder
$$v_0 \int \frac{d\left(\frac{v}{v_0}\right)}{1-\left(\frac{v}{v_0}\right)^2} = g_0 t + C, \quad \ldots \ldots \quad 7)$$
wo C eine vorläufig unbestimmte Integrationskonstante bedeutet.

Setzt man: $\frac{v}{v_0} = x$, so kann man in der Gleichung 7 den Ausdruck

2*

unter dem Integralzeichen in nachstehender Form schreiben:

$$I = \int \frac{dx}{1-x^2} \qquad \ldots \ldots \ldots \quad 8)$$

Dieses Integral ermittelt man durch Zerlegung in Partialbrüche. Da

$$1 - x^2 = (1+x)(1-x)$$

ist, so kann man schreiben:

$$\frac{1}{1-x^2} = \frac{A}{1+x} + \frac{B}{1-x}$$

oder $\qquad 1 = A(1-x) + B(1+x), \quad \ldots \ldots \quad 9)$

wo A und B vorläufig unbekannte Konstanten sind. Setzt man: $x = -1$, so ergibt sich aus der Gleichung 9:

$$A = \frac{1}{2},$$

und in gleicher Weise erhält man, wenn $x = +1$ gesetzt wird:

$$B = \frac{1}{2}.$$

Substituiert man diese Werte, so wird:

$$\frac{1}{1-x^2} = \frac{1}{2} \cdot \frac{1}{1+x} + \frac{1}{2} \cdot \frac{1}{1-x}$$

und $\qquad I = \frac{1}{2}\int \frac{dx}{1+x} + \frac{1}{2}\int \frac{dx}{1-x},$

woraus durch Integration folgt[1]):

$$I = \frac{1}{2}\log(1+x) - \frac{1}{2}\log(1-x)$$

oder $\qquad I = \frac{1}{2}\log\frac{1+x}{1-x} \qquad \ldots \ldots \quad 10)$

Setzt man für x den Wert $\frac{v}{v_0}$ ein, so wird nach der Gleichung 7:

$$\frac{v_0}{2}\log\frac{1+\frac{v}{v_0}}{1-\frac{v}{v_0}} = g_0 t + C \qquad \ldots \ldots \quad 11)$$

---

[1]) Ich werde in diesem Werke die natürlichen Logarithmen mit log, die gemeinen oder Briggschen Logarithmen mit Log bezeichnen.

Freier Fall kugelförmiger fester Körper im ruhenden Wasser. 21

Für $t = 0$ ist $v = 0$, somit $C = 0$ und

$$\log \frac{1 + \dfrac{v}{v_0}}{1 - \dfrac{v}{v_0}} = \frac{2g_0}{v_0} t \quad \ldots \quad \ldots \quad 12)$$

Hieraus ergibt sich:
$$\frac{1 + \dfrac{v}{v_0}}{1 - \dfrac{v}{v_0}} = e^{\frac{2g_0}{v_0} t}$$

und
$$v = v_0 \frac{e^{\frac{2g_0}{v_0} t} - 1}{e^{\frac{2g_0}{v_0} t} + 1} \quad \ldots \ldots \ldots \quad 13)$$

Aus dieser Formel geht hervor, daß

für $t = 0$ $v = 0$ und
,, $t = \infty$ $v = v_0$ ist.

Die praktische Berechnung der Fallgeschwindigkeit unter Zuhilfenahme der obigen Formel ist jedoch sehr langwierig. Durch Einführung der Hyperbelfunktionen kann man aber so diese wie im folgenden auch andere Formeln auf eine viel einfachere Form bringen, wodurch die praktische Berechnung der Fallgeschwindigkeit erleichtert wird. Zum besseren Verständnis des Folgenden sind nachstehend diejenigen Hyperbelfunktionen, die öfters Anwendung finden, samt ihrer Bezeichnung und Bedeutung angeführt.

Der hyperbolische Sinus:
$$\mathfrak{Sin}\, x = \frac{e^x - e^{-x}}{2}.$$

Der hyperbolische Cosinus:
$$\mathfrak{Cof}\, x = \frac{e^x + e^{-x}}{2}.$$

Der hyperbolische Tangens:
$$\mathfrak{Tg}\, x = \frac{\mathfrak{Sin}\, x}{\mathfrak{Cof}\, x} = \frac{e^x - e^{-x}}{e^x + e^{-x}} = \frac{e^{2x} - 1}{e^{2x} + 1}.$$

Die inversen Hyperbelfunktionen werden mit der Bezeichnung

area versehen[1]). Geschrieben wird diese Bezeichnung: $\mathfrak{Ar}$. Die Beziehungen zwischen den Kreis- und Hyperbelfunktionen sind:

$$\sin x = -i \, \mathfrak{Sin}\, ix, \quad \ldots \quad \sin ix = i \, \mathfrak{Sin}\, x,$$
$$\cos x = \mathfrak{Cof}\, ix, \quad \ldots \quad \cos ix = \mathfrak{Cof}\, x,$$
$$\operatorname{tg} x = -i \, \mathfrak{Tg}\, ix, \quad \ldots \quad \operatorname{tg} ix = i \, \mathfrak{Tg}\, x.$$

Bemerkt sei noch, daß Tafeln der Hyperbelfunktionen — die den meisten praktischen Berechnungen entsprechen — im Taschenbuch „Hütte" zu finden sind[2]).

Gemäß dieser Bezeichnungsweise ist also:

$$\frac{1}{2} \log \frac{1 + \frac{v}{v_0}}{1 - \frac{v}{v_0}} = \mathfrak{Ar}\,\mathfrak{Tg}\, \frac{v}{v_0} \quad \ldots \ldots \quad 14)$$

und:

$$v = v_0 \, \mathfrak{Tg}\, \frac{g_0}{v_0} t \quad \ldots \ldots \ldots \quad 15)$$

Aus dieser Formel geht hervor, daß der Wert von v demjenigen von v_0 um so mehr nahekommt, je größer t ist. Aber ganz genau genommen, werden diese nur dann gleich sein, wenn $t = \infty$ ist, weil nur

$$\mathfrak{Tg}\, \infty = 1$$

ist. Da aber schon $\mathfrak{Tg}\, 2{,}5 = 0{,}9867$

ist, so wird praktisch $v = v_0$

sein, wenn $\dfrac{g_0}{v_0} t_0 = 2{,}5$,

oder

$$t_0 \geqq \frac{2{,}5\, v_0}{g_0} \quad \ldots \ldots \ldots \quad 16)$$

ist. Nun haben wir noch die Endgeschwindigkeit v_0 nach der Formel 5 zu bestimmen, damit wir die abgeleiteten Formeln praktisch anwenden können.

Bezeichnet d (m) den Durchmesser, δ das spezifische Gewicht der Kugel, so ist:

$$m g_0 = G_0 = \frac{d^3 \pi}{6} \cdot 1000 \cdot (\delta - 1).$$

---

[1]) area = Fläche.
[2]) Hütte, des Ingenieurs Taschenbuch. 22. Aufl. Bd. I. S. 30—34. Berlin 1915.

Freier Fall kugelförmiger fester Körper im ruhenden Wasser.

Da aber
$$f = \frac{d^2 \pi}{4}$$
und nach dem vorigen Paragraphen
$$\alpha_0 = \frac{2}{3}\alpha = \frac{1000}{3g}$$
ist, so folgt:
$$\frac{mg_0}{\alpha_0 f} = 2gd(\delta - 1).$$

Hieraus erhält man für die Endgeschwindigkeit die Formel:
$$v_0 = \sqrt{2gd(\delta - 1)} \quad \ldots \ldots \quad 17)$$

Weil $\sqrt{2g} = \sqrt{2 \cdot 9{,}81} = 4{,}429$ ist, so kann man noch schreiben:
$$v_0 = 4{,}43 \sqrt{d(\delta - 1)} \quad \ldots \ldots \quad 18)$$

Hier sei erwähnt, daß Rittinger dem irrtümlichen Wert $\alpha_0 = \frac{\alpha}{2}$ entsprechend die Endgeschwindigkeit v_0 durch folgende Formel ausgedrückt hat:
$$v_0 = 5{,}11 \sqrt{d(\delta - 1)}.$$

Diesen irrtümlichen Wert hat die Fachliteratur fast ohne Ausnahme übernommen.

Aus der Gleichung 17 geht hervor, daß
$$\frac{v_0^2}{2g} = d(\delta - 1)$$
ist. Man findet also, daß der dynamische Widerstand dem im Wasser gültigen Gewicht der Kugel dann gleich ist, wenn der Druck auf die Kugel dem Druck einer Wassersäule von
$$h = d(\delta - 1) \, \text{m}$$
entspricht.

Für ein Bleiglanzkorn von
$$d = 1 \text{ mm} = 0{,}001 \text{ m}$$
Durchmesser und $\delta = 7{,}5$

spezifisches Gewicht ergibt sich die Endgeschwindigkeit nach der Formel 18:
$$v_0 = 4{,}43 \sqrt{0{,}001 \cdot 6{,}5} = 0{,}357 \text{ m};$$
und da die hydrostatische Beschleunigung des Bleiglanzes
$$g_0 = 9{,}81 \, \frac{6{,}5}{7{,}5} = 8{,}495 \text{ m}$$

ist, so wird praktisch das Bleiglanzkorn diese Endgeschwindigkeit nach der Formel 16 nach

$$t_0 = \frac{2{,}5 \cdot 0{,}357}{8{,}495} = 0{,}105 \text{ sek,}$$

also nach einer verhältnismäßig sehr kurzen Fallzeit erreichen. Wenn man in die Formel 16 die Werte von v_0 und g_0 einsetzt, so erhält man:

$$t_0 = 2{,}5\,\delta \sqrt{\frac{2d}{g(\delta-1)}} \quad \ldots \ldots \quad 19)$$

Diese Formel sagt, daß ein Mineralkorn seine Endgeschwindigkeit nach desto längerer Fallzeit erreicht, je größer sein Durchmesser d und sein spezifisches Gewicht δ ist.

Da
$$\frac{d\,\mathfrak{T}\mathfrak{g}\,x}{dx} = \frac{1}{\mathfrak{Cof}^2 x}$$

ist, so folgt aus der Formel 15:

$$\frac{dv}{dt} = \frac{g_0}{\mathfrak{Cof}^2 \dfrac{g_0}{v_0} t} \quad \ldots \ldots \quad 20)$$

Für $t = 0$ ist $\mathfrak{Cof}\,0 = 1$, also

$$\left(\frac{dv}{dt}\right)_0 = g_0.$$

Die Gleichung gibt zu erkennen, daß, falls man v als Funktion der Zeit t betrachtet, die an die Kurve v im Punkte $t = 0$ gezogene Tangente durch den Koordinatenanfangspunkt geht und der tg des Winkels, den die Tangente mit der t-Achse bildet, gleich g_0 ist. Mit anderen Worten, die Tangente der Kurve v im Punkte $t = 0$ ist die Gerade:

$$v = g_0 t.$$

Für $t = \infty$ ist, weil $\mathfrak{Cof}\,\infty = \infty$:

$$\left(\frac{dv}{dt}\right)_\infty = 0,$$

d. h. die an die Kurve v im Punkte $t = \infty$ gezogene Tangente ist parallel zur t-Achse. Die Gleichung der Asymptote der Kurve v ist also:

$$v = a,$$

Freier Fall kugelförmiger fester Körper im ruhenden Wasser. 25

wo a einen konstanten Wert bedeutet. Ferner soll im Punkte $t = \infty$

$$\lim_{t=\infty}\left(a - v_0 \operatorname{\mathfrak{T}g} \frac{g_0}{v_0} t\right) = 0$$

sein, d. h. $a = v_0$. Folglich ist die Asymptotengleichung der Kurve v:

$$v = v_0.$$

Um über die Änderung der Fallgeschwindigkeit ein klares Bild zu gewinnen, sind in der nachstehenden Tabelle 3 die verschiedenen Werte von v — nach der Formel 15 berechnet — für Quarz- und Bleiglanzkörner von 1, 4 und 16 mm Durchmesser angegeben.

Tabelle 3.

Mineral	δ	d	v_0	g_0	Fallzeiten in Sekunden									
					0,02	0,04	0,06	0,08	0,10	0,15	0,20	0,25	0,30	0,35
		mm	m	m	Fallgeschwindigkeiten in m/sec.									
Quarz	2,6	1	0,177	5,987	0,104	0,155	0,171							
	,,	4	0,354	,,	0,115	0,208	0,272	0,309	0,331					
	,,	16	0,709	,,	0,119	0,238	0,331	0,417	0,488	0,603	0,662	0,688		
Bleiglanz	7,5	1	0,357	8,495	0,158	0,264	0,318	0,341	0,351					
	,,	4	0,714	,,	0,167	0,316	0,438	0,529	0,593	0,675	0,702			
	,,	16	1,428	,,	0,169	0,334	0,489	0,633	0,757	1,016	1,186	1,287	1,349	1,385

Eine noch bessere Übersicht über die Änderung der Fallgeschwindigkeit gewinnt man, wenn man v mittels einer Kurve als Funktion der Zeit t graphisch darstellt. Die Gestalt der Kurve ist aus Abb. 5 zu ersehen. Die mit ausgezogener Linie bezeichnete Kurve stellt die Änderung der Fallgeschwindigkeit des Bleiglanzkornes, die mit gestrichelter Linie bezeichnete Kurve die des Quarzkornes dar. Die Zahlen bei den einzelnen Kurven bedeuten den Korndurchmesser in Millimeter.

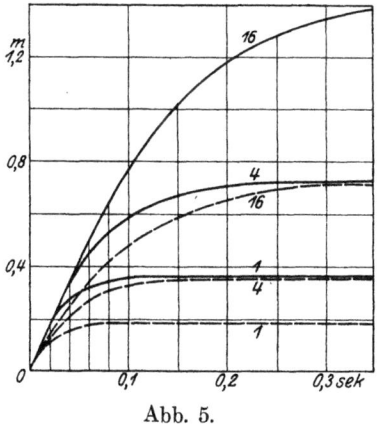

Abb. 5.

Untersuchen wir jetzt, wie groß der in der Zeit t zurückgelegte Weg der frei fallenden Kugel ist. Bezeichnet s den durchfallenen Weg, so ist:
$$ds = v\,dt$$

und
$$s = v_0 \int_0^t \mathfrak{Tg}\,\frac{g_0}{v_0} t \cdot dt \quad \ldots \ldots \quad 21)$$

oder
$$s = \frac{v_0^2}{g_0} \int_0^t \mathfrak{Tg}\,\frac{g_0}{v_0} t \cdot d\left(\frac{g_0}{v_0} t\right) \quad \ldots \ldots \quad 22)$$

Setzt man:
$$\frac{g_0}{v_0} t = x,$$

so kann der Ausdruck unter dem Integralzeichen in nachstehender Form geschrieben werden:
$$I = \int \mathfrak{Tg}\,x \cdot dx = \int \frac{\mathfrak{Sin}\,x\,dx}{\mathfrak{Cof}\,x},$$

oder weil: $\mathfrak{Sin}\,x\,dx = d\,\mathfrak{Cof}\,x$

ist, auch folgend:
$$I = \int \frac{d\,\mathfrak{Cof}\,x}{\mathfrak{Cof}\,x} = \log \mathfrak{Cof}\,x.$$

Den Wert von x eingesetzt, ergibt:
$$s = \frac{v_0^2}{g_0}\left(\log \mathfrak{Cof}\,\frac{g_0}{v_0} t - \log \mathfrak{Cof}\,0\right).$$

Es ist aber: $\log \mathfrak{Cof}\,0 = \log 1 = 0,$

folglich erhält man für den durchfallenen Weg die Formel:
$$s = \frac{v_0^2}{g_0} \log \mathfrak{Cof}\,\frac{g_0}{v_0} t \quad \ldots \ldots \quad 23)$$

Da nun
$$\frac{ds}{dt} = v_0 \mathfrak{Tg}\,\frac{g_0}{v_0} t$$

ist, so folgt für $t = 0$:
$$\left(\frac{ds}{dt}\right)_0 = 0,$$

d. h. wenn man s als Funktion der Zeit t betrachtet, so ist im Anfangspunkt die t-Achse zugleich die Tangente der Kurve s. Wenn aber $t = \infty$ ist, so bedeutet
$$\left(\frac{ds}{dt}\right)_\infty = v_0$$

Freier Fall kugelförmiger fester Körper im ruhenden Wasser.

die Asymptotenrichtung der Kurve s. Die Gleichung der Asymptote ist daher:
$$s = a + v_0 t,$$
wo a eine vorläufig unbekannte Konstante bezeichnet. Ist also $t = \infty$, so muß
$$\lim_{t=\infty}\left(\frac{v_0^2}{g_0}\log\mathfrak{Cof}\frac{g_0}{v_0}t - a - v_0 t\right) = 0$$
sein. Da in diesem Ausdruck t die unabhängige Variable ist, so ergibt sich:
$$a = \frac{v_0^2}{g_0}\lim_{t=\infty}\left(\log\mathfrak{Cof}\frac{g_0}{v_0}t - \frac{g_0}{v_0}t\right).$$

Setzt man jetzt:
$$\frac{g_0}{v_0}t = x,$$
so wird:
$$a = \frac{v_0^2}{g_0}\lim_{x=\infty}(\log\mathfrak{Cof}\,x - x).$$

Es ist aber:
$$\log\mathfrak{Cof}\,x - x = \log\frac{e^x + e^{-x}}{2} - \log e^x = \log\left(\frac{1}{2} + \frac{1}{2e^{2x}}\right),$$
folglich erhält man für $x = \infty$:
$$\lim_{x=\infty}(\log\mathfrak{Cof}\,x - x) = \log\left(\frac{1}{2}\right) = -0{,}6932,$$
so daß die Gleichung der Asymptote wird:
$$s = -0{,}6932\,\frac{v_0^2}{g_0} + v_0 t,$$
die zur Darstellung der Kurve s zweckmäßig benutzt werden kann. Die Werte von s sind — nach der Formel 23 berechnet — in der nachstehenden Tabelle 4 für Quarz- und Bleiglanzkörner von 1, 4 und 16 mm Durchmesser zusammengestellt. Der besseren Übersicht halber sind in dieser Tabelle die durchfallenen Wege s in Zentimeter ausgedrückt.

Aus dieser Tabelle kann man folgendes entnehmen:

1. Der in gleichen Zeiträumen durchfallene Weg ist im allgemeinen um so größer, je größer die Endgeschwindigkeit des Mineralkornes ist.

2. Abweichend von dem unter 1. Gesagten eilt im Anfange das spezifisch schwerere Mineralkorn dem spezifisch leichteren auch dann voraus, wenn seine Endgeschwindigkeit kleiner als die des leichteren Mineralkornes ist.

28 Die mechanischen Grundlagen der nassen Aufbereitung.

Tabelle 4.

Mineral	d mm	Fallzeiten in Sekunden								
		0,02	0,04	0,06	0,08	0,10	0,15	0,20	0,25	0,30
		Wege s in cm								
Quarz . . .	1	0,111	0,379	0,708	1,05	1,41	2,29			4,94
	4	0,117	0,446	0,930	1,51	2,06	3,86	5,63	7,34	9,10
	16	0,119	0,470	1,035	1,79	2,70	5,41	8,65	12,01	15,48
Bleiglanz. .	1	0,164	0,595	1,186	1,85	2,54	4,32	6,10		9,67
	4	0,169	0,656	1,414	2,38	3,51	6,69	10,17	13,68	17,27
	16	0,171	0,674	1,754	2,62	3,96	8,45	14,05	20,09	26,75

Wir wissen z. B., daß die Endgeschwindigkeit eines Bleiglanzkornes von 1 mm Durchmesser 0,357 m und die eines Quarzkornes von 16 mm Durchmesser 0,709 m ist. Aus der Tabelle 4 ist aber zu ersehen, daß der vom Bleiglanzkorn von 1 mm Durchmesser zurückgelegte Weg in den ersten 0,08 Sek. größer ist als der entsprechende Weg des Quarzkornes von 16 mm Durchmesser. Zwischen 0,08 und 0,10 Sek. werden die Wege beider Mineralkörner gleich, und von jetzt ab eilt das Quarzkorn dem Bleiglanzkorn schon voraus. Die Ursache dieser Erscheinung ist, daß das spezifisch schwerere Mineralkorn — wie wir schon oben gesehen haben — mit einer größeren Anfangsbeschleunigung den Fall beginnt als das spezifisch

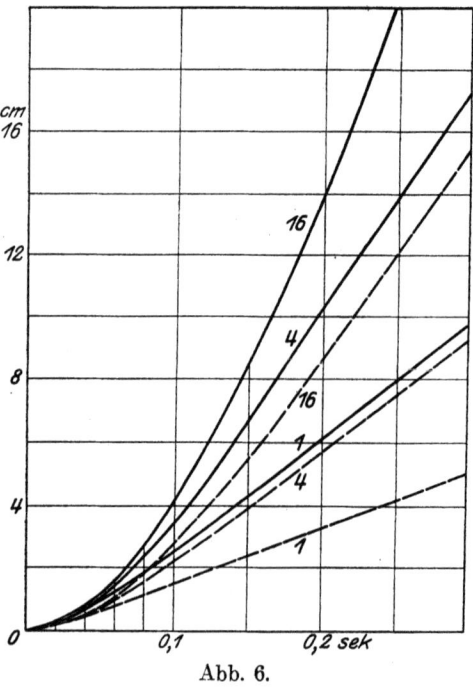

Abb. 6.

leichtere. Während z. B. die hydrostatische Beschleunigung des Bleiglanzes 8,495 m ist, beträgt die des Quarzes nur 5,987 m.

Analog der Fallgeschwindigkeit kann man auch den Weg s als Funktion der Zeit t graphisch darstellen. Diese Kurven zeigt Abb. 6, wo die ganz ausgezogenen Linien die Wege der Bleiglanzkörner und die gestrichelten Linien die Wege der Quarzkörner bezeichnen. Die Zahlen bei den einzelnen Kurven bedeuten den Korndurchmesser in Millimeter.

Die bisher abgeleiteten Formeln sind aber nur dann gültig, wenn praktisch

$$\vartheta = 1 - \frac{f}{F} \sim 1$$

ist, d. h. wenn der Quotient $\frac{f}{F}$ gegen 1 so gering ist, daß er vernachlässigt werden kann. Untersuchen wir nun, wie diese Formeln sich ändern, wenn auch der Wert von ϑ berücksichtigt wird.

In der Gleichung 2 ist dann nach der Formel 27 des vorhergehenden Paragraphen:

$$P = \alpha_0 f \frac{v^2}{\vartheta^2},$$

und hiermit ergibt sich statt der Gleichung 3 folgende Grundgleichung der Bewegung:

$$m \frac{dv}{dt} = m g_0 - \alpha_0 f \frac{v^2}{\vartheta^2} \quad \ldots \ldots \quad 24)$$

Setzt man $\frac{dv}{dt} = 0$ und bezeichnet man die Endgeschwindigkeit des Mineralkornes jetzt mit $\mathfrak{v}$, so ist:

$$m g_0 - \alpha_0 f \frac{\mathfrak{v}^2}{\vartheta^2} = 0,$$

woraus folgt:

$$\mathfrak{v} = \vartheta \sqrt{\frac{m g_0}{\alpha_0 f}} \quad \ldots \ldots \ldots \quad 25)$$

oder nach der Formel 5:

$$\mathfrak{v} = \vartheta v_0 . \quad \ldots \ldots \ldots \quad 26)$$

Aus dieser Formel geht hervor, daß für $\vartheta = 1$

$$\mathfrak{v} = v_0$$

und für $\vartheta = 0$ $\quad\quad\quad \mathfrak{v} = 0$

ist. Wenn also $f = F$ ist, so ist die Endgeschwindigkeit des Mineralkornes gleich Null, d. h. das Mineralkorn wird in diesem Falle überhaupt nicht niedersinken.

Man sieht also, daß die Endgeschwindigkeit ein und desselben Mineralkornes nicht konstant ist, sondern vom Wert ϑ abhängt, und zwar ist sie für $\vartheta = 0$ minimal und für $\vartheta = 1$ maximal. Um Mißverständnissen vorzubeugen, wollen wir hier bemerken, daß im folgenden unter Endgeschwindigkeit immer diejenige größte Endgeschwindigkeit zu verstehen ist, die dem Werte $\vartheta = 1$ entspricht. In Ausnahmefällen wird auf besondere Werte von $\mathfrak{v}$ hingewiesen werden.

Die Gleichung 24 kann mit Rücksicht auf den Wert von $\mathfrak{v}$ folgend geschrieben werden:

$$\frac{dv}{dt} = g_0 \left\{ 1 - \frac{v^2}{(\vartheta v_0)^2} \right\} \quad \ldots \ldots \quad 27)$$

Vergleicht man diese Gleichung mit der Gleichung 6, so sieht man, daß man die entsprechenden Formeln erhält, wenn man in den bisherigen Formeln ϑv_0 statt v_0 schreibt.

So ist z. B. die Formel der Fallgeschwindigkeit:

$$v = \vartheta v_0 \, \mathfrak{Tg} \, \frac{g_0}{\vartheta v_0} t \quad \ldots \ldots \quad 28)$$

und die des zurückgelegten Weges:

$$s = \frac{(\vartheta v_0)^2}{g_0} \log \mathfrak{Cof} \, \frac{g_0}{\vartheta v_0} t \quad \ldots \ldots \quad 29)$$

§ 3. Experimenteller Nachweis der abgeleiteten Formeln. Die Formel von Stokes. Eastmans logarithmische Kurven.

Wir wollen nun — da die bisher abgeleiteten Formeln die Grundlagen der Aufbereitungstheorie bilden — auch jene Frage eingehend behandeln, inwieweit diese Formeln mit der Wirklichkeit übereinstimmen.

Wir haben diese Formeln — wie bekannt — unter gewissen Voraussetzungen abgeleitet. So wurde angenommen, daß die während der Bewegung entstehende Reibung gleich Null ist, bzw. daß diese gegenüber der dynamischen Wirkung vernachlässigt werden kann, und anderseits, daß die kinetische Energie des Wasserstromes an der Kugelfläche vollkommen in Druck umgewandelt wird.

Legt man den Berechnungen eine andere Annahme zugrunde, so erhält man natürlich auch ein anderes Resultat. Wenn wir z. B. die letztere Annahme unbeachtet lassen und eine stetige, wirbelfreie Strömung ohne Reibung voraussetzen, so erfolgt eine zur Kugel vollständig symmetrische Teilung der Strömungslinien, und die dynamische Wirkung des Wasserstromes auf die Kugel ist gleich Null[1]). Der Wirklichkeit entspricht aber diese Annahme nicht. In Wirklichkeit erzeugt die Strömung hinter der Kugel Wirbel (Abb. 7), und die Wirkung dieser Wirbel ist dieselbe, als wenn das Wasser hinter der Kugel in Ruhe wäre. Die Strömung ist also unstetig, was im wesentlichen mit der Annahme übereinstimmt, auf Grund der wir die Formeln abgeleitet haben.

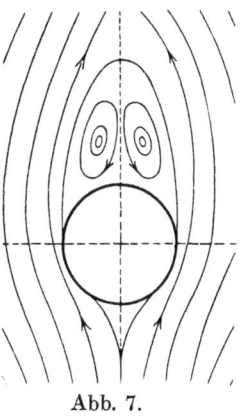

Abb. 7.

Wenn wir berücksichtigen, daß die Form der Mineralkörner in Wirklichkeit von der genauen Kugelform mehr oder weniger abweicht, und anderseits, daß wir bisher die Reibung außer acht gelassen haben, so ist nicht zu hoffen, daß die Werte, die nach theoretisch abgeleiteten Formeln berechnet worden sind, mit jenen der Wirklichkeit genau übereinstimmen werden.

Vom praktischen Gesichtspunkte aus ist es nun sehr wichtig, ob die Reibung tatsächlich sehr klein gegen die dynamische Wirkung ist, weil in diesem Falle z. B. die Endgeschwindigkeit durch folgende Formel ausgedrückt werden kann:

$$v_0 = C \sqrt{d(\delta - 1)} \qquad \ldots \ldots \ldots 1)$$

wo C einen Koeffizienten bezeichnet, dessen theoretischer Wert, wie wir schon gesehen haben, gleich 4,43 ist.

---

[1]) Da die mathematische Erörterung dieses Problems weit von unserem gesteckten Ziele abweicht, wollen wir uns damit auch nicht beschäftigen. Eine eingehende Behandlung kann z. B. im Werke von W. Hort: Die Differentialgleichungen des Ingenieurs, S. 441—448, Berlin 1914, nachgelesen werden.

Diese Frage kann nur durch Versuche gelöst werden. Pernolet hat sich zuerst mit der experimentellen Bestimmung der Endgeschwindigkeiten befaßt[1]). Einige charakteristische Resultate seiner zahlreichen Versuche sind in der nachstehenden Tabelle 5 zusammengestellt, jedoch mit der Bemerkung, daß diese Werte sich auf Bleiglanz beziehen.

Tabelle 5.

d mm	v_0 m
3,94—3,67	0,480—0,344
2,77—2,50	0,386—0,275
1,77—1,50	0,325—0,193

Aus dieser Tabelle geht hervor, daß die Endgeschwindigkeit sich auch bei Mineralkörnern von nahezu gleichem Durchmesser zwischen ziemlich weiten Grenzen ändert, was namentlich seine Erklärung in der verschiedenen Form der Mineralkörner findet. d bedeutet in dieser Tabelle eigentlich nicht den Durchmesser des Mineralkornes, sondern die Lochweite des mit kreisrunden Sieblöchern versehenen Siebes, das zum Klassieren diente. Und zwar bedeutet der größere Wert die Lochweite des Siebes, durch das die Mineralkörner hindurchgefallen sind, der kleinere hingegen die Lochweite des Siebes, auf dem die Mineralkörner zurückgehalten worden sind. Wenn man jetzt die äußere Form der auf diese Weise klassierten Mineralkörner untersucht, so kann man kugelrunde, längliche und flache Körner unterscheiden. Aus unseren bisherigen Betrachtungen folgt aber, daß der auf die Flächeneinheit wirkende Wasserdruck am kleinsten bei kugelrunden, am größten bei flachen Mineralkörnern sein wird.

Beachtet man das oben Gesagte, so kann man feststellen, daß unter dem größten Wert von v_0 die Endgeschwindigkeit der kugelrunden Mineralkörner größten Durchmessers, unter dem kleinsten dagegen die der flachen Mineralkörner kleinsten Durchmessers zu verstehen ist.

Aus der Formel 1 erhält man:

$$C = \frac{v_0}{\sqrt{d(\delta-1)}} \qquad \ldots \ldots \ldots 2)$$

Ist also diese Formel richtig, so muß man auch dieselben oder praktisch nahezu gleiche Werte erhalten, falls v_0 durch $\sqrt{d(\delta-1)}$ geteilt wird. Da das spezifische Gewicht des Bleiglanzes

---

[1]) Ann. Min. Bd. III, S. 143. Paris 1853.

$\delta = 7{,}5$ ist, so können die Werte von $\sqrt{d(\delta-1)}$ entsprechend den verschiedenen Durchmessern der Tabelle Nr. 5 berechnet werden, und man erhält:

$\sqrt{0{,}00394 \cdot 6{,}5} = 0{,}160$, $\sqrt{0{,}00367 \cdot 6{,}5} = 0{,}154$,

$\sqrt{0{,}00277 \cdot 6{,}5} = 0{,}134$, $\sqrt{0{,}00250 \cdot 6{,}5} = 0{,}127$,

$\sqrt{0{,}00177 \cdot 6{,}5} = 0{,}107$, $\sqrt{0{,}00150 \cdot 6{,}5} = 0{,}098$.

Gemäß der Formel 2 sind die Werte des Koeffizienten C für kugelrunde Körner:

$$\frac{0{,}480}{0{,}160} = 3{,}00,$$

$$\frac{0{,}386}{0{,}134} = 2{,}88,$$

$$\frac{0{,}325}{0{,}107} = 3{,}03,$$

und für flache Körner:

$$\frac{0{,}344}{0{,}154} = 2{,}23,$$

$$\frac{0{,}275}{0{,}127} = 2{,}16,$$

$$\frac{0{,}193}{0{,}098} = 1{,}97.$$

Zusammenfassend sieht man, daß praktisch die Formel 1 als richtig angesehen werden kann, weil die Werte des Koeffizienten voneinander sehr wenig abweichen. Den mittleren Wert des Koeffizienten berechnet, erhält man

für kugelrunde Körner . . . . . $C = 2{,}97$
für flache Körner . . . . . . $C = 2{,}12$
und als durchschnittlichen Wert . $C = 2{,}54$,

während der theoretische Wert $C = 4{,}43$ ist. Hieraus folgt, daß die Endgeschwindigkeit in Wirklichkeit kleiner als der theoretische Wert ist.

Auch spätere Versuche bestätigten die Richtigkeit der Formel 1. Nach Rittinger[1]) ist

für kugelrunde Körner: $v_0 = 2{,}73 \sqrt{d(\delta-1)}$

---

[1]) Rittinger, P. R.: Lehrbuch der Aufbereitungskunde. S. 191. Berlin 1867.

für längliche Körner: $v_0 = 2{,}37 \sqrt{d(\delta-1)}$
„ flache „ : $v_0 = 1{,}92 \sqrt{d(\delta-1)}$
und durchschnittlich:
$$v_0 = 2{,}44 \sqrt{d(\delta-1)} \quad \ldots \ldots \ldots \text{3)}$$
wo d die Lochweite des Siebes bedeutet, durch das die Körner hindurchgefallen sind.

Zu bemerken ist noch, daß v_0 und d in diese Formeln in Meter einzusetzen sind. Falls diese — was besonders bei kleineren Körnern zweckmäßig ist — in Millimeter statt Meter ausgedrückt werden, so lautet die Formel 3 folgend:

$$\frac{v_0}{1000} = 2{,}44 \sqrt{\frac{d}{1000}(\delta-1)}$$

oder $\quad v_0 = 77 \sqrt{d(\delta-1)} \quad \ldots \ldots \ldots \text{4)}$

In neuester Zeit hat sich Richards mit der experimentellen Bestimmung der Endgeschwindigkeiten befaßt[1]). Aus den Ergebnissen seiner Versuche kann man entnehmen, daß der Wert des Koeffizienten C etwas größer ist als der von Rittinger angegebene[2]).

Das Gesagte zusammenfassend sieht man, daß alle im vorigen Paragraphen abgeleiteten Formeln gültig bleiben, wenn man bei der Berechnung der Endgeschwindigkeit v_0 den richtigen Wert des Koeffizienten C einsetzt. So ergibt sich z. B. für ein Bleiglanzkorn von 1 mm Durchmesser — mit dem Rittingerschen durchschnittlichen Wert $C = 2{,}44$ gerechnet — folgende Endgeschwindigkeit:

$$v_0 = 2{,}44 \sqrt{0{,}001 \cdot 6{,}5} = 0{,}198 \text{ m},$$

während der theoretische Wert — wie schon bekannt — 0,357 m ist.

In der nachstehenden Tabelle 6 sind die Fallgeschwindigkeiten für Quarz und Bleiglanz zusammengestellt, die mit dem obigen durchschnittlichen Wert des Koeffizienten C nach der

---

[1]) Richards, R. H.: Velocity of galena and quarz falling in water. Transactions of the American Institute of Mining Engineers. Bd. XXXVIII, S. 210. New York 1907.

[2]) Dies ist aber nur für größere Mineralkörner gültig, deren Durchmesser einen gewissen Grenzwert überschreitet; hierauf wird im folgenden näher eingegangen werden.

Formel 15 des vorhergehenden Paragraphen berechnet worden sind.

Tabelle 6.

Mineral	d	v_0	Fallzeiten in Sekunden								
			0,01	0,02	0,03	0,04	0,05	0,075	0,10	0,15	0,20
	mm	m	Fallgeschwindigkeiten in m								
Quarz	1	0,098	0,053	0,082	0,093	0,096					
	4	0,195	0,058	0,107	0,142	0,164	0,178	0,191			
	16	0,390	0,059	0,116	0,168	0,213	0,253	0,319	0,355	0,382	
Bleiglanz	1	0,198	0,080	0,138	0,170	0,182	0,192				
	4	0,395	0,083	0,160	0,224	0,275	0,312	0,365	0,385		
	16	0,790	0,084	0,166	0,245	0,320	0,387	0,526	0,624	0,730	0,769

Die graphische Darstellung dieser Werte ist in Abb. 8 ersichtlich, wo die Bezeichnungen dieselben als in Abb. 5 sind.

Nach der Formel 16 des vorhergehenden Paragraphen ist die Zeit, in der das fallende Mineralkorn praktisch seine Endgeschwindigkeit erreicht:

$$t_0 = \frac{2{,}5\, v_0}{g_0} \quad \ldots \quad 5)$$

Für ein Bleiglanzkorn von 1 mm Durchmesser ergibt sich z. B.:

$$t_0 = \frac{2{,}5 \cdot 0{,}198}{8{,}495} = 0{,}058 \text{ sek},$$

während der entsprechende theoretische Wert 0,105 sek ist.

Die durchfallenen Wege, die mit dem Koeffizienten $C = 2{,}44$ nach der Formel 23 des vorigen Paragraphen für Quarz und Bleiglanz berechnet worden sind, sind aus der nachstehenden Tabelle 7 zu ersehen.

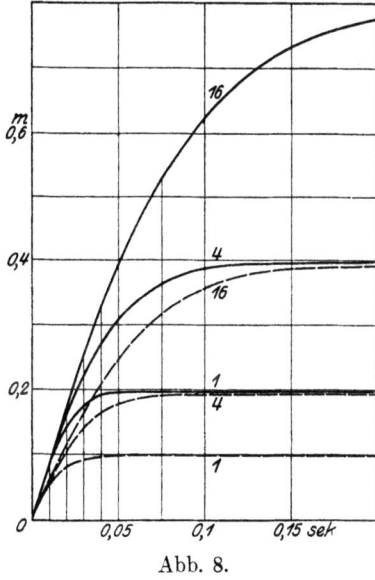

Abb. 8.

Graphisch sind diese Werte in Abb. 9 dargestellt, wo die Bezeichnungen der Abb. 6 Anwendung finden.

Die mechanischen Grundlagen der nassen Aufbereitung.

Tabelle 7.

Mineral	d	Fallzeiten in Sekunden								
		0,01	0,02	0,03	0,04	0,05	0,075	0,10	0,15	0,20
	mm	Wege in cm								
Quarz . . .	1	0,028	0,099	0,186	0,281	0,38	0,62			1,83
	4	0,029	0,113	0,238	0,388	0,56	1,02	1,51	2,48	3,38
	16	0,030	0,117	0,260	0,451	0,68	1,39	2,25	4,09	6,03
Bleiglanz . .	1	0,040	0,152	0,308	0,485	0,67	1,16	1,65		3,63
	4	0,041	0,165	0,357	0,610	0,90	1,76	2,69	4,65	6,61
	16	0,042	0,170	0,372	0,660	1,01	2,16	3,60	7,03	10,77

Aus den bisherigen Betrachtungen folgt im allgemeinen die Richtigkeit der Formel

$$v_0 = C \sqrt{d(\delta - 1)}.$$

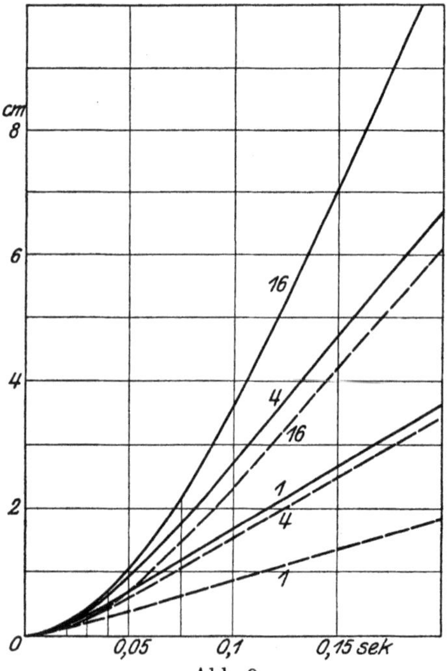

Die Frage ist nun die, ob diese Formel für alle möglichen Werte von d richtig ist, oder nur innerhalb gewisser Grenzen, die eventuell auch in praktischer Beziehung zu berücksichtigen wären.

Wie bekannt, haben wir bei der Ableitung dieser Formel die Reibung außer acht gelassen. Berücksichtigt haben wir nur die dynamische Wirkung, die dem Durchmesser der Kugel und dem Quadrat der Fallgeschwindigkeit proportional ist. Wenn die Reibung ebenfalls dem Quadrat dieser zwei Größen proportional ist, so ist diese Formel — vorausgesetzt, daß wir den Wert von C richtig bestimmt haben — auch für beliebige

Abb. 9.

Werte von d gültig. Ist aber die Reibung z. B. der ersten Potenz von d und v proportional und dabei auch der Koeffizient klein, so kann die Reibung gegenüber der dynamischen Wirkung tatsächlich vernachlässigt werden, falls d und v größere Werte haben, d. h. praktisch wird dann die obige Formel richtig sein. Dagegen nimmt die Reibung bei sehr kleinen Werten von d und v fortwährend zu, und wird schließlich größer als die dynamische Wirkung.

Mit anderen Worten, die obige Formel gibt desto genauere Werte, je größer d ist, und weicht von der Wirklichkeit um so mehr ab, je kleiner d ist.

Aus den Untersuchungen von Stokes[1]) wissen wir aber, daß die Reibung tatsächlich dem Durchmesser und der Fallgeschwindigkeit proportional ist.

Fällt eine Kugel von r cm Halbmesser im ruhenden Wasser mit der Geschwindigkeit v cm, so ist nach Stokes der Reibungswiderstand in CGS-Einheiten, d. h. in Dynen:
$$R = 6\pi\mu r v, \quad \ldots\ldots\ldots \quad 6)$$
worin μ den **Koeffizient der inneren Reibung des Wassers** bedeutet. Der Wert des Koeffizienten der inneren Reibung (Viskosität), ebenfalls in CGS-Einheiten ausgedrückt, ist für Wasser von 20^0 C:
$$\mu = 0,010.$$

Bei anderen Temperaturen beträgt seine Änderung etwa 2 vH. für einen Grad.

Die Formel 6 werden wir jetzt in technischen Einheiten ausdrücken. Nachdem
$$1\,\text{Dyn} = \frac{1}{981\,000}\,\text{kg} = \frac{1}{100\,000\,g}\,\text{kg}$$
und
$$1\,\text{cm} = \frac{1}{100}\,\text{m}$$
ist, so kann die Formel 6 — falls R in Kilogramm und r und v in Meter angegeben sind — folgend geschrieben werden:
$$100\,000\,g\,R = 6\,\mu\pi\,(100\,r)\cdot(100\,v)$$
oder
$$R = \frac{6\pi\mu r v}{10\,g} \quad \ldots\ldots\ldots \quad 7)$$

---

[1]) Stokes, G. G.: Velocity of a sphere falling trough a viscous liquid. Mathematical and Physical Papers. Bd. III, S. 60. Cambridge 1901.

Wenn nun anstatt r der Durchmesser
$$d = 2r$$
eingesetzt wird, so hat man:
$$R = \frac{3\pi\mu vd}{10g} \quad \ldots \ldots \ldots \text{ 8)}$$
Setzt man:
$$k = \frac{3\pi}{10}\frac{\mu}{g},$$
so ist der Reibungswiderstand:
$$R = kvd.$$

Theoretisch ist also die Konstante k unabhängig vom spezifischen Gewicht des Minerals und ändert sich nur mit der Temperatur des Wassers. Ersetzt man μ durch seinen Wert, so wird:
$$k = 0{,}00096,$$
daher der Reibungswiderstand:
$$R = 0{,}00096\,vd \quad \ldots \ldots \ldots \text{ 9)}$$

Die dynamische Wirkung auf eine Kugelfläche — wie wir in § 1 bewiesen haben — ist:
$$P = \frac{1000}{3g} \cdot \frac{d^2\pi}{4} \cdot v^2.$$

Wenn man nun die Formel 8 durch den Wert von P dividiert, so hat man:
$$\frac{R}{P} = \frac{36\,\mu}{10000\,vd},$$
wo v und d in Meter ausgedrückt sind. Werden aber v und d in Millimeter gemessen, so ist:
$$\frac{R}{P} = \frac{3600\,\mu}{vd},$$
oder den Wert von μ eingesetzt:
$$\frac{R}{P} = \frac{36}{vd} \quad \ldots \ldots \ldots \text{ 10)}$$

Aus der Gleichung 10 geht hervor, daß der Quotient aus der Reibung und der dynamischen Wirkung desto größer ist, je kleiner der Durchmesser und die Fallgeschwindigkeit der Kugel ist. Für
$$vd = 36$$

Experimenteller Nachweis der abgeleiteten Formeln.

ergibt sich: $$R = P,$$
d. h. die Reibung ist gerade gleich der dynamischen Wirkung. Dagegen hat man für
$$vd < 36:$$
$$R > P,$$
d. h. die Reibung ist größer als die dynamische Wirkung. Die Endgeschwindigkeit eines Bleiglanzkornes von $d = 1$ mm Durchmesser ist (nach Tabelle 6) $v_0 = 198$ mm, so daß man in diesem Falle nach der Formel 10 erhält:
$$\frac{R}{P} = \frac{36}{198} = \frac{1}{5,5},$$
d. h. die dynamische Wirkung ist etwa 5,5 mal größer als die Reibung. Für $d = 16$ mm ist nach derselben Tabelle $v_0 = 790$ mm; hiermit ergibt sich:
$$\frac{R}{P} = \frac{36}{16 \cdot 790} = \frac{1}{351},$$
d. h. die dynamische Wirkung ist in diesem Falle schon 351 mal größer als die Reibung.

Zusammenfassend sieht man, daß die Reibung, wenn der Wert von d groß genug ist, gegenüber der dynamischen Wirkung tatsächlich vernachlässigt werden kann, und daß anderseits die Formel 1 bei sehr kleinen Werten von d Resultate geben kann, die von der Wirklichkeit wesentlich abweichen.

Wir wollen nun sehen, wie sich die Formel der Endgeschwindigkeit ändert, wenn die dynamische Wirkung ganz außer acht gelassen und nur die Reibung berücksichtigt wird. Wenn das Gewicht der Kugel im Wasser G_0 ist, so ist die auf die Kugel bewegend wirkende Kraft beim Fallen im Wasser:
$$m \frac{dv}{dt} = G_0 - R \quad \ldots \ldots \ldots \text{ 11)}$$

Der Halbmesser der Kugel sei r cm, ihr spezifisches Gewicht δ, dann ist das Gewicht der Kugel im Wasser in CGS-Einheiten ausgedrückt:
$$G_0 = \frac{4}{3} \pi r^3 (\delta - 1) g,$$

und wenn man noch den Wert von R aus der Formel 6 einsetzt, so wird:
$$m \frac{dv}{dt} = \frac{4}{3} \pi r^3 (\delta - 1) g - 6 \pi \mu r v \quad \ldots \text{ 12)}$$

Wenn wieder $\frac{dv}{dt} = 0$

gesetzt wird, so hat man:

$$\frac{4}{3}\pi r^3 (\delta - 1) g - 6\pi \mu r v_0 = 0,$$

und hieraus erhält man für die Endgeschwindigkeit die folgende Stokessche Formel:

$$v_0 = \frac{2}{9} \cdot \frac{\delta - 1}{\mu} \cdot r^2 g \quad \ldots \ldots \quad 13)$$

Werden v_0, r und g in Meter gemessen, so ist nach Formel 13:

$$100\, v_0 = \frac{2}{9} \cdot \frac{\delta - 1}{\mu} \cdot (100\, r)^2 \cdot (100\, g),$$

und hieraus erhält man:

$$v_0 = \frac{20000\, g}{9\, \mu} (\delta - 1) r^2 \quad \ldots \ldots \quad 14)$$

Da aber $r^2 = \frac{d^2}{4}$ ist, so ergibt sich:

$$v_0 = \frac{5000\, g}{9\, \mu} (\delta - 1) d^2 \quad \ldots \ldots \quad 15)$$

Setzt man: $\qquad K = \frac{5000\, g}{9\, \mu},$

so ist die Endgeschwindigkeit:

$$\underline{v_0 = K(\delta - 1) d^2} \quad \ldots \ldots \quad 16)$$

Ein Vergleich dieser Formel mit 1 zeigt sofort, daß wir in diesem Falle auf ein wesentlich anderes Resultat gekommen sind.

Für K ist dasselbe gültig, als für k, und berücksichtigt man den Wert von μ, so wird:

$$K = 545000.$$

Hiermit ergibt sich die praktische Form der Stokesschen Formel:

$$v_0 = 545000\,(\delta - 1) d^2, \quad \ldots \ldots \quad 17)$$

worin v_0 und d in Meter ausgedrückt sind. Werden aber diese in Millimeter gemessen, so wird:

$$\frac{v_0}{1000} = 545000\,(\delta - 1)\left(\frac{d}{1000}\right)^2,$$

daher: $\qquad \underline{v_0 = 545\,(\delta - 1)\, d^2} \quad \ldots \ldots \quad 18)$

Zu bemerken ist aber, daß wir diese Formel unter der Annahme abgeleitet haben, daß die Endgeschwindigkeit v_0 so gering ist, daß die dynamische Wirkung gegenüber der Reibung vernachlässigt werden kann.

Wir haben ferner vorausgesetzt, daß das Wasser die Oberfläche der Kugel vollkommen benetzt und daß der Querschnitt der fallenden Kugel im Verhältnis zum Wasserquerschnitt vernachlässigt werden kann.

Es ist offenbar, daß in diesem Falle auch die in § 2 abgeleiteten Bewegungsgleichungen ihre Gültigkeit verlieren. Schreibt man die Gleichung 11 in folgender Form:

$$m \frac{dv}{dt} = mg_0 - kvd, \quad \ldots \ldots \ldots \quad 19)$$

so ist, wenn $\dfrac{dv}{dt}$ gleich Null gesetzt wird:

$$v_0 = \frac{mg_0}{kd}, \quad \ldots \ldots \ldots \quad 20)$$

folglich:
$$\frac{dv}{dt} = g_0 \left(1 - \frac{v}{v_0}\right) \quad \ldots \ldots \ldots \quad 21)$$

oder
$$\frac{d\left(-\dfrac{v}{v_0}\right)}{1 - \dfrac{v}{v_0}} = -\frac{g_0}{v_0} dt.$$

Integriert man beide Seiten dieser Gleichung, so wird:

$$\log\left(1 - \frac{v}{v_0}\right) = -\frac{g_0}{v_0} t + C,$$

wo C die Integrationskonstante bedeutet. Für $t = 0$ ist $v = 0$, folglich $C = \log 1 = 0$ und somit die Fallgeschwindigkeit:

$$v = v_0 \left(1 - e^{-\frac{g_0}{v_0} t}\right) \quad \ldots \ldots \quad 22)$$

Da $\quad 1 - e^{-5} = 0{,}9924$

ist, so erreicht praktisch das fallende Mineralkorn die Endgeschwindigkeit v_0, wenn

$$\frac{g_0}{v_0} t_0 = 5$$

ist, woraus man erhält:
$$t_0 = \frac{5 v_0}{g_0} \qquad \ldots \ldots \ldots \text{ 23)}$$

Der zurückgelegte Weg in der Zeit t ist:
$$s = \int_0^t v\,dt = v_0 t - v_0 \int_0^t e^{-\frac{g_0}{v_0}t}\,dt.$$

Es ist aber:
$$\int_0^t e^{-\frac{g_0}{v_0}t} \cdot dt = -\frac{v_0}{g_0} \int_0^t e^{-\frac{g_0}{v_0}t}\,d\left(-\frac{g_0}{v_0}t\right) = -\frac{v_0}{g_0}\left(e^{-\frac{g_0}{v_0}t} - 1\right),$$

folglich wird:
$$s = v_0 t - \frac{v_0^2}{g_0}\left(1 - e^{-\frac{g_0}{v_0}t}\right) \qquad \ldots \ldots \ldots \text{ 24)}$$

Aus den bisherigen Betrachtungen folgt:

1. daß für die Endgeschwindigkeit, wenn der Wert von d größer als ein bestimmter Grenzwert ist, folgende Rittingersche Formel gültig ist:
$$v_0 = C \sqrt{d(\delta - 1)},$$

2. daß die Endgeschwindigkeit, wenn der Wert von d kleiner als ein bestimmter Grenzwert ist, nach der Stokesschen Formel
$$v_0 = K(\delta - 1)d^2$$
berechnet werden kann,

3. daß zwischen diesen zwei Grenzwerten ein Intervall besteht, wo keine von diesen zwei Formeln einen entsprechend genauen Wert für die Endgeschwindigkeit ergibt.

Diese Grenzwerte können nur auf experimentellem Wege bestimmt werden. Mit der Lösung dieser Frage haben sich Eastman und Richards befaßt[1]). Die Ergebnisse ihrer Untersuchungen kann man im folgenden zusammenfassen.

---

[1]) Richards, R. H.: Ore Dressing, Bd. III, S. 1424. New York 1909. In seinem oben angeführten Werke gibt er die auf experimentellem Wege bestimmten Endgeschwindigkeiten der Bleiglanzkörner von 11,93 bis 0,00152 mm und der Quarzkörner von 11,93—0,00589 mm Durchmesser. an, mittels der die in Abb. 10 ersichtlichen Kurven konstruiert wurden.

Es sei in der Formel 1:
$$C\sqrt{\delta-1} = A,$$
dann kann die Rittingersche Formel in der Form
$$v_0 = A\sqrt{d} \qquad \ldots \ldots \ldots \quad 25)$$
geschrieben werden. In ähnlicher Weise kann man in der Formel 16 setzen:
$$K(\delta-1) = B,$$
so daß die Stokessche Formel dann lautet:
$$v_0 = Bd^2 \qquad \ldots \ldots \ldots \quad 26)$$

In diesen Formeln sind A und B vom spezifischen Gewicht abhängige Faktoren, d. h. sie sind für ein und dasselbe Mineral konstant. Aus der Formel 25 ist:
$$\text{Log } v_0 = \text{Log } A + 0{,}5 \text{ Log } d,$$
folglich
$$\frac{d(\text{Log } v_0)}{d(\text{Log } d)} = 0{,}5; \qquad \ldots \ldots \ldots \quad 27)$$
dagegen ist aus Formel 26:
$$\text{Log } v_0 = \text{Log } B + 2 \text{ Log } d$$
und
$$\frac{d(\text{Log } v_0)}{d(\text{Log } d)} = 2 \qquad \ldots \ldots \ldots \quad 28)$$

Wir sehen also, daß, wenn man v_0 durch Versuche für verschiedene Werte von d ermittelt und auf der horizontalen Achse eines rechtwinkligen Koordinatensystems Log d, auf der vertikalen Achse Log v_0 aufträgt, sich eine Gerade ergeben muß, deren Neigung gegen die horizontale Achse 0,5 oder 2 beträgt, je nachdem die Rittingersche oder die Stokessche Formel die richtige ist.

Diesbezüglich sind nach Richards in Abb. 10 die logarithmischen Kurven von Eastman für Bleiglanz (gal.) und Quarz (kv.) wiedergegeben, wo die Werte von d und v_0 in Millimeter ausgedrückt sind.

Wie aus dieser Abbildung zu ersehen ist, bestehen die Kurven aus zwei innerhalb gewisser Grenzen geraden und gegen die horizontale Achse verschieden geneigten Ästen, a und b, die durch das Bogenstück c verbunden sind. Die beiden Kurven laufen zueinander nahezu parallel. Die Neigung des Astes a dem Diagramm entnommen, ergibt für Bleiglanz 0,57, für Quarz 0,58; dagegen

44 Die mechanischen Grundlagen der nassen Aufbereitung.

ist die Neigung des Astes b 2,34 bzw. 1,88. Vergleicht man diese Werte mit den Gleichungen 27 und 28, so kann man sagen, daß unter einer gewissen sogenannten **kritischen Geschwindigkeit** die Stokessche Formel, über dieser aber die Rittingersche Formel gültig ist.

Entnimmt man diese kritische Geschwindigkeit dem Diagramm, so erhält man für Bleiglanz etwa 63 mm, für Quarz 28 mm, und die entsprechenden Durchmesser sind 0,13 bzw. 0,20 mm.

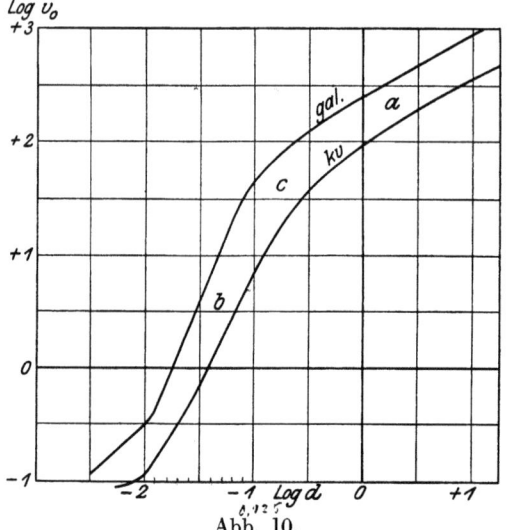
Abb. 10.

Aus dem Diagramm kann man noch ersehen, daß die Stokessche Formel ihre Gültigkeit bei sehr kleinen Geschwindigkeiten wieder verliert. Diese Grenze ist für Bleiglanz etwa 0,33 mm, für Quarz 0,24 mm, und die entsprechenden Durchmesser sind 0,012 mm bzw. 0,017 mm. Da aber in der mechanischen Erzaufbereitung Mineralkörner von so geringem Durchmesser außer acht gelassen werden können, so reichen die Stokesschen und Rittingerschen Formeln für praktische Berechnungen aus.

Zu erwähnen ist noch, daß die Rittingersche Formel unmittelbar über dieser kritischen Geschwindigkeit keine hinreichend genauen Werte gibt, was übrigens auch aus dem Diagramm hervorgeht. In solchen Fällen ist es zweckmäßig, die Geschwindigkeit v_0 nach beiden Formeln zu berechnen und den Mittelwert der zwei Resultate zu bilden.

Dieses Diagramm kann noch zur Bestimmung der Faktoren A und B bzw. der Koeffizienten C und K benutzt werden. Nämlich aus der Gleichung $\mathrm{Log}\, v_0 = \mathrm{Log}\, A + 0{,}5\, \mathrm{Log}\, d$

ergibt sich, wenn $\text{Log } d = 0$ gesetzt wird:
$$\text{Log } v_0 = \text{Log } A,$$
folglich ist: $\qquad v_0 = A$.

In gleicher Weise erhält man aus der Gleichung
$$\text{Log } v_0 = \text{Log } B + 2 \text{ Log } d,$$
wenn wieder $\text{Log } d = 0$ gesetzt wird:
$$\text{Log } v_0 = \text{Log } B$$
und $\qquad v_0 = B$.

Bestimmt man also die Schnittpunkte der Ordinate $\text{Log } d = 0$ mit den Geraden a und b, so ergeben sich unmittelbar die Werte $\text{Log } A$ und $\text{Log } B$, und zwar:

$$\text{für Bleiglanz} \ldots A = 250 \ldots B = 4100$$
$$\text{,, Quarz} \ldots A = 113 \ldots B = 700.$$

Folglich erhält man die beiden anderen Koeffizienten für Bleiglanz:
$$C_g = \frac{250}{\sqrt{6{,}5}} = 97{,}6, \ldots K_g = \frac{4100}{6{,}5} = 630{,}8,$$
für Quarz:
$$C_k = \frac{113}{\sqrt{1{,}6}} = 89{,}6, \ldots K_k = \frac{700}{1{,}6} = 437{,}5.$$

Die Mittelwerte dieser Koeffizienten sind:
$$C = 93{,}6 \quad \text{und} \quad K = 534{,}1,$$
oder wenn man d und v_0 in Meter statt Millimeter ausdrückt:
$$C = \frac{93{,}6}{\sqrt{1000}} = 2{,}96 \quad \text{und} \quad K = 1000 \cdot 534{,}1 = 534100.$$

Wie wir bereits wissen, hat Rittinger für kugelrunde Körner den Wert des Koeffizienten C mit 2,73 und Stokes den Wert des Koeffizienten K mit 545000 angegeben.

Berechnet man die Endgeschwindigkeit eines Bleiglanzkornes von $d = 0{,}13$ mm Durchmesser, so erhält man $v_0 = 63$ mm. Diese Werte in die Gleichung 10 eingesetzt, ergibt:
$$\frac{R}{P} = \frac{36}{0{,}13 \cdot 63} = 4{,}4,$$

d. h. die Reibung ist in diesem Falle 4,4 mal größer als die dynamische Wirkung. Wenn aber $d = 0,05$ mm ist, so erhält man nach Formel 18:

$$v_0 = 545 \cdot 6,5 \cdot 0,0025 = 8,83 \text{ mm}$$

und
$$\frac{R}{P} = \frac{36}{0,05 \cdot 8,83} = 82$$

d. h. die Reibung ist jetzt schon 82 mal größer als die dynamische Wirkung.

Auf Grund der bisherigen Betrachtungen können wir nun die kritische Geschwindigkeit und den dazugehörigen Durchmesser auch anderer Mineralien — wenn auch nur annähernd — feststellen. Wird nämlich dieser Durchmesser mit D mm bezeichnet, so ist mit den aus dem Diagramm ermittelten Koeffizienten $C = 93,6$ und $K = 534,1$:

$$93,6 \sqrt{D(\delta-1)} = 534,1 (\delta-1) D^2$$

und hieraus:
$$D = \frac{0,313}{\sqrt[3]{\delta-1}}.$$

Für Bleiglanz wäre nach dieser Formel:

$$D = \frac{0,313}{\sqrt[3]{7,5-1}} = 0,167 \text{ mm}$$

und für Quarz:

$$D = \frac{0,313}{\sqrt[3]{2,6-1}} = 0,267 \text{ mm}.$$

Man sieht also, daß sich in beiden Fällen Werte ergeben, die größer als die wirklichen sind. Schreibt man jetzt die Formel in folgender Form:

$$D = \frac{q}{\sqrt[3]{\delta-1}}, \quad \ldots \ldots \ldots \text{ 29)}$$

wo q eine noch zu bestimmende Konstante bedeutet, so ist:

$$q = D \sqrt[3]{\delta-1}.$$

Da aber nach dem Diagramm für Bleiglanz $D = 0,13$ mm und für Quarz $D = 0,20$ mm ist, so ergibt sich für Bleiglanz:

$$q = 0,13 \sqrt[3]{7,5-1} = 0,2426$$

und für Quarz:

$$q = 0,20 \sqrt[3]{2,6-1} = 0,2340.$$

Experimenteller Nachweis der abgeleiteten Formeln.

Der Unterschied zwischen beiden Werten ist aber so gering, daß ein durchschnittlicher Wert
$$q = 0,238$$
angenommen werden kann, und mit diesem Werte erhalten wir die folgende Formel des Verfassers:

$$D = \frac{0,238}{\sqrt[3]{\delta-1}} \quad \ldots \ldots \quad 30)$$

Setzt man den Wert D in die Formel 18 ein, so ergibt sich die kritische Geschwindigkeit:

$$V_0 = 545\,(\delta-1) \cdot \left(\frac{0,238}{\sqrt[3]{\delta-1}}\right)^2,$$

oder ausgerechnet, die zweite Formel des Verfassers:

$$V_0 = 31\sqrt[3]{\delta-1} \quad \ldots \ldots \quad 31)$$

Wird z. B. das spezifische Gewicht der Zinkblende zu $\delta = 4$ angenommen, so erhält man den Durchmesser:

$$D = \frac{0,238}{\sqrt[3]{3}} = 0,17 \text{ mm}$$

und die kritische Geschwindigkeit:

$$V_0 = 31\sqrt[3]{3} = 45 \text{ mm}.$$

Nach den vorstehenden Betrachtungen können wir schon die Endgeschwindigkeiten für verschiedene Durchmesser berechnen.

In der nachstehenden Tabelle 8 sind die Ergebnisse für Bleiglanz — Zinkblende — und Quarzkörner mit den Durch-

Tabelle 8.

d mm	Bleiglanz	Zinkblende	Quarz	d mm	Bleiglanz	Zinkblende	Quarz
0,02	1,4	0,6	0,3	0,22	92,1	62,5	—
0,04	5,7	2,6	1,4	0,24	96,2	65,3	47,5
0,06	12,7	5,9	3,1	0,26	100,1	67,9	49,5
0,08	22,7	10,5	5,6	0,28	103,9	70,5	51,3
0,10	35,4	16,3	8,7	0,30	107,4	72,9	53,1
0,12	51,0	23,5	12,5	0,32	111,1	75,4	54,9
0,14	—	32,0	17,1	0,34	114,5	77,7	56,6
0,16	78,5	40,8	22,3	0,36	117,8	79,9	58,2
0,18	83,2	—	28,2	0,38	120,9	82,0	59,8
0,20	87,8	59,2	34,5	0,40	124,1	84,2	61,3

messern von $d = 0{,}02$ mm bis $d = 0{,}40$ mm zusammengestellt, wo die Endgeschwindigkeit v_0 ebenfalls in Millimeter angegeben ist. Die Werte dieser Tabelle sind in Abb. 11 graphisch dargestellt. Die einzelnen Kurven bestehen aus drei Teilen. Die Kurventeile oa, oa_1, oa_2 wurden nach der Stokesschen Formel, dagegen die Kurventeile bc, b_1c_1, b_2c_2 nach der Rittingerschen Formel berechnet, und zwar mit den Konstanten $C = 77$ und $K = 545$. Die Übergangskurven ab, a_1b_1, a_2b_2 entsprechen aber keiner von beiden Formeln. Man sieht, daß die Kurven zum Teil positive, zum Teil negative Krümmung haben, und daß geometrisch die kritische Geschwindigkeit dem Wendepunkt der einzelnen Kurven entspricht.

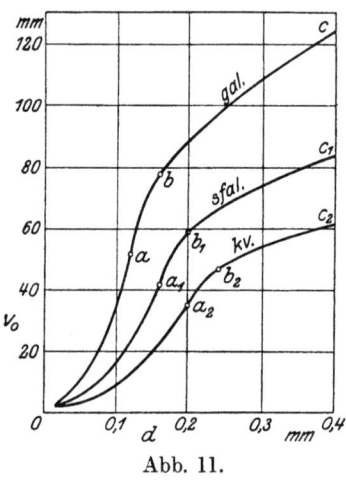

Abb. 11.

§ 4. Wagoners Formel.

Im Anschlusse an die Erörterungen des vorstehenden Paragraphen wollen wir noch der Vollständigkeit halber kurz erwähnen, daß Wagoner für die Endgeschwindigkeit einer im Wasser fallenden Kugel von d mm Durchmesser folgende Formel abgeleitet hat[1]):

$$v_0 = c \sqrt{\frac{d^3}{a d^2 + b}}, \qquad \ldots \ldots \ldots \; 1)$$

wo v_0 ebenfalls die Endgeschwindigkeit in Millimeter bedeutet. a, b und c sind vom spezifischen Gewicht des Minerals abhängige Konstanten, und die Summe der beiden ersten beträgt:

$$a + b \sim \sqrt{2}.$$

In der nachstehenden Tabelle 9 sind für einige Mineralien die Werte dieser Konstanten angegeben.

Zu bemerken ist aber, daß diese Formel größere Werte gibt als die Rittingersche, wenn mit der durchschnittlichen Kon-

---

[1]) Wagoner, L.: Mathematical discussion of the velocity of particles falling in water. J. Assoc. Engg. Soc. Bd. XVII, S. 73. Philadelphia 1896.

Wagoners Formel.

Tabelle 9.

Lfde. Nr.	Name des Minerals	Chemische Zusammensetzung	Spez. Gewicht	c	a	b	$a+b$
1	Kupfer	Cu	8,479	187,6	1,0630	0,3510	1,4140
2	Bleiglanz	PbS	7,586	283,0	1,0770	0,3220	1,3990
3	Wolframit	(FeMn)WO$_4$	6,937	205,5	0,9034	0,4887	1,3921
4	Antimon	Sb	6,706	191,4	0,8799	0,5485	1,4284
5	Kupferglanz	Cu$_2$S	5,334	140,5	0,6396	0,7902	1,4298
6	Magnetkies	FeS	4,508	140,1	0,5248	0,9159	1,4407
7	Quarz	SiO$_2$	2,640	100,4	0,9030	0,5195	1,4125
8	Anthrazit	C	1,473	25,36	0,7815	0,6267	1,4082

stante $C = 77$ gerechnet wird. Rechnet man aber mit der Konstante

$$C = 2{,}73 \sqrt{1000} = 86,$$

die kugelrunden Mineralkörnern entspricht, so erhält man schon weniger abweichende Werte. Z. B. für Bleiglanz ergibt sich nach Wagoners Formel, wenn $d = 1$ mm ist:

$$v_0 = \frac{283}{\sqrt{1{,}399}} = 237 \text{ mm}.$$

Dagegen erhält man, wenn $\delta = 7{,}59$ ist, nach Rittingers Formel den Durchschnittswert:

$$v_0 = 77 \sqrt{6{,}59} = 198 \text{ mm}$$

und für kugelrunde Körner:

$$v_0 = 86 \sqrt{6{,}59} = 221 \text{ mm}.$$

Rechnet man mit dem aus den Versuchen von Richards erhaltenen durchschnittlichen Werte $C = 94$, so ergibt sich:

$$v_0 = 94 \sqrt{6{,}59} = 241 \text{ mm}.$$

Zu bemerken ist noch, daß, während d in Wagoners Formel den durchschnittlichen Durchmesser bedeutet, auf den auch Richards seine Versuchsergebnisse bezogen hat, nach Rittinger unter d die Lochweite des Siebes zu verstehen ist, durch das die Mineralkörner hindurchgefallen sind. Die Lochweite ist aber etwas größer als der durchschnittliche Durchmesser, so daß in Berücksichtigung dessen die obigen Unterschiede noch geringer werden.

Aus den neueren Versuchsergebnissen von Richards, Warren, Nagel, Barnaby, Hayden und Bardwell geht übrigens hervor — wie darauf schon im vorhergehenden Paragraphen hingewiesen wurde —, daß die von Rittinger angegebenen Konstanten auch in diesem Falle noch etwas kleiner sind als die wirklichen Werte, vorausgesetzt, daß die Endgeschwindigkeit größer ist als der kritische Wert und diesem nicht sehr nahe kommt.

§ 5. Bewegung eines kugelförmigen Körpers im vertikalen Wasserstrome.

Bewegt sich eine feste Kugel im vertikalen Wasserstrome — und zwar in derselben oder in entgegengesetzter Richtung, — so ist bei der Berechnung des Druckes P die relative Geschwindigkeit zwischen Kugel und Wasserstrom zu berücksichtigen. Bezeichnet man mit v_1 die absolute Geschwindigkeit des Wasserstromes, mit v diejenige der Kugel, so ist die relative Geschwindigkeit:
$$V = v_1 - v \quad \ldots \ldots \ldots \quad 1)$$
Auf die entsprechenden Vorzeichen der absoluten Geschwindigkeiten v_1 und v ist immer Rücksicht zu nehmen.

Wenn die absoluten Geschwindigkeiten entgegengesetzte Vorzeichen haben, so stimmt das Vorzeichen der relativen Geschwindigkeit V mit dem von v_1 überein, die Richtung des Druckes fällt also mit der Strömungsrichtung zusammen. Wenn v_1 und v gleiche Vorzeichen haben, so hängt das Vorzeichen der relativen Geschwindigkeit V von dem absoluten Werte der Geschwindigkeiten v_1 und v ab. Ist der absolute Wert von v_1 größer, so hat V dasselbe Vorzeichen als v_1, folglich fällt die Richtung des Druckes mit der Strömungsrichtung zusammen. Ist aber:
$$|v| > |v_1|,$$
so hat V das entgegengesetzte Vorzeichen als v_1 und der Druck ist entgegengesetzt gerichtet zur Strömung.

Unter Berücksichtigung des vorher Gesagten wollen wir nun sehen, was für eine Bewegung eine feste Kugel im vertikalen Wasserstrome unter dem zweifachen Einflusse der Schwerkraft und des Wasserdruckes vollführt. Wir setzen voraus, daß die Geschwindigkeit v_1 des Wasserstromes konstant ist und daß die Endgeschwindigkeit der Kugel größer als die kritische Geschwindigkeit sei.

Die Richtung der Schwerkraft werden wir bei der Bestimmung der Vorzeichen positiv wählen.

Bewegung eines kugelförmigen Körpers im vertikalen Wasserstrome. 51

a) Wir nehmen an, daß die relative Geschwindigkeit V negativ, daher zur Schwerkraft entgegengesetzt gerichtet sei; dann wird der auf die Kugel ausgeübte Druck P der Schwerkraft entgegenwirken, und die Differentialgleichung der Bewegung ist:

$$m\frac{dv}{dt} = mg_0 - \alpha_0 f V^2 \quad \ldots \ldots \quad 2)$$

Für $\dfrac{dv}{dt} = 0$ sei $V = V_0$, dann ist:

$$mg_0 - \alpha_0 f V_0^2 = 0,$$

woraus folgt: $\qquad V_0^2 = v_0^2,$

daher: $\qquad V_0 = \pm v_0.$

Da v_0 positiv, die relative Geschwindigkeit V dagegen negativ ist, so wird:

$$V_0 = -v_0 \quad \ldots \ldots \ldots \quad 3)$$

Wir haben aber angenommen, daß die Geschwindigkeit des Wasserstromes v_1 konstant ist, folglich hat man aus der Formel 1:

$$dV = -dv, \quad \ldots \ldots \ldots \quad 4)$$

und dies in die Gleichung 2 eingesetzt, ergibt:

$$-m\frac{dV}{dt} = mg_0 - \alpha_0 f V^2 \quad \ldots \ldots \quad 5)$$

Es sei jetzt: $\qquad V' = -V = v - v_1, \quad \ldots \ldots \quad 6)$

d. h. positiv, dann läßt sich die Gleichung 5 folgend schreiben:

$$m\frac{dV'}{dt} = mg_0 - \alpha_0 f V'^2 \quad \ldots \ldots \quad 7)$$

oder:

$$\frac{dV'}{dt} = g_0\left[1 - \left(\frac{V'}{v_0}\right)^2\right] \quad \ldots \ldots \quad 8)$$

Man sieht, daß die Form dieser Gleichung mit derjenigen der Gleichung 6 des § 2 vollkommen übereinstimmt, folglich ist die Lösung nach der Gleichung 11 desselben Paragraphen:

$$\frac{v_0}{2}\log\frac{1 + \dfrac{V'}{v_0}}{1 - \dfrac{V'}{v_0}} = g_0 t + C \quad \ldots \ldots \quad 9)$$

oder mit Rücksicht auf die Gleichung 14:

$$v_0\operatorname{\mathfrak{Ar\,Tg}}\frac{V'}{v_0} = g_0 t + C \quad \ldots \ldots \quad 10)$$

Für $t = 0$ ist $v = 0$, daher aus der Gleichung 6:
$$V' = -v_1,$$
demnach muß v_1 negativ sein und
$$C = v_0 \operatorname{Ar} \mathfrak{Tg} \frac{-v_1}{v_0}.$$
Dies in die Gleichung 10 eingesetzt, ergibt:
$$\operatorname{Ar} \mathfrak{Tg} \frac{V'}{v_0} - \operatorname{Ar} \mathfrak{Tg} \frac{-v_1}{v_0} = \frac{g_0}{v_0} t$$

oder
$$\operatorname{Ar} \mathfrak{Tg} \frac{v_0(v_1 + V')}{v_1 V' + v_0^2} = \frac{g_0}{v_0} t,$$

folglich ist:
$$\frac{v_0(v_1 + V')}{v_1 V' + v_0^2} = \mathfrak{Tg} \frac{g_0}{v_0} t \quad \ldots \ldots \quad 11)$$

Wenn man jetzt aus der Gleichung 6 den Wert von V' einsetzt, so hat man:
$$\frac{v_0 v}{v_1 v - v_1^2 + v_0^2} = \mathfrak{Tg} \frac{g_0}{v_0} t,$$

und hieraus ergibt sich die absolute Geschwindigkeit der Kugel im Zeitpunkte t:
$$v = \frac{(v_0^2 - v_1^2) \mathfrak{Tg} \dfrac{g_0}{v_0} t}{v_0 - v_1 \mathfrak{Tg} \dfrac{g_0}{v_0} t} \quad \ldots \ldots \quad 12)$$

Setzen wir jetzt $t = \infty$, so ergibt sich die absolute Endgeschwindigkeit der Kugel:
$$v_\infty = \frac{v_0^2 - v_1^2}{v_0 - v_1} = v_0 + v_1, \quad \ldots \ldots \quad 13)$$

wo — wie wir wissen — v_0 positiv und v_1 negativ ist. Wird $t = 0$ gesetzt, so ist $v = \dfrac{0}{v_0} = 0$.

Aus der Formel 13 können wir nachstehende, praktisch sehr wichtige Schlüsse ziehen.

1. Es sei:
$$|v_0| = |v_1|,$$
dann ist:
$$v_\infty = 0,$$

d. h. wenn man eine feste Kugel in einen vertikal aufsteigenden Wasserstrom, dessen Geschwindigkeit

Bewegung eines kugelförmigen Körpers im vertikalen Wasserstrome. 53

gleich der Endgeschwindigkeit der Kugel ist, hineinbringt, so wird die absolute Endgeschwindigkeit der Kugel gleich Null sein, folglich wird der Wasserstrom die Kugel in der Schwebe erhalten.

2. Es sei:
$$|v_0| < |v_1|,$$
dann ist: $v_\infty = v_0 + v_1 < 0.$

Bringt man also eine feste Kugel in einen vertikal aufsteigenden Wasserstrom hinein, dessen Geschwindigkeit größer als die Endgeschwindigkeit der Kugel ist, so wird der Wasserstrom die Kugel zum Aufsteigen bringen, und zwar mit einer absoluten Endgeschwindigkeit, die der Differenz dieser zwei Geschwindigkeiten gleich ist.

Aus der Formel 12 und aus der Formel 16 des § 2 folgt, daß die Kugel praktisch die absolute Endgeschwindigkeit in
$$t_0 = \frac{2{,}5\, v_0}{g_0}, \quad \ldots \ldots \ldots \quad 14)$$
also verhältnismäßig in kurzer Zeit erreicht.

3. Es sei:
$$|v_0| > |v_1|,$$
dann ist: $v_\infty = v_0 + v_1 > 0.$

Bringt man also eine feste Kugel in einen vertikal aufsteigenden Wasserstrom hinein, dessen Geschwindigkeit kleiner als die Endgeschwindigkeit der Kugel ist, so wird die Kugel im Wasserstrome niederfallen, und zwar mit einer absoluten Endgeschwindigkeit, die der Differenz dieser zwei Geschwindigkeiten gleich ist.

Praktisch erreicht die Kugel diese absolute Endgeschwindigkeit ebenfalls in der Zeit t_0, die durch die Formel 14 ausgedrückt ist.

Für die durch die Formel 12 ausgedrückte Geschwindigkeit v können wir noch eine andere, approximative Formel ableiten, von der später im III. Abschnitt Gebrauch gemacht werden wird. Für die praktische Berechnung wird diese Formel vollständig ausreichen.

Wenn man den Wert von V aus der Formel 1 in die Gleichung 2 einsetzt, so erhält man:
$$m \frac{dv}{dt} = mg_0 - \alpha_0 f (v_1 - v)^2 \quad \ldots \ldots \quad 15)$$

Nun läßt sich folgende Bezeichnung anwenden:
$$\Delta v = -(v_0 + v_1) = -v_\infty, \quad \ldots \ldots \quad 16)$$
d. h. Δv bedeutet den negativen Wert der absoluten Endgeschwindigkeit der Kugel. Diesen in die Gleichung 15 eingesetzt, ergibt:
$$m\frac{dv}{dt} = mg_0 - \alpha_0 f(-v_0 - \Delta v - v)^2$$
oder
$$m\frac{dv}{dt} = mg_0 - \alpha_0 f(v_0 + \Delta v + v)^2 \quad \ldots \quad 17)$$
Es sei nun:
$$v' = -v, \quad \ldots \ldots \ldots \quad 18)$$
dann ist:
$$dv' = -dv$$
und
$$-m\frac{dv'}{dt} = mg_0 - \alpha_0 f(v_0 + \Delta v - v')^2 \quad \ldots \quad 19)$$
oder
$$-m\frac{dv'}{dt} = mg_0 - \alpha_0 f[v_0^2 + 2v_0(\Delta v - v') + (\Delta v - v')^2] \quad 20)$$
Da aber: $mg_0 - \alpha_0 f v_0^2 = 0$
ist, kann man die Gleichung 20 folgend schreiben:
$$-m\frac{dv'}{dt} = -\alpha_0 f[2v_0(\Delta v - v') + (\Delta v - v')^2]$$
oder
$$m\frac{dv'}{dt} = \alpha_0 f(\Delta v - v')[2v_0 + (\Delta v - v')] \quad \ldots \quad 21)$$
Für die Differenz $(\Delta v - v')$ kann man aber unter Zuhilfenahme der Gleichungen 16 und 18 setzen:
$$\Delta v - v' = v - v_\infty, \quad \ldots \ldots \quad 22)$$
d. h. $(\Delta v - v')$ ist gleich einer Differenz, die aus der tatsächlichen Geschwindigkeit und absoluten Endgeschwindigkeit der Kugel gebildet werden kann. Zu Beginn der Bewegung hat diese Differenz den größten Wert, da $v = 0$ ist. Von nun an nimmt der Wert, wie aus den Formeln 12 und 14 folgt, fortwährend ab und erreicht in praktisch sehr kurzer Zeit den Wert Null.

Mit Rücksicht darauf kann praktisch die Differenz $(\Delta v - v')$ gegen $2 v_0$ vernachlässigt werden, und hiermit ergibt sich aus der Gleichung 21 folgende **approximative Gleichung**:
$$m\frac{dv'}{dt} = 2\alpha_0 f v_0 (\Delta v - v'), \quad \ldots \ldots \quad 23)$$
worin nach der Gleichung 16 Δv konstant ist.

Bewegung eines kugelförmigen Körpers im vertikalen Wasserstrome. 55

Aus der Formel 5 des § 2 ist aber:
$$\frac{\alpha_0 f v_0}{m} = \frac{g_0}{v_0},$$
und dies in die Gleichung 23 eingesetzt, ergibt die approximative Differentialgleichung der Bewegung:
$$\frac{dv'}{dt} = \frac{2g_0}{v_0}(\Delta v - v') \quad \ldots \ldots \quad 24)$$
Aus dieser Gleichung hat man:
$$\frac{d\left(-\dfrac{v'}{\Delta v}\right)}{1 - \dfrac{v'}{\Delta v}} = -\frac{2g_0}{v_0} dt,$$
und durch Integration beider Seiten folgt:
$$\log\left(1 - \frac{v'}{\Delta v}\right) = -\frac{2g_0}{v_0} t + C \quad \ldots \ldots \quad 25)$$
Für $t = 0$ ist $v' = 0$, daher:
$$C = \log 1 = 0,$$
folglich kann man schreiben:
$$1 - \frac{v'}{\Delta v} = e^{-\frac{2g_0}{v_0}t}$$
und hieraus ergibt sich:
$$v' = \Delta v \left(1 - e^{-\frac{2g_0}{v_0}t}\right).$$
Setzt man die Werte von v' und Δv aus den Gleichungen 18 und 16 hier ein, so erhält man für die absolute Geschwindigkeit der Kugel folgende approximative Formel:
$$v = (v_0 + v_1)\left(1 - e^{-\frac{2g_0}{v_0}t}\right) \quad \ldots \ldots \quad 26)$$
Aus dieser Formel können dieselben Schlüsse gezogen werden als aus der Formel 12. Wenn z. B. $t = 0$ ist, so hat man $v = 0$. Für $t = \infty$ ergibt sich:
$$v_\infty = v_0 + v_1.$$
Wir haben in § 3 gesehen, daß praktisch
$$1 - e^{-5} \sim 1$$

angenommen werden kann; folglich erreicht die Kugel praktisch die absolute Endgeschwindigkeit, wenn
$$\frac{2g_0}{v_0}t_0 = 5$$
ist. Hieraus erhält man:
$$t_0 = \frac{2{,}5\,v_0}{g_0},$$
was ebenfalls mit der Formel 14 übereinstimmt.

Bestimmen wir jetzt den Weg, den die Kugel in der Zeit t zurücklegt. Bezeichnet man diesen Weg mit s, so ist:
$$s = \int_0^t v\,dt.$$

Ersetzt man v durch seinen Wert aus der Formel 26, so folgt:
$$s = (v_0 + v_1)t - (v_0 + v_1)\int_0^t e^{-\frac{2g_0}{v_0}t}\,dt.$$

Es ist aber:
$$\int_0^t e^{-\frac{2g_0}{v_0}t} \cdot dt = -\frac{v_0}{2g_0}\int_0^t e^{-\frac{2g_0}{v_0}t} \cdot d\left(-\frac{2g_0}{v_0}t\right) = -\frac{v_0}{2g_0}\left(e^{-\frac{2g_0}{v_0}t} - 1\right),$$

so daß man für den in der Zeit t zurückgelegten Weg erhält:
$$s = (v_0 + v_1)\left[t - \frac{v_0}{2g_0}\left(1 - e^{-\frac{2g_0}{v_0}t}\right)\right] \quad \ldots \quad 27)$$

b) Die Betrachtungen des vorhergehenden Punktes a) erstrecken sich auf den Fall, daß die relative Geschwindigkeit V negativ ist, daher der Druck P der Schwerkraft entgegenwirkt. Nehmen wir jetzt an, daß V positiv ist. Dann wird die Richtung des Druckes P mit derjenigen der Schwerkraft übereinstimmen. Die Differentialgleichung dieser Bewegung ist:
$$m\frac{dv}{dt} = mg_0 + \alpha_0 f V^2 \quad \ldots \ldots \quad 28)$$

Dieser Fall kommt z. B. dann vor, wenn die feste Kugel der Wirkung eines niedergehenden Wasserstromes, dessen Geschwindigkeit v_1 konstant ist, ausgesetzt wird. Zu Beginn der Bewegung hat die Kugel die Geschwindigkeit $v = 0$, so daß
$$V = v_1$$

Bewegung eines kugelförmigen Körpers im vertikalen Wasserstrome. 57

und demnach auch v_1 positiv ist. Aus der Gleichung 28 ergibt sich:
$$\frac{dv}{dt} = g_0\left(1 + \frac{V^2}{v_0^2}\right), \quad \ldots \ldots 29)$$
folglich ist zu Beginn der Bewegung:
$$\left(\frac{dv}{dt}\right)_0 = g_0\left[1 + \left(\frac{v_1}{v_0}\right)^2\right] \quad \ldots \ldots 30)$$
Man sieht also, daß jetzt die Kugel das Fallen mit einer größeren Beschleunigung als g_0 beginnt, und daß ihre Geschwindigkeit so lange zunimmt, bis
$$v = v_1$$
wird. Dann ist die relative Geschwindigkeit:
$$V = 0$$
und die Beschleunigung der Kugel:
$$\frac{dv}{dt} = g_0.$$
Man sieht also, daß die Gleichung 28 nur so lange richtig bleibt, bis dieser Zustand eintritt, weil von nun an
$$v > v_1$$
ist. Nach der Formel 1 wird also V negativ werden und der Druck P wird der Schwerkraft entgegenwirken. Mit anderen Worten, der Druck des Stromes beschleunigt die Kugel nur so lange, bis die relative Geschwindigkeit gleich Null wird, und von nun an wirkt dieser auf die Kugel verzögernd.

Bestimmen wir jetzt die Zeit, nach der dieser Zustand eintritt. Es sei wieder
$$V' = -V = v - v_1,$$
dann ist: $\quad dv = dV' \quad$ und $\quad V'^2 = V^2.$

Diese in die Gleichung 29 eingesetzt, ergibt:
$$\frac{dV'}{dt} = g_0\left(1 + \frac{V'^2}{v_0^2}\right) \quad \ldots \ldots 31)$$
oder
$$\frac{d\left(\dfrac{V'}{v_0}\right)}{1 + \left(\dfrac{V'}{v_0}\right)^2} = \frac{g_0}{v_0}dt.$$

Die mechanischen Grundlagen der nassen Aufbereitung.

Wenn man beide Seiten dieser Gleichung integriert, so erhält man:

$$\text{arc tg}\frac{V'}{v_0} = \frac{g_0}{v_0}t + C. \quad \ldots \ldots \quad 32)$$

Für $t = 0$ ist $V' = -v_1$, folglich:

$$C = \text{arc tg}\frac{-v_1}{v_0},$$

und hiermit wird:

$$\text{arc tg}\frac{V'}{v_0} - \text{arc tg}\frac{-v_1}{v_0} = \frac{g_0}{v_0}t \quad \ldots \ldots \quad 33)$$

oder

$$\text{arc tg}\frac{v_0(V'+v_1)}{v_0^2 - V'v_1} = \frac{g_0}{v_0}t \quad \ldots \ldots \quad 34)$$

Es sei nun $t = T$, wenn $V' = 0$ ist, dann ergibt sich aus obiger Gleichung:

$$\text{arc tg}\frac{v_1}{v_0} = \frac{g_0}{v_0}T$$

und

$$T = \frac{v_0}{g_0}\text{arc tg}\frac{v_1}{v_0} \quad \ldots \ldots \quad 35)$$

Wie aus dieser Formel hervorgeht, erreicht die relative Geschwindigkeit V um so später den Wert Null, je größer der Quotient $\frac{v_1}{v_0}$ ist. Für den Grenzwert

$$\frac{v_1}{v_0} = \infty$$

ist:

$$\text{arc tg}\infty = \frac{\pi}{2},$$

folglich:

$$T \gtrless \frac{\pi}{2} \cdot \frac{v_0}{g_0} = 1{,}57\,\frac{v_0}{g_0} \quad \ldots \ldots \quad 36)$$

Vergleicht man diese Formel mit der Formel 14, so sieht man, daß die relative Geschwindigkeit in verhältnismäßig sehr kurzer Zeit Null wird. So ist z. B. die Endgeschwindigkeit eines Bleiglanzkornes von 1 mm Durchmesser nach der Tabelle 6:

$$v_0 = 0{,}198 \text{ m};$$

wenn jetzt die Geschwindigkeit des Wasserstromes zu $v_1 = 1$ m angenommen wird, so ist:

$$\text{arc tg}\frac{1}{0{,}198} = \text{arc tg}\,5{,}0505 = 1{,}375,$$

Bewegung eines kugelförmigen Körpers im vertikalen Wasserstrome.

folglich: $$T = \frac{0{,}198}{8{,}495} \cdot 1{,}375 = 0{,}032 \text{ sek.}$$

Aus der Gleichung 34 folgt:
$$\frac{v_0(V' + v_1)}{v_0^2 - V'v_1} = \operatorname{tg} \frac{g_0}{v_0} t,$$

woraus man nach Einsetzen des Wertes von V' erhält:

$$v = \frac{(v_0^2 + v_1^2)\operatorname{tg}\dfrac{g_0}{v_0}t}{v_0 + v_1 \operatorname{tg}\dfrac{g_0}{v_0}t} \quad \ldots \ldots \quad 37)$$

Diese Formel ist aber nur gültig für:
$$t \leq \frac{v_0}{g_0} \operatorname{arc tg} \frac{v_1}{v_0}.$$

Wird $t = T$ angenommen und der Wert von T eingesetzt, so ergibt sich:
$$v = \frac{(v_0^2 + v_1^2)\dfrac{v_1}{v_0}}{v_0 + \dfrac{v_1^2}{v_0}} = v_1, \text{ folglich ist } V = 0.$$

Wie wir wissen, ist von nun an $V < 0$, folglich verliert die Gleichung 28 und die daraus abgeleitete Formel 37 ihre Gültigkeit. Für $t > T$ gilt aber wieder die Gleichung 7, deren Lösung nach der Gleichung 10 die folgende ist:

$$v_0 \operatorname{Ar\,Tg} \frac{V'}{v_0} = g_0 t + C.$$

Für $t = T$ ist $V' = 0$, daher:
$$C = -g_0 T$$

und: $$v_0 \operatorname{Ar\,Tg} \frac{V'}{v_0} = g_0(t - T) \quad \ldots \ldots \quad 38)$$

Hieraus ergibt sich, falls wir den Wert von V' einsetzen, die absolute Geschwindigkeit:

$$v = v_1 + v_0 \operatorname{Tg} \frac{g_0}{v_0}(t - T) \quad \ldots \ldots \quad 39)$$

Wenn $t = \infty$ ist, so folgt:
$$\underline{v_\infty = v_1 + v_0.}$$

Die mechanischen Grundlagen der nassen Aufbereitung.

Fassen wir die Ergebnisse der vorstehenden Betrachtungen zusammen, so können wir folgendes sagen:

Bringt man in einen vertikal niedergehenden Wasserstrom, dessen Geschwindigkeit konstant ist, eine feste Kugel hinein, so ist anfangs die relative Geschwindigkeit zwischen Kugel und Wasserstrom positiv, nimmt aber in sehr kurzer Zeit bis Null ab, wird schließlich negativ, und die absolute Endgeschwindigkeit der Kugel ist gleich der Summe aus der Endgeschwindigkeit der Kugel- und der Stromgeschwindigkeit.

Nach der Formel 39 wird praktisch die absolute Endgeschwindigkeit erreicht, wenn

$$\frac{g_0}{v_0}(t_0 - T) = 2{,}5$$

oder $\qquad t_0 = \dfrac{2{,}5\, v_0}{g_0} + T \ \ \ \ldots \ \ \ldots \ \ 40)$

ist. Wir haben in §3 gesehen, daß für ein Bleiglanzkorn von 1 mm Durchmesser

$$\frac{2{,}5\, v_0}{g_0} = 0{,}058 \text{ sek.}$$

ist, ferner haben wir oben für dasselbe Mineralkorn und für $v_1 = 1$ m

$$T = 0{,}032 \text{ sek.}$$

gefunden; folglich erhalten wir:

$$t_0 = 0{,}058 + 0{,}032 = 0{,}09 \text{ sek.}$$

Für $t = 0$ folgt aus der Formel 39:

$$v = v_1 + v_0 \mathfrak{Tg}\left(-\frac{g_0}{v_0} T\right)$$
$$= v_1 + v_0 \mathfrak{Tg}\ \text{arc tg}\left(-\frac{v_1}{v_0}\right);$$

nach §2 ist aber:

$$\mathfrak{Tg}\, x = \frac{\text{tg}\, ix}{i},$$

daher wird: $\qquad v = v_1 + \dfrac{v_0}{i} \text{tg} \cdot \text{arc tg}\left(\dfrac{-i v_1}{v_0}\right)$

$$= v_1 + \frac{v_0}{i}\left(\frac{-i v_1}{v_0}\right) = v_1 - v_1 = 0.$$

Wir haben bei der Ableitung der bisherigen Formeln vorausgesetzt, daß

$$\vartheta = 1 - \frac{f}{F} \sim 1$$

ist. Wenn wir jetzt den Wert des Quotienten $\frac{f}{F}$ auch berücksichtigen wollen, so erhalten wir die entsprechenden Formeln, wenn wir in den abgeleiteten Formeln $\mathfrak{v} = \vartheta v_0$ statt v_0 schreiben. So ergibt sich z. B. aus der Gleichung 16:

$$\Delta v = -(\vartheta v_0 + v_1) = -v_\infty, \quad \ldots \ldots 41)$$

in ähnlicher Weise aus der Gleichung 24:

$$\frac{dv'}{dt} = \frac{2 g_0}{\vartheta v_0}(-\vartheta v_0 - v_1 - v') \ldots \ldots 42)$$

und ferner die approximative Formel der absoluten Geschwindigkeit aus der Formel 26:

$$v = (\vartheta v_0 + v_1)\left(1 - e^{-\frac{2 g_0}{\vartheta v_0} t}\right) \quad \ldots \ldots 43)$$

Die entsprechenden Formeln kann man auch für den Fall, daß die Endgeschwindigkeit der Kugel kleiner als die kritische Geschwindigkeit ist, leicht ableiten. Da aber dieser Fall — wie wir später sehen werden — in der praktischen Aufbereitung von geringer Wichtigkeit ist, so werden wir diesen hier nicht behandeln.

§ 6. Bewegung eines kugelförmigen Körpers im über eine geneigte Fläche fließenden Wasserstrome.

Wir werden uns im folgenden mit der Bewegung der festen Kugel beschäftigen, die unter der Wirkung eines über eine ebene, wenig geneigte Fläche geführten Wasserstromes steht.

Praktische Anwendung findet diese Aufgabe bei der Herdarbeit, wo der Durchmesser der Mineralkörner kleiner als 1—2 mm ist. Darum werden wir bei der Lösung dieser Aufgabe nur die Bewegung solcher Mineralkörner berücksichtigen, deren Durchmesser diese Grenze nicht überschreitet.

Zunächst wollen wir die Frage beantworten, ob das Mineralkorn im gegebenen Falle eine rollende oder eine gleitende Bewegung vollführt. Zufolge der wissenschaftlichen Arbeiten Rittingers und Sparres[1]) herrscht allgemein die Ansicht, daß die Mineralkörner auf der Herdfläche sich rollend bewegen, was man aus dem Gesichtspunkte der Anreicherung auch für nötig erachtet.

Im folgenden werden wir beweisen, daß die Bewegung der Mineralkörner von so geringem Durchmesser im allgemeinen eine gleitende ist, auf welche Tatsache übrigens im IV. Abschnitte näher eingegangen werden wird.

Die feste Kugel, die sich auf einer geneigten Fläche bewegt, vollführt unter der Wirkung einer zur Grundfläche parallelen Kraft nur dann eine rollende Bewegung, wenn das Moment der rollenden Reibung in bezug auf die Rollachse kleiner ist als dasselbe der gleitenden Reibung[2]), weil andernfalls die Winkelbeschleunigung negativ wird. Diese Bedingung ist in den meisten praktischen Fällen erfüllt.

Bezeichnet man den Durchmesser der Kugel mit d, die gleitende Reibung mit R, das Moment der rollenden Reibung mit M_0, so kann die obige Bedingung in folgender Form geschrieben werden:

$$R \frac{d}{2} - M_0 > 0 \quad \ldots \ldots \ldots \quad 1)$$

Bedeutet ferner N den Normaldruck, den die Kugel auf die Unterlage ausübt, ϱ den Koeffizienten der gleitenden Reibung, ϱ_0 den der rollenden Reibung, so ist:

$$R = \varrho N, \quad M_0 = \varrho_0 N.$$

Diese Werte in die obige Ungleichung eingesetzt, ergibt:

$$\varrho N \frac{d}{2} - \varrho_0 N > 0,$$

oder $$d > \frac{2 \varrho_0}{\varrho}, \quad \ldots \ldots \ldots \quad 2)$$

d. h. die obige Bedingung ist nur dann erfüllt, wenn der Durchmesser der Kugel größer ist als der zweifache Wert des Quotienten aus den Koeffizienten der rollenden und gleitenden Reibung. Zu bemerken ist aber, daß ϱ den Reibungskoeffizienten der Ruhe

---

[1]) Sparre, J. v.: Zur Theorie der Separation oder kritische Bemerkungen zu v. Rittingers Lehrbuch der Aufbereitungskunde. Oberhausen 1869.

[2]) Ohne die gleitende Reibung würde keine Rollbewegung eintreten.

bedeutet, der immer größer ist als der Reibungskoeffizient der Bewegung.

Im allgemeinen ist nach Kirschner[1]) der Koeffizient der gleitenden Reibung zwischen Eisen und Mineralien 0,3. Dieser durchschnittliche Wert kann auch hier angenommen werden, so daß man schreiben kann:

$$\varrho = 0{,}3\,.$$

Was den Koeffizienten der rollenden Reibung betrifft, stehen diesbezüglich keine unmittelbare Versuche zur Verfügung. Wenn wir aber berücksichtigen, daß z. B. nach dem Taschenbuch „Hütte"[2]) der Koeffizient der rollenden Reibung für Eisen auf Eisen durchschnittlich 0,05 cm ist, so können wir in Anbetracht dessen, daß die Form der Mineralkörner niemals eine vollständige Kugelgestalt besitzt, annehmen, daß der Koeffizient der rollenden Reibung hier für keinen Fall kleiner ist als

$$\varrho_0 = 0{,}03\ \text{cm}\,.$$

Diesen unbedingt geringen Wert von ϱ_0 und den entsprechend großen Wert von ϱ in die Ungleichung 2 eingesetzt, ergibt den kleinsten Wert von d:

$$d > \frac{2 \cdot 0{,}03}{0{,}3} = 0{,}2\ \text{cm} = 2\ \text{mm}\,.$$

Wir sehen also, daß bei unserer Annahme, d. h. wenn der Durchmesser des Mineralkornes kleiner als 2 mm ist, im allgemeinen keine Rollbewegung eintreten wird. Deshalb werden wir in den nachstehenden Betrachtungen nur die gleitende Bewegung der Kugel berücksichtigen. Damit wollen wir natürlich nicht behaupten, daß eine rollende Bewegung in einzelnen Ausnahmefällen — z. B. wenn auf die feste Kugel ein exzentrischer und schiefer Stoß wirkt — nicht möglich wäre.

---

[1]) Kirschner, L.: Grundriß der Erzaufbereitung. Bd. I, S. 47. Leipzig 1898. — Dieser Wert des Reibungskoeffizienten ϱ wird bei der Berechnung der Walzwerke, wo die ruhende Reibung maßgebend ist, allgemein angewendet. Wenn man aber bedenkt, daß die Reibung auf der Herdfläche — vorausgesetzt, daß diese aus Eisen hergestellt ist — auch durch das Wasser vermindert wird, so kann man durchaus nicht sagen, daß der obige Wert von ϱ gering ist.

[2]) „Hütte", des Ingenieurs Taschenbuch. 22. Aufl. Bd. I, S. 246. Berlin 1915.

Vor der Erörterung unserer eigentlichen Aufgabe müssen wir uns noch mit den Geschwindigkeitsverhältnissen eines Wasserstromes, der über eine ebene, geneigte Fläche fließt, befassen, was bei der Lösung unserer Aufgabe von besonderer Wichtigkeit ist.

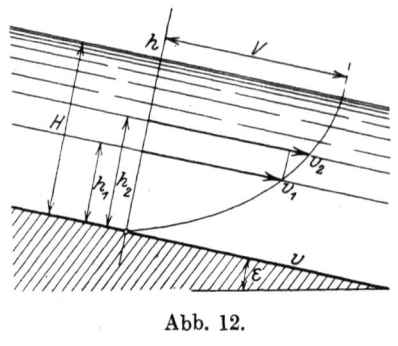

Abb. 12.

Wenn sich ein H m tiefer Wasserstrom auf einer ebenen Fläche, die gegen die Horizontale unter dem Winkel ε geneigt ist, gleichförmig bewegt (Abb. 12) und wenn die Stromgeschwindigkeit in der Höhe h_1 — von der ebenen Fläche aus gemessen — v_1, in der Höhe h_2 aber v_2 ist, so läßt sich die Reibung in einer zur Fläche parallelen und in der Höhe h_1 liegenden Ebene, deren Flächeninhalt f m² ist, durch folgende Formel ausdrücken[1]):

$$R_1 = \mu f \frac{v_2 - v_1}{h_2 - h_1}, \quad \ldots \ldots \ldots 3)$$

worin μ den Koeffizienten der inneren Reibung des Wassers bedeutet. Wenn der Unterschied zwischen h_2 und h_1 unendlich klein wird, so erhält man den allgemeinen Grenzwert:

$$R = \mu f \frac{dv}{dh} \quad \ldots \ldots \ldots 4)$$

Der Quotient $\dfrac{dv}{dh}$ wird mit Geschwindigkeitsgefälle bezeichnet. Anderseits ist die Reibung proportional dem Gewicht der Wassermenge über der Fläche f, bzw. der senkrechten Projektion des Gewichtes auf die Fläche, so daß man auch schreiben kann:

$$R = kf(H-h) \cdot 1000 \cdot \cos \varepsilon, \quad \ldots \ldots 5)$$

worin k einen Koeffizienten bezeichnet und 1000 das Gewicht in kg von 1 m³ Wasser ist. Aus den Formeln 4 und 5 hat man:

$$\frac{dv}{dh} = \frac{1000 \cdot k \cdot \cos \varepsilon}{\mu}(H-h) \quad \ldots \ldots 6)$$

---

[1]) Riecke, E., u. Lecher, E.: Lehrbuch der Physik. 6. Aufl. Bd. I, S. 236. Leipzig 1918.

Bewegung eines kugelförmigen Körpers im geneigten Wasserstrome.

Setzt man als konstante Größe
$$\frac{1000\,k\cos\varepsilon}{\mu}=K,$$
so ergibt sich aus der Gleichung 6:
$$dv = K(H-h)\,dh \quad \ldots \ldots \ldots \text{7)}$$
Durch Integration der vorstehenden Differentialgleichung erhält man die Geschwindigkeit v des Wasserstromes in der — von der ebenen Fläche aus gemessenen — Höhe h:
$$v = K\left(Hh-\frac{h^2}{2}\right)+C, \quad \ldots \ldots \text{8)}$$
wo C die Integrationskonstante bedeutet.

Wenn wir annehmen, daß das Wasser die Grundfläche vollständig benetzt, so ist für $h=0$, $v=0$, folglich:
$$C=0$$
und die Geschwindigkeit
$$v = K\left(Hh-\frac{h^2}{2}\right) \quad \ldots \ldots \ldots \text{9)}$$

Ist $h=H$, so erhält man die **Oberflächengeschwindigkeit des Wasserstromes**:
$$V = K\frac{H^2}{2} \quad \ldots \ldots \ldots \text{10)}$$
Dies in die Formel 9 eingesetzt, ergibt:
$$v = \frac{hV}{H}\left(2-\frac{h}{H}\right) \quad \ldots \ldots \ldots \text{11)}$$

Dagegen läßt sich die **mittlere Geschwindigkeit des Wasserstromes** durch folgende Formel ausdrücken:
$$w = \frac{\int_0^H v\,dh}{H} \quad \ldots \ldots \ldots \text{12)}$$
Da aber
$$\int_0^H v\,dh = V\left(\frac{2h^2}{2H}-\frac{h^3}{3H^2}\right)_0^H = \frac{2}{3}VH$$
ist, so können wir auch schreiben:
$$w = \frac{2}{3}V, \quad \ldots \ldots \ldots \text{13)}$$

Finkey-Pocsubay, Erzaufbereitung.

66 Die mechanischen Grundlagen der nassen Aufbereitung.

d. h. die mittlere Geschwindigkeit des Wasserstromes ist gleich dem $^2/_3$ fachen der Oberflächengeschwindigkeit.

Wenn wir jetzt den Wert

$$V = \frac{3}{2} w$$

in die Formel 11 einsetzen, so erhalten wir für die Geschwindigkeit des Wasserstromes in der Höhe h folgende Formel:

$$v = \frac{3}{2} \cdot \frac{wh}{H} \left(2 - \frac{h}{H}\right), \quad \dots \dots \quad 14)$$

worin w die mittlere Geschwindigkeit des Wasserstromes bedeutet. Wenn w_h die mittlere Geschwindigkeit einer Wasserschicht bedeutet, deren Höhe über der ebenen Fläche h ist, so wird nach der Formel 13:

$$w_h = \frac{2}{3} v,$$

oder aus der Formel 14 den Wert von v eingesetzt:

$$w_h = \frac{wh}{H} \left(2 - \frac{h}{H}\right) \quad \dots \dots \quad 15)$$

Bestimmen wir jetzt die Höhe h', in welcher die Stromgeschwindigkeit gleich der mittleren Geschwindigkeit ist. Werden die Formeln 11 und 13 gleichgesetzt, so wird:

$$\frac{2}{3} V = \frac{h' V}{H} \left(2 - \frac{h'}{H}\right),$$

woraus sich ergibt:

$$\frac{h'^2}{H^2} - \frac{2h'}{H} + \frac{2}{3} = 0$$

und

$$h' = \left(1 \pm \frac{\sqrt{3}}{3}\right) H.$$

Da aber $h' < H$ ist, so ist das negative Vorzeichen zu berücksichtigen. Hiermit wird

$$h' = 0{,}423\, H \quad \dots \dots \quad 16)$$

d. h. die Stromgeschwindigkeit ist von der ebenen Fläche aus gemessen im 0,423. Teil der Höhe gleich der mittleren Geschwindigkeit.

Es sei z. B. die Oberflächengeschwindigkeit eines wagerechten Wasserstromes $V = 0{,}10$ m, die Höhe des Wasserstromes $H = 2$ mm $= 0{,}002$ m, dann ist nach der Formel 11:
$$v = 50\,h\,(2 - 500\,h)$$
und die mittlere Geschwindigkeit
$$w = \frac{2}{3} \cdot 0{,}10 = 0{,}066 \text{ m}.$$
Entsprechend der obigen Formel ist die Änderung der Geschwindigkeit v in Abb. 13 dargestellt, wo $OC = H = 2$ mm und $CB = V = 0{,}1$ m ist.

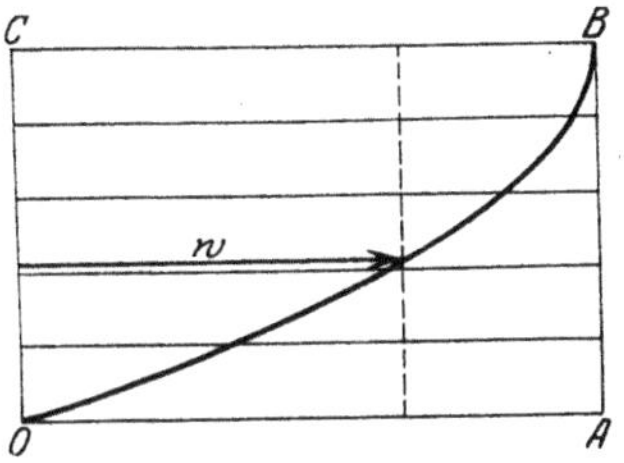

Um die Verhältnisse deutlicher darzustellen, sind hier die Höhen in einem 30 mal größeren Maßstabe aufgetragen als die Längen.

Annähernd kann man die mittlere Geschwindigkeit nach der neueren Bazinschen Formel[1]) (1897) berechnen, nach der

Abb. 13.

$$w = \frac{87\sqrt{iR}}{1 + \dfrac{\zeta}{\sqrt{R}}} \quad \ldots \ldots \ldots \quad 17)$$

ist, worin i die Neigung des Wasserspiegels, R den hydraulischen Radius — d. h. den Quotienten aus dem Querprofil des Wasserstromes und dem benetzten Teil des Umfanges des Leitungsquerschnittes — und ζ den Reibungskoeffizienten bedeutet. Bezeichnet b die Breite und H die Tiefe des Wasserstromes, so ist
$$R = \frac{bH}{2H + b}.$$
Da aber bei Herden die Wassertiefe im Verhältnis zur Breite so gering ist, daß praktisch $2H$ gegen b vernachlässigt werden kann, so wird:
$$R \sim H \quad \ldots \ldots \ldots \quad 18)$$
Anderseits ist, wenn ε den Neigungswinkel der Herdfläche bedeutet:
$$i = tg\,\varepsilon \quad \ldots \ldots \ldots \quad 19)$$

---
[1]) Siehe z. B. „Hütte", des Ingenieurs Taschenbuch. 22. Aufl. Bd. I, S. 310. Berlin 1915.

68   Die mechanischen Grundlagen der nassen Aufbereitung.

Wenn man jetzt die Werte von R und i in die Formel 17 einsetzt, so erhält man für die mittlere Geschwindigkeit folgende Formel:

$$w = \frac{87\,H\,\sqrt{tg\,\varepsilon}}{\zeta + \sqrt{H}}, \quad \ldots \ldots \quad 20)$$

worin H und w in Meter auszudrücken sind. Der durchschnittliche Wert des Reibungskoeffizienten ζ ist, wenn die Herdfläche aus Eisen hergestellt wird:

$$\zeta = 0{,}10\,.$$

Wenn H und w in Millimeter gemessen werden, so lautet die Formel 20 folgend:

$$\frac{w}{1000} = \frac{\frac{87\,H}{1000}\sqrt{tg\,\varepsilon}}{\zeta + \sqrt{\frac{H}{1000}}}$$

oder

$$w = \frac{2750 \cdot H\,\sqrt{tg\,\varepsilon}}{31{,}6\,\zeta + \sqrt{H}} \quad \ldots \ldots \quad 21)$$

Es sei z. B. $H = 2$ mm, $\varepsilon = 5^0$, d. h. $tg\,\varepsilon = 0{,}0875$ und $\zeta = 0{,}1$, dann berechnet sich die mittlere Geschwindigkeit nach obiger Formel zu

$$w = \frac{2750 \cdot 2\sqrt{0{,}0875}}{3{,}16 + \sqrt{2}} = 356\,\text{mm} = 0{,}356\,\text{m}\,.$$

Untersuchen wir jetzt, wie groß der vertikale Druck ist, den eine im Wasser befindliche feste Kugel auf eine ebene feste Fläche ausübt.

Bedeutet nach Abb. 14 G das absolute Gewicht der Kugel, d den Kugeldurchmesser, H die Höhe der Wasserschicht, so ist der hydrostatische Druck auf die Halbkugel acb:

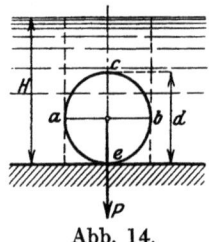

Abb. 14.

$$p_1 = \left[\frac{d^2\pi}{4}\left(H - \frac{d}{2}\right) - \frac{d^3\pi}{12}\right] \cdot \varDelta,$$

derselbe auf die Halbkugel aeb:

$$p_2 = -\left[\frac{d^2\pi}{4}\left(H - \frac{d}{2}\right) + \frac{d^3\pi}{12}\right] \cdot \varDelta,$$

Bewegung eines kugelförmigen Körpers im geneigten Wasserstrome. 69

worin Δ das spezifische Gewicht des Wassers bedeutet. Es wird also:
$$p_1 + p_2 = -\frac{\pi d^3 \Delta}{6}$$

Anderseits ist: $\quad G = \frac{d^3 \pi}{6} \Delta \cdot \delta,$

wo δ das spezifische Gewicht der Kugel bezeichnet. Da aber der vertikale Druck
$$P = G + p_1 + p_2 \quad \ldots \ldots \quad 22)$$

ist, so erhält man, wenn für G und $(p_1 + p_2)$ die obigen Werte eingesetzt werden:
$$P = \frac{\pi d^3}{6} \cdot \Delta (\delta - 1) \quad \ldots \ldots \quad 23)$$

Bezeichnet man jetzt die Masse der Kugel mit m, so ist
$$m = \frac{G}{g} = \frac{\pi d^3 \Delta \delta}{6 g},$$

woraus sich ergibt:
$$\frac{\pi d^3}{6} \cdot \Delta = \frac{m g}{\delta}.$$

Hiermit hat man:
$$P = m g \frac{\delta - 1}{\delta} \quad \ldots \ldots \quad 24)$$

Nach der Formel 1 der „Einleitung" ist aber:
$$g \frac{\delta - 1}{\delta} = g_0$$

und damit erhalten wir:
$$P = m g_0 \quad \ldots \ldots \quad 25)$$

Man sieht also, daß der vertikale Druck, den eine im Wasser befindliche feste Kugel auf eine ebene feste Fläche ausübt, gleich ist dem im Wasser gültigen Gewicht der Kugel.

Ausgerüstet mit diesen Kenntnissen können wir unsere Aufgabe jetzt schon leicht lösen.

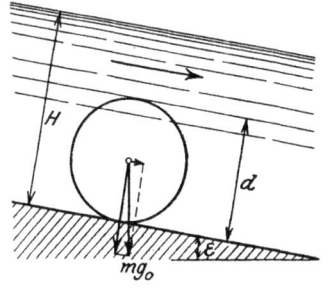

Abb. 15.

Bezeichnet man in Abb. 15 den Neigungswinkel der ebenen Fläche mit ε, die Wassertiefe mit H, die mittlere Geschwindigkeit des Stromes mit w, den Kugeldurchmesser mit d, und wählt man die Strömungsrichtung als positive Richtung, so hat man folgende auf die Kugel — parallel zur Fläche — bewegend wirkende Kräfte:

1. die zur ebenen Fläche parallele Komponente des vertikalen Druckes mg_0, deren Größe ist:

$$+ mg_0 \sin \varepsilon\,;$$

2. die gleitende Reibung zwischen Kugel und Fläche:

$$- mg_0 \varrho \cos \varepsilon,$$

wo ϱ den Reibungskoeffizienten der Bewegung bedeutet. Wie aus dem einleitenden Teile dieses Paragraphen bereits bekannt ist, kann der Reibungskoeffizient der Ruhe zwischen Mineralien und Eisen durchschnittlich zu 0,3 angenommen werden. Wenn wir aber bedenken, daß der Koeffizient der gleitenden Reibung während der Bewegung kleiner ist als derjenige der Ruhe, und anderseits auch das anwesende Wasser die Reibung vermindert, so können wir bei Durchschnittsberechnungen — vorausgesetzt, daß die Herdfläche aus Eisen hergestellt ist — den Wert

$$\varrho = 0{,}2$$

annehmen. Später werden wir auch sehen, daß in der Praxis

$$\varepsilon < 8^0$$

ist, und da $\cos 8^0 = 0{,}9903$ ist, kann praktisch geschrieben werden

$$\cos \varepsilon \sim 1,$$

so daß die Reibung wird:

$$- mg_0 \varrho\,.$$

3. Schließlich ist noch der auf die Kugel ausgeübte dynamische Wasserdruck zu berücksichtigen, der bekanntlich von der relativen Geschwindigkeit V abhängt. Es sei v die absolute Geschwindigkeit der Kugel, w_d die mittlere Geschwindigkeit des Wasserstromes von der Tiefe d, dann ist die relative Geschwindigkeit:

$$V = w_d - v \quad \ldots \ldots \ldots \quad 26)$$

Der dynamische Druck läßt sich jetzt folgendermaßen berechnen:

a) Wenn die Endgeschwindigkeit der Kugel größer als die kritische Geschwindigkeit ist, also

$$v_0 > V_0,$$

Bewegung eines kugelförmigen Körpers im geneigten Wasserstrome. 71

so ist der dynamische Druck:
$$\pm \alpha_0 f V^2,$$
je nachdem die relative Geschwindigkeit positiv oder negativ ist.

b) Wenn die Endgeschwindigkeit der Kugel kleiner als die kritische Geschwindigkeit ist, also:
$$v_0 < V_0,$$
so ist der dynamische Druck:
$$k V d,$$
dessen Vorzeichen mit demjenigen der relativen Geschwindigkeit V übereinstimmt.

I. Es sei $v_0 > V_0$ und die relative Geschwindigkeit negativ dann wirkt bewegend auf die Kugel die Kraft:
$$m \frac{dv}{dt} = m g_0 \sin \varepsilon - m g_0 \varrho - \alpha_0 f V^2 \quad \ldots \quad 27)$$

Setzt man:
$$V' = -V = v - w_d, \quad \ldots \ldots \quad 28)$$
so ist:
$$m \frac{dV'}{dt} = m g_0 \left[(\sin \varepsilon - \varrho) - \left(\frac{V'}{v_0}\right)^2 \right]$$
oder
$$m \frac{dV'}{dt} = m g_0 (\sin \varepsilon - \varrho) \left[1 - \left(\frac{V'}{v_0 \sqrt{\sin \varepsilon - \varrho}}\right)^2 \right],$$
woraus sich ergibt:
$$\frac{d\left(\dfrac{V'}{v_0 \sqrt{\sin \varepsilon - \varrho}}\right)}{1 - \left(\dfrac{V'}{v_0 \sqrt{\sin \varepsilon - \varrho}}\right)^2} = \frac{g_0 \sqrt{\sin \varepsilon - \varrho}}{v_0} \, dt.$$

Die Lösung dieser Gleichung ist nach den Formeln 7, 11 und 14 des § 2 die folgende:
$$\operatorname{Ar \, Tg} \frac{V'}{v_0 \sqrt{\sin \varepsilon - \varrho}} = \frac{g_0 t \sqrt{\sin \varepsilon - \varrho}}{v_0} + C, \quad \ldots \quad 29)$$
wo der Wert der Integrationskonstante C von der absoluten Anfangsgeschwindigkeit der Kugel abhängt. Im praktischen Falle können wir — wie wir im IV. Abschnitt sehen werden — annähernd annehmen, daß die absolute Anfangsgeschwindigkeit der Kugel gleich ist der mittleren Geschwindigkeit w_d des Wasser-

stromes; also für $t = 0$, ist $V' = 0$, folglich für diesen Fall $C = 0$
und
$$V' = v_0 \sqrt{\sin \varepsilon - \varrho} \, \mathfrak{Tg} \frac{g_0 t \sqrt{\sin \varepsilon - \varrho}}{v_0} \quad \ldots \quad 30)$$
Setzt man für V' und w_d die entsprechenden Werte ein, so ergibt sich:
$$v = \frac{wd}{H}\left(2 - \frac{d}{H}\right) + v_0 \sqrt{\sin \varepsilon - \varrho} \cdot \mathfrak{Tg} \frac{g_0 t \sqrt{\sin \varepsilon - \varrho}}{v_0} \quad \ldots \quad 31)$$

Für $t = \infty$ ist $\mathfrak{Tg} \infty = 1$, somit erhält man für die **absolute Endgeschwindigkeit der Kugel** die Formel:
$$v_\infty = \frac{wd}{H}\left(2 - \frac{d}{H}\right) + v_0 \sqrt{\sin \varepsilon - \varrho}. \quad \ldots \quad 32)$$

Wir sehen, daß diese Formel einen reellen Wert nur für
$$\sin \varepsilon > \varrho$$
gibt, weshalb wir auch sagen können, daß die absolute Endgeschwindigkeit der Kugel — wenn der Koeffizient der gleitenden Reibung kleiner ist als der Sinus des Neigungswinkels — größer ist, als die mittlere Geschwindigkeit einer dem Kugeldurchmesser gleich tiefen Wasserschicht.

Vorher haben wir erwähnt, daß in der Praxis der Neigungswinkel der Herdfläche $\varepsilon < 8^0$ ist. Da aber
$$\sin 8^0 = 0{,}1392 \quad \text{und} \quad \varrho = 0{,}2$$
ist, so hat man: $\sin \varepsilon < \varrho$.
Im allgemeinen kommt also dieser Fall in der Praxis nicht vor.

II. Es sei wieder $v_0 > V_0$ und die relative Geschwindigkeit positiv, dann ist die Differentialgleichung der Bewegung:
$$m\frac{dv}{dt} = mg_0 \sin \varepsilon - mg_0 \varrho + \alpha_0 f V^2 \quad \ldots \quad 33)$$
oder wenn wir $V' = -V$
setzen:
$$m\frac{dV'}{dt} = mg_0 \sin \varepsilon - mg_0 \varrho + \alpha_0 f V'^2. \quad \ldots \quad 34)$$
Hieraus ergibt sich:
$$\frac{d\left(\dfrac{V'}{v_0 \sqrt{\sin \varepsilon - \varrho}}\right)}{1 + \left(\dfrac{V'}{v_0 \sqrt{\sin \varepsilon - \varrho}}\right)^2} = \frac{g_0 \sqrt{\sin \varepsilon - \varrho}}{v_0} dt.$$

Bewegung eines kugelförmigen Körpers im geneigten Wasserstrome. 73

Durch Integration beider Seiten erhält man folgenden Ausdruck:

$$\operatorname{arc\,tg} \frac{V'}{v_0 \sqrt{\sin \varepsilon - \varrho}} = \frac{g_0 t \sqrt{\sin \varepsilon - \varrho}}{v_0} + C \quad \ldots \quad 35)$$

Für $t = 0$ ist $V' = 0$, folglich auch $C = 0$ und

$$V' = v_0 \sqrt{\sin \varepsilon - \varrho} \cdot \operatorname{tg} \frac{g_0 t \sqrt{\sin \varepsilon - \varrho}}{v_0} \quad \ldots \quad 36)$$

oder

$$V' = i v_0 \sqrt{\varrho - \sin \varepsilon} \cdot \operatorname{tg} \frac{g_0 t i \sqrt{\varrho - \sin \varepsilon}}{v_0}.$$

Nach § 2 kann man aber schreiben:

$$\operatorname{tg} i x = i \operatorname{\mathfrak{T}g} x.$$

Dies in die obige Gleichung eingesetzt, ergibt

$$V' = i^2 v_0 \sqrt{\varrho - \sin \varepsilon} \cdot \operatorname{\mathfrak{T}g} \frac{g_0 t \sqrt{\varrho - \sin \varepsilon}}{v_0} \quad \ldots \quad 37)$$

Berücksichtigt man die Werte von V' und $i^2 = -1$, so ist die absolute Geschwindigkeit der Kugel:

$$v = \frac{w d}{H}\left(2 - \frac{d}{H}\right) - v_0 \sqrt{\varrho - \sin \varepsilon} \cdot \operatorname{\mathfrak{T}g} \frac{g_0 t \sqrt{\varrho - \sin \varepsilon}}{v_0} \quad . \quad 38)$$

Wird $t = \infty$ gesetzt, so ergibt sich die absolute Endgeschwindigkeit der Kugel:

$$v_\infty = \frac{w d}{H}\left(2 - \frac{d}{H}\right) - v_0 \sqrt{\varrho - \sin \varepsilon} \quad \ldots \quad 39)$$

Diese Formel gibt nur dann einen reellen Wert, wenn

$$\varrho > \sin \varepsilon$$

ist, und wie wir aus dem Vorstehenden wissen, kommt dieser Fall in der Praxis allgemein vor. Folglich sehen wir, daß die absolute Endgeschwindigkeit der Kugel — wenn der Koeffizient der gleitenden Reibung größer ist als der Sinus des Neigungswinkels — kleiner ist, als die mittlere Geschwindigkeit einer dem Kugeldurchmesser gleich tiefen Wasserschicht.

Theoretisch erreicht die Kugel diese Endgeschwindigkeit erst nach der Zeit $t = \infty$. Wie wir aber bereits aus dem Vorhergehenden wissen, kommt der Wert von v, wenn

$$\frac{g_0 t_0}{v_0} \sqrt{\varrho - \sin \varepsilon} = 2{,}5$$

ist, demjenigen von v_∞ derart nahe, daß praktisch $v_\infty = v$ angenommen werden kann. Nach dieser Gleichung ist also:

$$t_0 = \frac{2{,}5\, v_0}{g_0 \sqrt{\varrho - \sin \varepsilon}} \quad \ldots \ldots \ldots \quad 40)$$

Aus dieser Formel ist zu ersehen, daß t_0 desto größer ist, je kleiner im Nenner der Ausdruck $\sqrt{\varrho - \sin \varepsilon}$ ist. Dieser ist aber am kleinsten, wenn ε am größten, d. h. wenn praktisch $\varepsilon = 8^0$ ist. Für diesen Fall hat man also:

$$\sqrt{\varrho - \sin \varepsilon} = \sqrt{0{,}2 - 0{,}1392} = 0{,}2466,$$

folglich ist praktisch:

$$t_0 < \frac{10\, v_0}{g_0} \quad \ldots \ldots \ldots \quad 41)$$

Z. B. nach der Tabelle 6 ist die Endgeschwindigkeit eines Bleiglanzkornes von 1 mm Durchmesser:

$$v_0 = 0{,}198 \text{ m}$$

und hiermit erhält man

$$t_0 < \frac{10 \cdot 0{,}198}{8{,}495} = 0{,}233 \text{ sek.};$$

dagegen ergibt sich für ein Quarzkorn von demselben Durchmesser:

$$t_0 < \frac{10 \cdot 0{,}098}{5{,}987} = 0{,}164 \text{ sek.}$$

Wenn der Durchmesser des Mineralkornes kleiner ist, so wird auch t_0 kleiner. So ist z. B. für ein Bleiglanzkorn von 0,2 mm Durchmesser nach der Tabelle 8:

$$v_0 = 0{,}088 \text{ m}$$

und

$$t_0 < \frac{10 \cdot 0{,}088}{8{,}495} = 0{,}103 \text{ sek.}$$

III. Aus den Gleichungen 31 und 38 folgt, wenn

$$\varrho = \sin \varepsilon$$

gesetzt wird:

$$\sqrt{\sin \varepsilon - \varrho} = \sqrt{\varrho - \sin \varepsilon} = 0.$$

Bewegung eines kugelförmigen Körpers im geneigten Wasserstrome. 75

Folglich ist die absolute Geschwindigkeit für diesen Fall:

$$v = \frac{wd}{H}\left(2 - \frac{d}{H}\right), \quad \ldots \ldots \quad 42)$$

also von der Zeit t unabhängig. D. h. wenn der Koeffizient der gleitenden Reibung denselben Wert hat, als der Sinus des Neigungswinkels, so ist die absolute Geschwindigkeit der Kugel gleich der mittleren Geschwindigkeit einer Wasserschicht, deren Tiefe dem Kugeldurchmesser gleich ist.

IV. Untersuchen wir jetzt, wie diese Formeln sich ändern, wenn die Endgeschwindigkeit des Mineralkornes kleiner ist als die kritische Geschwindigkeit, wenn also

$$v_0 < V_0.$$

Für diesen Fall lautet die Differentialgleichung der Bewegung folgend:

$$m\frac{dv}{dt} = mg_0 \sin \varepsilon - mg_0 \varrho + kVd, \quad \ldots \ldots \quad 43)$$

wo das Vorzeichen des letzten Gliedes mit demjenigen der relativen Geschwindigkeit V übereinstimmt. Aus dieser Gleichung hat man:

$$\frac{dv}{dt} = g_0\left[(\sin \varepsilon - \varrho) + \frac{V}{v_0}\right],$$

oder da

$$dv = -dV$$

ist:

$$\frac{d\left(\dfrac{V}{v_0}\right)}{(\sin \varepsilon - \varrho) + \dfrac{V}{v_0}} = -\frac{g_0}{v_0}dt.$$

Die Integration beider Seiten ergibt:

$$\log\left[(\sin \varepsilon - \varrho) + \frac{V}{v_0}\right] = -\frac{g_0}{v_0}t + C \quad \ldots \ldots \quad 44)$$

Wenn wieder zu Beginn der Bewegung, also für $t = 0$, die Geschwindigkeit $V = 0$ ist, so wird:

$$C = \log(\sin \varepsilon - \varrho),$$

und dies in die Gleichung 44 eingesetzt, ergibt:

$$\log\left[1 + \frac{V}{v_0(\sin \varepsilon - \varrho)}\right] = -\frac{g_0}{v_0}t \quad \ldots \ldots \quad 45)$$

Folglich ist:
$$1 + \frac{V}{v_0(\sin\varepsilon - \varrho)} = e^{-\frac{g_0}{v_0}t}$$

und
$$V = v_0(\varrho - \sin\varepsilon)\left(1 - e^{-\frac{g_0}{v_0}t}\right).$$

Wenn wir hierin den Wert
$$V = w_d - v$$

einführen, so erhalten wir die absolute Geschwindigkeit der Kugel:
$$v = \frac{wd}{H}\left(2 - \frac{d}{H}\right) - v_0(\varrho - \sin\varepsilon)\left(1 - e^{-\frac{g_0}{v_0}t}\right) \quad \ldots \; 46)$$

Aus dieser Formel ist ersichtlich, daß für:
$$\varrho > \sin\varepsilon$$

die absolute Geschwindigkeit der Kugel kleiner ist als die mittlere Geschwindigkeit einer d tiefen Wasserschicht. Setzt man $t = \infty$, so ergibt sich aus der Formel 46 die **absolute Endgeschwindigkeit der Kugel**:
$$v_\infty = \frac{wd}{H}\left(2 - \frac{d}{H}\right) - v_0(\varrho - \sin\varepsilon) \; \ldots \ldots \; 47)$$

Aus den Erörterungen des § 3 folgt aber, daß praktisch die Kugel diese Endgeschwindigkeit erreicht, wenn
$$\frac{g_0}{v_0} t_0 = 5$$

oder
$$t_0 = \frac{5 v_0}{g_0} \; \ldots \ldots \ldots \; 48)$$

ist. Es sei z. B. der Durchmesser eines Bleiglanzkornes 0,1 mm; dann ist seine Endgeschwindigkeit nach der Tabelle 8:
$$v_0 = 0{,}035 \text{ m}$$

und hiermit erhält man:
$$t_0 = \frac{5 \cdot 0{,}035}{8{,}495} = 0{,}021 \text{ sek.}$$

Wenn man nun nur den praktisch wichtigen Fall, für den
$$\varrho > \sin\varepsilon$$

ist, beachtet, so sieht man aus den Formeln 39 und 47, daß die Geschwindigkeit einer Kugel, die sich im abfallenden Wasserstrome auf einer festen ebenen Fläche bewegt, um so größer sein wird, je größer der Kugeldurchmesser, der Neigungswinkel der geneigten Fläche und je kleiner die Endgeschwindigkeit, daher das spezifische Gewicht der Kugel ist.

Nachdem die Geschwindigkeit v bekannt ist, können wir schon nach den vorhergehenden Betrachtungen auch den Weg bestimmen, den die feste Kugel in der Zeit t zurücklegt.

II. Die Vorarbeiten der nassen Aufbereitung.

§ 7. Zweck der Vorarbeiten.

Um das aus der Grube geförderte Roherz den hüttenmännischen Anforderungen entsprechend anreichern zu können, muß man dieses vor der Anreicherung aufschließen, d. h. entsprechend der Korngröße der Einsprengung zerkleinern und dadurch die verschiedenen erzhaltigen und tauben Mineralkörner aus ihrem Zusammenhange befreien. Das ideale Ziel der Zerkleinerung wäre daher, aus dem Haufwerk ein derartiges loses Körnergemenge herzustellen, das entsprechende und nur solche Mineralkörner enthält, deren Durchmesser gleich groß sind. Dieses Ziel läßt sich jedoch in der Praxis nicht erreichen. Als vollständigste Zerkleinerungsmaschine ist also im praktischen Sinne diejenige anzusehen, bei deren Verwendung im aufgeschlossenen Roherze die erwünschte Korngröße verhältnismäßig in größter Menge erhalten wird.

In der Praxis kann man eigentlich nur die größte Korngröße des zerkleinerten Roherzes regeln, so daß in diesem sämtliche Korngrößen, von der größten herab bis nahezu Null, vorkommen werden.

Wird z. B. ein Mittelerz von 60 mm Korngröße durch Walzwerke bis auf 8 mm Größe zerkleinert, so erhält man nach den Versuchen von Reytt[1]) in dem zerkleinerten Gut

---

[1]) Kirschner, L.: Grundriß der Erzaufbereitung. Bd. I, S. 53. Leipzig 1898.

Körner von 8—4 mm Durchmesser . . . . 46,20 vH.
„   „   4—1 „   „   . . . . 32,22 „
„   „   1—1/3 „   „   . . . . 11,65 „
„   unter   1/3 „   „   . . . . 9,93 „
                                Zusammen 100,00 vH.

Wir wissen aus der Einleitung, daß nur ein Teil dieses Erzes, der die Korngrößen von 8—1 mm enthält, also 78,4 vH., als Mittelerz angereichert werden kann, während der andere Teil, 21,6 vH., als Berg- oder Pocherz behandelt werden muß, welcher Umstand in Anbetracht des Metallverlustes unbedingt nachteilig ist.

Die Erfahrung lehrt nun, daß das zerkleinerte Gut bzw. Gemenge, das aus losen Mineralkörnern von verschiedener Korngröße und spezifischem Gewicht besteht, für die Anreicherung noch nicht geeignet ist, sondern daß vor der Anreicherung noch eine Vorarbeit vorgenommen werden muß.

Diese Vorarbeit wird nun nach zwei Grundprinzipien ausgeführt. Man unterscheidet:

1. das Klassieren nach der Korngröße,
2. das Sortieren nach der Endgeschwindigkeit oder, — wie man es allgemein nennt — das Sortieren nach der Gleichfälligkeit.

Das erstere Verfahren kommt bei gröberem, das letztere bei feinerem Korne zur Anwendung, dessen Ursachen wir später besprechen werden. Was die zweckmäßige Anwendbarkeit der zwei Verfahren betrifft, kann man zwischen diesen keine scharfe Grenze ziehen. Während man z. B. bei uns das Klassieren nach der Korngröße bis höchstens zu 1 mm Korngröße ausführt und bei noch kleineren Körnern das Sortieren nach der Gleichfälligkeit anwendet, kommt das letztere Verfahren in Amerika schon von 4—2 mm abwärts zur Anwendung[1]). Dagegen klassiert z. B. die amerikanische Aufbereitungsanlage „New Jersey Zinc Company" bis zu $1/4$ mm abwärts[2]), und nach Richards[3]) ist man heute in Amerika bestrebt, das Klassieren bis zu 80—100 Maschen[4]) abwärts, d. h. etwa bis zu 0,14—0,15 mm Korngröße auszudehnen.

---

[1]) Richards „annular vortex" wird schon von 8 mm abwärts angewendet.
[2]) Richards, R. H.: Ore Dressing. Bd. III, S. 1361. New York 1909.
[3]) Ebenda.   [4]) Siehe den nachstehenden § 8.

§ 8. Das Klassieren nach der Korngröße.

Das Klassieren nach der Korngröße erfolgt am häufigsten durch Siebe, die entweder mit quadratischen oder mit kreisrunden Sieblöchern versehen sind. Die Seitenlänge des quadratischen Siebloches oder der Durchmesser des Kreisloches wird mit Lochweite bezeichnet.

Wenn man ein Gemenge verschieden großer Mineralkörner auf ein Sieb, dessen Lochweite d mm ist, aufträgt, so fallen diejenigen Körner, die einen kleineren Durchmesser als d haben, durch die Sieblöcher hindurch, während die größeren Körner auf der Siebfläche zurückgehalten werden. Auf diese Weise wird das Gut in zwei Klassen zerlegt, die eine besteht aus Mineralkörnern von größerem, die andere von kleinerem Durchmesser als d.

In Wirklichkeit bleibt aber auch eine gewisse Menge Körner auf der Siebfläche liegen, die kleiner als die Lochweite sind und am Hindurchfallen durch die größeren Körner gehindert werden. Diese werden als Unterkorn bezeichnet. Je weniger Unterkorn entsteht, desto besser ist der Nutzeffekt des Siebes. Wenn z. B. ein Sieb mit 80 vH. Nutzeffekt arbeitet, so beträgt die Menge des Unterkornes 20 vH., das in der gröberen Klasse zurückbleibt.

Das ideale Ziel des Klassierens nach der Korngröße wäre die Herstellung solcher Klassen, von denen jede aus gleich großen Körnern besteht. Dieses Ziel kann aber in der Praxis nur annähernd verwirklicht werden. Zu diesem Zwecke werden nacheinander mehrere Siebe mit verschiedenen Lochweiten angewendet, so daß die Anzahl der gewonnenen Kornklassen um die Einheit größer sein wird, als diejenige der Siebe. Gewöhnlich bezeichnet man die einzelnen Klassen mit der Lochweite desjenigen Siebes, durch das die betreffende Klasse hindurchgefallen ist. Mehrere zusammenarbeitende Siebe bilden eine Siebskala.

Wenn wir jede einzelne Klasse mit derselben Genauigkeit klassieren wollen, so muß der Quotient aus den Lochweiten der aufeinander folgenden Siebe konstant sein. Diesen Quotienten werden wir mit q bezeichnen und Quotienten der Siebskala nennen. Wenn z. B. dieser Quotient $q = 2$ ist, so wird der Durchmesser des größten Kornes in jeder Klasse zweimal größer sein als der des kleinsten Kornes.

Erfahrungsgemäß läßt sich aber das auf diese Weise klassierte Gut nicht mit entsprechendem Erfolg anreichern, weshalb in der Praxis allgemein
$$q < 2$$
gewählt wird.

Bezeichnet D mm den größten Korndurchmesser des zu klassierenden Gutes, d mm die Lochweite des feinsten Siebes, q den Quotienten der Siebskala, so ist

die Lochweite des ersten Siebes . . . $d_1 = \dfrac{D}{q}$,

,,   ,,   ,, zweiten ,, . . . $d_2 = \dfrac{d_1}{q} = \dfrac{D}{q^2}$,

,,   ,,   ,, dritten ,, . . . $d_3 = \dfrac{d_2}{q} = \dfrac{D}{q^3}$,

. . . .

,,   ,,   ,, n-ten ,, . . . $d = \dfrac{D}{q^n}$,

so daß
$$q^n = \frac{D}{d} \qquad \ldots \ldots \ldots \ldots \text{1)}$$

ist, woraus man für den **Quotienten der Siebskala** findet:
$$q = \sqrt[n]{\frac{D}{d}}, \qquad \ldots \ldots \ldots \text{2)}$$

vorausgesetzt, daß n gegeben ist.

Anderseits ist:
$$n \operatorname{Log} q = \operatorname{Log}\left(\frac{D}{d}\right),$$

woraus man — falls q bekannt ist — die **Anzahl der anzuwendenden Siebe** erhält:
$$n = \frac{\operatorname{Log}\left(\dfrac{D}{d}\right)}{\operatorname{Log} q} \qquad \ldots \ldots \ldots \text{2a)}$$

Je mehr sich der Quotient q der Einheit nähert, desto genauer wird das Klassieren, und wenn theoretisch
$$\lim q = 1$$
wäre, so würde jede Klasse genau dieselben Korngrößen enthalten. In diesem Falle ist aber
$$\operatorname{Log} 1 = 0,$$

Das Klassieren nach der Korngröße.

folglich wäre die Anzahl der Siebe:
$$n = \infty.$$

Wir sehen also, daß praktisch ein vollkommenes Klassieren nicht erreicht werden kann. In der Praxis bestimmt man den Wert des Quotienten q gewöhnlich nach folgender Formel:

$$q = \sqrt[m]{2} \quad \ldots \ldots \ldots \ldots \quad 3)$$

Je größer also m ist, desto mehr nähert sich q der Einheit, folglich wird auch das Klassieren genauer. Man unterscheidet nach dem Wert von m folgende Siebskalen:

1. Rittingersche Siebskala $\cdots \cdot m = 2,\ q = \sqrt[2]{2} = 1{,}414$,
2. Péchsche Siebskala $\cdots \cdots \cdot m = 3,\ q = \sqrt[3]{2} = 1{,}260$,
3. Richardssche (Double-Rittinger) Siebskala $\cdots \cdots \cdots \cdots \cdot m = 4,\ q = \sqrt[4]{2} = 1{,}189$.

Zu bemerken ist aber, daß die letztere Siebskala vielmehr nur für experimentelle Zwecke Anwendung findet. Die Erfahrung zeigt übrigens, daß das Klassieren desto genauer sein muß, je kleiner der Unterschied in den spezifischen Gewichten der zu trennenden Mineralien ist, was im folgenden III. Abschnitt auch auf theoretischem Wege nachgewiesen werden wird.

Aus der Formel 3 folgt:
$$\mathrm{Log}\, q = \frac{\mathrm{Log}\, 2}{m}.$$

Dies in Formel 2a eingesetzt, ergibt:
$$n = m\, \frac{\mathrm{Log}\left(\dfrac{D}{d}\right)}{\mathrm{Log}\, 2}.$$

Es ist aber: $\dfrac{1}{\mathrm{Log}\, 2} = 3{,}32$,

folglich:
$$n = 3{,}32\, m\, \mathrm{Log}\left(\frac{D}{d}\right) \quad \ldots \ldots \ldots \quad 4)$$

Es sei z. B. $D = 16$ mm, $d = 1$ mm, dann ist
$$\frac{D}{d} = 16$$

und die Anzahl der anzuwendenden Siebe, falls $m = 2$ angenommen wird:
$$n = 3{,}32 \cdot 2 \cdot 1{,}204 = 8.$$

Je größer die freie Öffnung des Siebes im Vergleich zur ganzen Siebfläche ist, desto besser kann das Sieb ausgenutzt werden und desto größer wird seine Leistung, weshalb man den Quotienten aus der freien Öffnung und der ganzen Siebfläche auch **nützliche (relative) Fläche des Siebes** nennt.

Es sei $s\,\text{m}^2$ der Flächeninhalt der Öffnungen, $S\,\text{m}^2$ der der ganzen Siebfläche, dann ist die prozentuale nützliche Siebfläche:
$$\varphi = \frac{100\,s}{S}\,\text{vH}. \qquad\qquad 5)$$

Die angewendeten Siebe sind entweder gelochte **Blechsiebe** oder **Drahtsiebe**. Die ersteren dienen vielmehr zum Klassieren gröberer Körner, die letzteren kommen für feinere Körner in Betracht. Im allgemeinen sind zwar die letzteren etwas kostspieliger, ihr Vorteil ist aber, daß die nützliche Fläche verhältnismäßig größer ist als die der Blechsiebe.

Die Blechsiebe haben kreisrunde (manchmal längliche) Öffnungen und werden im allgemeinen nach der **Lochweite** bezeichnet. Die Drahtsiebe haben quadratische Öffnungen, und nach englischem Gebrauch werden sie im allgemeinen **nach der Maschenzahl** bezeichnet, die die Anzahl der Öffnungen **auf einen Linearzoll**[1]) angibt. Z. B. bei einem 80 Maschensieb entfallen 80 Maschen auf den laufenden englischen Zoll. Diese Bezeichnung hat den Nachteil, daß dadurch die Maschenweite überhaupt nicht angegeben ist, weil man dazu auch die Drahtstärke des Siebes kennen muß.

Wenn n die Maschenzahl, δ die Drahtstärke in Zoll bedeutet, so ist die Maschenweite in Zoll:
$$\frac{1-n\,\delta}{n}$$
oder in Millimeter ausgedrückt:
$$d = 25{,}4\,\frac{1-n\,\delta}{n} \qquad\qquad 6)$$

---

[1]) 1 engl. Zoll = 25,4 mm.

Es sei z. B. die Maschenzahl $n = 80$, die Drahtstärke $\delta = 0{,}007$ Zoll, dann ergibt sich die Maschenweite:

$$d = 25{,}4 \frac{1 - 0{,}56}{80} = 0{,}14 \text{ mm}.$$

Die nützliche Siebfläche läßt sich folgendermaßen bestimmen:

Bedeutet d mm den Durchmesser der kreisrunden Öffnungen eines Blechsiebes, $\varDelta$ mm den Abstand der einzelnen Sieblöcher voneinander, so entspricht der Öffnung $\frac{d^2 \pi}{4}$ die Siebfläche $(d + \varDelta)^2$; folglich ist die nützliche Siebfläche nach der Formel 5:

$$\varphi = \frac{100\, \pi}{4} \left(\frac{d}{d + \varDelta} \right)^2$$

oder $\qquad \varphi = \dfrac{78{,}54}{\left(1 + \dfrac{\varDelta}{d}\right)^2} \ \ \dots\dots\dots\ 7)$

Es sei z. B. $d = 2$ mm, $\varDelta = 2$ mm, dann ist

$$\frac{\varDelta}{d} = 1$$

und $\qquad \varphi = \dfrac{78{,}54}{4} = 19{,}6$ vH.

Bei Drahtsieben entfällt auf einen Quadratzoll der Siebfläche $(1 - n\delta)^2$ freie Öffnung, folglich ist:

$$\varphi = 100\, (1 - n\delta)^2 \ \ \dots\dots\dots\ 8)$$

Wenn man z. B. mit den Werten des obigen Beispiels, $n = 80$ und $\delta = 0{,}007$, rechnet, so erhält man:

$$\varphi = 100\, (1 - 0{,}56)^2 = 19{,}4 \text{ vH}.$$

In der nachstehenden Tabelle 10 sind zwecks allgemeiner Orientierung die Hauptangaben der kreisrund gelochten Blechsiebe zusammengestellt, die von der amerikanischen Firma Harrington & King gebaut werden[1].

---

[1] Richards, R. H.: Ore Dressing. Bd. I, S. 369, Tabelle Nr. 197. New York 1903.

84 Die Vorarbeiten der nassen Aufbereitung.

Tabelle 10.

d mm	Δ mm	φ vH.	d mm	Δ mm	φ vH.
40	13,98	43	7,5	5,20	22
30	8,10	37	7	4,11	24
25	13,10	26	6	3,53	24
20	8,58	30	5	2,94	24
15	7,23	28	4	2,35	24
12,5	6,55	26	3	3,35	13
10	4,29	30	2,5	2,26	17
9	5,29	24	2	1,97	15
8	6,29	19	1,5	1,68	13
8	4,70	24	1	1,38	11

In der Tabelle 11 finden sich die Hauptangaben der Drahtsiebe der amerikanischen Firma W. S. Tyler Co. (Cleveland, Ohio)[1]).

Tabelle 11.

n	Eisen- oder Stahldrahtsiebe			Kupfer- oder Messingdrahtsiebe		
	δ Zoll	d mm	φ vH.	δ Zoll	d mm	φ vH.
1	0,244—0,072	19,2—23,6	57—86	—	—	—
2	0,192—0,047	10,6—14,5	38—82	0,162—0,047	8,6—11,5	46—82
3	0,135—0,035	5,03—7,57	35—80	0,135—0,035	5,03—7,57	35—80
4	0,120—0,028	3,30—5,64	27—79	0,120—0,032	3,30—5,54	27—76
6	0,080—0,020	2,21—3,73	27—78	0,080—0,025	2,21—3,61	27—73
8	0,063—0,017	1,57—2,74	25—75	0,063—0,020	1,57—2,67	25—71
10	0,047—0,015	1,35—2,16	28—72	0,054—0,018	1,17—2,08	21—67
12	0,041—0,014	1,07—1,75	25—69	0,047—0,017	0,91—1,68	19—63
16	0,032—0,0095	0,77—1,35	25—72	0,035—0,0135	0,70—1,24	19—61
20	0,025—0,009	0,64—1,04	25—67	0,025—0,0095	0,64—1,03	25—66
30	0,016—0,009	0,44—0,62	26—52	0,017—0,008	0,41—0,64	24—58
50	0,010—0,008	0,25—0,30	25—36	0,011—0,008	0,22—0,30	20—36
80	0,00725—0,007	0,132—0,14	17—19	0,00625	0,159	25
100	—	—	—	0,0045	0,140	30

Wie die Erfahrung lehrt, sind die Unterhaltungskosten der Siebe desto größer, je kleiner die Lochweite d ist. Anderseits war man bisher der Ansicht, daß ein hinreichend genaues Klassieren bei Korngrößen unter 1 mm praktisch nicht durchführbar sei, weshalb man bei uns und überhaupt in Europa das Klassieren nach der Korngröße nur bis zu 1 mm Korngröße anwendet. Ob und was für einen praktischen Erfolg das im vorstehenden Paragraphen erwähnte Bestreben der amerikanischen Aufbereitungs-

---
[1]) Ebenda S. 370, Tabelle Nr. 198.

anlagen bisher aufweisen kann, darüber stehen uns derzeit keine Angaben zur Verfügung.

Schließlich sind noch in der nachstehenden Tabelle 12 die Siebskalen[1]) einiger deutscher und amerikanischer Aufbereitungswerke samt den Erzen und Gangarten zusammengestellt.

Tabelle 12.

Lfd. Nr.	Bezeichnung des Werkes	Erz	Gangart	Siebskala in mm	Leistung[2]) in t
1	Clausthal[3])	Bleiglanz, Zinkblende, Kupferkies	Kalkspat, Quarz, Grauwacke, Schieferton, Spateisenstein	50, 32, 22, 16, 11, 8, 5,6, 4, 2,8, 2, 1,4	100
2	Moresnet[4]) bei Aachen	Bleiglanz, Zinkblende, Schwefelkies	Ton, Schiefer, Kalkspat, Dolomit, Sandstein	12,5 10,9, 9,4, 8,1, 6,9, 5,8, 4,8, 3,9, 3,1 2,4, 1,8, 1,25	110
3	Kellog[5]), Idaho	Silberhaltiger Bleiglanz, Schwefelkies, Kupferkies, Zinkblende	Spateisenstein, Quarz	36, 18, 10, 7, 3	3000
4	Wallace[5]), Idaho	Silberhaltiger Bleiglanz, Schwefelkies, Zinkblende	Quarzit, Quarz	15, 10, 7, 4	450
5	Gem[5]), Idaho	Silberhaltiger Bleiglanz, Zinkblende, Magneteisenerz	Quarzit	15, 10, 7,5, 3,5, 2,5, 18*, 22*, 30*, 40*, 60*, 80*	400

[1]) Die mit * bezeichneten Zahlen geben die Maschenzahl der Siebe an.
[2]) Bei den ersten zwei Aufbereitungswerken in 10 Stunden, bei den andern in 24 Stunden.
[3]) Schennen, H. und Jüngst, F.: Lehrbuch der Erz- und Steinkohlenaufbereitung. S. 372. Stuttgart 1913.
[4]) Ebenda S. 385.
[5]) Richards, R. H.: Ore Dressing. Bd. III, S. XXII—XXIII und 1361. New York 1909.

Tabelle 12 (Fortsetzung).

Lfd. Nr.	Bezeichnung des Werkes	Erz	Gangart	Siebskala in mm	Leistung[1]) in t
6	Silverton[2]), Colorado	Silber- und goldhaltiger Bleiglanz, Kupferkies, Schwefelkies, Zinkblende	Quarz, Rhodonit[3]),	15, 9, 6, 4, 2,5, 2	500
7	Franklin Furnace[2]), New Yersey	Zinkit[3]), Franklinit[3]), Willemit[3])	Kalkspat, Biotit[3])	4,74, 2,77, 2,08, 1,47, 1,07, 0,81, 0,64, 0,51, 0,38, 0,25	1200

§ 9. Das Sortieren nach der Gleichfälligkeit.

Das Sortieren nach der Gleichfälligkeit wird — wie bereits erwähnt — bei feineren Körnern, bei uns überhaupt unter 1 mm Korngröße angewendet. Das Sortieren kann in wagrechten bzw. nahezu wagrechten, im schräg oder vertikal aufsteigenden Wasserstrome erfolgen. Bei uns wird meistens das erste Verfahren (Spitzkästen) angewendet, das zweite und dritte (Spitzlutten) aber seltener. Das dritte Verfahren (pulsator classifier usw.) kommt hauptsächlich in Amerika zur Anwendung.

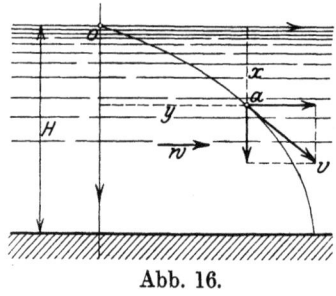

Abb. 16.

Zuerst untersuchen wir, was für eine Bewegung die feste Kugel, deren Endgeschwindigkeit v_0 ist, unter dem zweifachen Einflusse der Schwerkraft und des Wasserstromes vollführt.

---

[1]) Bei den ersten zwei Aufbereitungswerken in 10 Stunden, bei den andern in 24 Stunden.
[2]) Richards, R. H.: Ore Dressing. Bd. III, S. XXII—XXIII und 1361. New York 1909.
[3]) Rhodonit, $MnSiO_3$ . . . . spez. Gewicht 3,5—3,6
Willemit, Zn_2SiO_4 . . . . ,, ,, 3,9—4,2
Zinkit, ZnO . . . . ,, ,, 5,4—5,7
Franklinit, $(ZnMn)Fe_2O_4$ . . . . . ,, ,, 5,0—5,1
Biotit, Magnesiaglimmer . . . . . ,, ,, 2,8—3,2.

Nehmen wir an, die Kugel befinde sich zu Beginn der Bewegung im Punkte O (Abb. 16) auf der Oberfläche des H m tiefen und wagrechten Wasserstromes, der sich mit der mittleren Geschwindigkeit w m bewegt.

Nach der Tabelle 6 ist die Endgeschwindigkeit des Bleiglanzkornes von 1 mm Durchmesser $v_0 = 0{,}198$ m, und praktisch wird diese — wie wir gesehen haben — nach $t_0 = 0{,}058$ Sekunden erreicht, in welcher Zeit das Korn nach der Formel 23 des § 2 den Weg

$$s_0 = \frac{0{,}198^2}{8{,}495} \log \mathfrak{Cof} \frac{8{,}495 \cdot 0{,}058}{0{,}198} = 0{,}0082 \text{ m} = 8{,}2 \text{ mm}$$

zurücklegt. Wenn nun der Durchmesser des Mineralkornes kleiner als 1 mm und dabei auch das spezifische Gewicht geringer als das des Bleiglanzes ist, so wird auch die Zeit t_0 und der Weg s_0 kleiner sein.

Wenn wir annehmen, daß die Tiefe $H = 0{,}06$ m $= 60$ mm ist, so wird dieser Weg vom Bleiglanzkorn in

$$t_1 = t_0 + \frac{H - s_0}{v_0} = 0{,}058 + \frac{60 - 8{,}2}{198} = 0{,}319 \text{ sek.}$$

zurückgelegt. Wenn hingegen das Korn den ganzen Weg mit der Geschwindigkeit v_0 zurückgelegt hätte, so würde die entsprechende Zeit sein:

$$t_2 = \frac{60}{198} = 0{,}303 \text{ sek.}$$

Folglich ist der begangene Fehler, falls wir mit t_2 statt t_1 rechnen:

$$\varDelta = 100 \frac{t_1 - t_2}{t_1} = 100 \frac{0{,}319 - 0{,}303}{0{,}319} = 5{,}0 \text{ vH.}$$

Wenn nun $v_0 < 0{,}198$ m und $H > 60$ mm ist, so wird der begangene Fehler noch kleiner sein.

Wir können also sagen, daß praktisch statt der Fallgeschwindigkeit mit der Endgeschwindigkeit gerechnet werden kann, wenn die Mineralkörner, deren Durchmesser kleiner als 1 mm ist, im Wasser eine größere Höhe als 60 mm durchfallen. Nachdem das Sortieren nach der Gleichfälligkeit — wie wir schon erwähnt haben — im allgemeinen bei Korngrößen unter 1 mm Anwendung findet, werden wir im folgenden nur den einfachen Fall besprechen, nämlich den, in dem man praktisch die Fallgeschwindigkeit v durch die Endgeschwindigkeit v_0 ersetzen kann.

Wir nehmen im Punkte O ein rechtwinkliges Koordinatensystem an, dessen wagrechte $+y$-Achse mit der Richtung der Stromgeschwindigkeit w, die vertikale $+x$-Achse mit der Richtung der Schwerkraft zusammenfällt. In der Richtung y ist nun die wagrechte Geschwindigkeit des fallenden Mineralkornes gleich der Stromgeschwindigkeit v, die sich mit der Tiefe ändert, in der Richtung x aber ist seine vertikale Geschwindigkeit gleich der konstanten Endgeschwindigkeit v_0. Das fallende Mineralkorn hat also in einem beliebigen Punkte a in der Richtung x die Geschwindigkeit:

$$v_x = v_0, \qquad \qquad \qquad 1)$$

ferner ist die Geschwindigkeit in der Richtung y nach der Formel 14 des § 6:

$$v_y = \frac{3}{2} \cdot \frac{w(H-x)}{H} \left(2 - \frac{H-x}{H}\right), \qquad 2)$$

vorausgesetzt, daß der vertikale Abstand des Mineralkornes vom Boden
$$h = H - x$$
ist. Nach der Formel 1 hat das Mineralkorn in der Zeit t den vertikalen Weg

$$x = \int_0^t v_x dt = v_0 t \qquad \qquad 3)$$

zurückgelegt. In wagrechter Richtung ist der zurückgelegte Weg in derselben Zeit:

$$y = \int_0^t v_y dt = \frac{3w}{2} \int_0^t \frac{H-x}{H} \left(2 - \frac{H-x}{H}\right) dt \qquad 4)$$

Aus der Gleichung 3 ist aber:

$$dt = \frac{dx}{v_0},$$

somit:
$$y = \frac{3w}{2v_0} \int \left(1 - \frac{x^2}{H^2}\right) dx \qquad 5)$$

Die Integration ausgeführt, ergibt:

$$y = \frac{3wx}{2v_0} \left(1 - \frac{x^2}{3H^2}\right) \qquad 6)$$

Erreicht das Mineralkorn den Boden, so wird $x = H$. Wenn wir diesen Wert in die Gleichung 6 einsetzen, so erhalten wir die wagrechte Entfernung Y der Ablagerungsstelle des Mineralkornes von der vertikalen Achse:

$$Y = \frac{wH}{v_0} \quad \ldots \ldots \ldots \quad 7)$$

Aus dieser Formel ist zu ersehen, daß **die Ablagerungsstelle der festen Kugel — die sich zu Beginn der Fallbewegung auf der Oberfläche des wagrechten Wasserstromes befindet — von der vertikalen Achse desto weiter entfernt sein wird, je größer die mittlere Geschwindigkeit und die Tiefe des Stromes und je kleiner die Endgeschwindigkeit der Kugel ist.** Läßt man also ein aus Mineralkörnern verschiedenen spezifischen Gewichts und verschiedener Größe bestehendes Gemenge in einem horizontalen Wasserstrome niedersinken, so werden die Mineralkörner — wie aus der obigen Formel folgt — an verschiedenen Stellen zu Boden fallen; die Mineralkörner aber, die sich an ein und derselben Stelle absetzen, werden immer demselben, in der Formel 7 ausgedrückten Gesetz folgen.

Es seien v_0 und v_0' die Endgeschwindigkeiten zweier Mineralkörner, die in demselben wagrechten Wasserstrome niederfallen; dann sind die wagrechten Entfernungen der Ablagerungsstellen von dem Anfangspunkte:

$$Y = \frac{wH}{v_0} \quad \text{und} \quad Y' = \frac{wH}{v_0'}.$$

Wenn die zwei Mineralkörner an derselben Stelle zu Boden fallen, so ist:

$$Y = Y',$$

oder nach Einsetzen der Werte von Y und Y':

$$v_0 = v_0' \quad \ldots \ldots \ldots \quad 8)$$

Aus dieser Gleichung folgt, daß **gleichfällige Mineralkörner gleiche Endgeschwindigkeit haben.**

Wir wollen nun sehen, was für praktische Schlüsse aus der Gleichung 8 gezogen werden können.

1. Es seien d und δ bzw. d' und δ' die Durchmesser und spezifischen Gewichte zweier Mineralkörner, deren Endgeschwindig-

keit größer als die kritische Geschwindigkeit sei. Die Endgeschwindigkeit des Mineralkornes von dem Durchmesser d ist dann nach der Formel 1 des § 3:

$$v_0 = C\sqrt{d(\delta-1)}$$

und gleicherweise die des Mineralkornes von dem Durchmesser d':

$$v_0' = C\sqrt{d'(\delta'-1)}.$$

Setzt man jetzt gemäß der Gleichung 8 $v_0 = v_0'$, so erhält man aus den obigen Formeln:

$$\frac{d}{d'} = \frac{\delta'-1}{\delta-1}, \qquad \ldots \ldots \ldots 9)$$

d. h. der Quotient aus den Durchmessern gleichfälliger Mineralkörner ist gleich dem umgekehrten Quotienten aus den um 1 verminderten spezifischen Gewichten — vorausgesetzt, daß die Endgeschwindigkeit der Mineralkörner größer als die kritische Geschwindigkeit ist.

Wenn z. B. das spezifische Gewicht des Bleiglanzes $\delta' = 7{,}5$, dasjenige des Quarzes $\delta = 2{,}6$ ist, so ergibt sich:

$$\frac{d}{d'} = \frac{6{,}5}{1{,}6} = 4{,}0,$$

ferner sei das spezifische Gewicht der Zinkblende $\delta'' = 4$, dann ist:

$$\frac{d''}{d'} = \frac{6{,}5}{3} = 2{,}2,$$

und schließlich hat man, wenn das spezifische Gewicht des Schwefelkieses zu $\delta''' = 5$ angenommen wird:

$$\frac{d'''}{d'} = \frac{6{,}5}{4} = 1{,}6.$$

Man sieht also, daß die Durchmesser gleichfälliger Quarz-, Zinkblende-, Schwefelkies- und Bleiglanzkörner — vorausgesetzt, daß ihre Endgeschwindigkeit größer als die kritische Geschwindigkeit ist — sich verhalten wie

$$4 : 2{,}2 : 1{,}6 : 1.$$

2. Wenn die Endgeschwindigkeit der Mineralkörner kleiner als die kritische Geschwindigkeit ist, so ist nach der Formel 16 des § 3

$$v_0 = K(\delta-1)d^2$$

und

$$v_0' = K(\delta'-1)d'^2.$$

Das Sortieren nach der Gleichfälligkeit.

Wird nun nach der Gleichung 8 $v_0 = v_0'$ gesetzt, so erhält man aus den obigen Formeln

$$\frac{d}{d'} = \sqrt{\frac{\delta' - 1}{\delta - 1}}, \quad \ldots \ldots \ldots 10)$$

d. h. **der Quotient aus den Durchmessern gleichfälliger Mineralkörner, deren Endgeschwindigkeit kleiner als die kritische Geschwindigkeit ist, ist gleich der Quadratwurzel aus dem umgekehrten Quotienten der um 1 verminderten spezifischen Gewichte.**

So z. B. verhalten sich in diesem Falle die Durchmesser gleichfälliger Quarz-, Zinkblende-, Schwefelkies- und Bleiglanzkörner wie

$$\sqrt{4} : \sqrt{2{,}2} : \sqrt{1{,}6} : \sqrt{1} = 2 : 1{,}48 : 1{,}26 : 1.$$

Man sieht also, daß das Verhältnis kleiner ist als im vorigen Falle.

3. Wenn die Endgeschwindigkeit v_0 des spezifisch leichteren Mineralkornes größer, die Endgeschwindigkeit v_0' des spezifisch schwereren Mineralkornes hingegen kleiner als die kritische Geschwindigkeit ist, so hat man nach dem Vorhergehenden:

$$v_0 = C \sqrt{d(\delta - 1)}$$

und $\quad v_0' = K(\delta' - 1) d'^2,$

woraus sich ergibt, wenn man $v_0 = v_0'$ setzt:

$$\frac{d}{d'} = \left(\frac{K}{C}\right)^2 \cdot \frac{(\delta' - 1)^2 d'^3}{\delta - 1} \quad \ldots \ldots 11)$$

Mißt man die Durchmesser d und d' in Millimeter, so ist:

$$\left(\frac{K}{C}\right)^2 = \left(\frac{545}{77}\right)^2 = 50,$$

daher wird:

$$\frac{d}{d'} = 50 \frac{(\delta' - 1)^2 d'^3}{\delta - 1} \quad \ldots \ldots 12)$$

Man sieht also, daß, während der Quotient aus den Durchmessern in den vorhergehenden zwei Fällen konstant war, jetzt dieser veränderlich ist und von dem Durchmesser d' abhängt.

Nach der Tabelle 8 ist die Endgeschwindigkeit eines Bleiglanzkornes von $d' = 0{,}12$ mm Durchmesser $v_0' = 51$ mm; sie ist also kleiner als die kritische Geschwindigkeit des Bleiglanzes (63 mm), aber größer als die des Quarzes (28 mm). Folglich ergibt sich nach der Formel 12, wenn die spezifischen Gewichte wieder $\delta' = 7{,}5$ und $\delta = 2{,}6$ sind:

$$\frac{d}{d'} = \frac{50 \cdot 42{,}25 \cdot 0{,}001\,728}{1{,}6} = 2{,}3.$$

Wie ersichtlich, ist dieser Quotient jetzt kleiner als im 1., aber größer als im 2. Falle.

Aus dem Gesagten folgt, daß die Durchmesser gleichfälliger Mineralkörner um so weniger differieren, je kleiner die Endgeschwindigkeit der Mineralkörner ist.

Wie wir im IV. Abschnitt sehen werden, gewinnt diese Tatsache — die man bisher gänzlich außer acht gelassen hat — bei der Anreicherung fein eingesprengter Erze außerordentlich große praktische Bedeutung.

Die mittlere Geschwindigkeit des Wasserstromes sei $w = 1{,}0$ m, seine Tiefe $H = 0{,}10$ m, dann ist nach der Gleichung 6 für $v_0 = 0{,}10$ m:

$$y = 15\,x\,(1 - 33{,}3\,x^2),$$

für $v_0 = 0{,}05$ m:

$$y = 30\,x\,(1 - 33{,}3\,x^2),$$

und für $v_0 = 0{,}025$ m:

$$y = 60\,x\,(1 - 33{,}3\,x^2).$$

In der nachstehenden Tabelle 13 sind die Werte von y, die wir entsprechend diesen Gleichungen für verschiedene Werte von x berechnet haben, zusammengestellt.

Tabelle 13.

$\dfrac{x}{\text{m}}$	$v_0 = 0{,}10$ m	$v_0 = 0{,}05$ m	$v_0 = 0{,}025$ m
0,01	0,149	0,298	0,596
0,02	0,296	0,592	1,184
0,03	0,436	0,872	1,744
0,04	0,568	1,126	2,252
0,05	0,688	1,376	2,752
0,06	0,792	1,584	3,168
0,07	0,879	1,758	3,516
0,08	0,944	1,888	3,776
0,09	0,985	1,970	3,940
0,10	1,000	2,000	4,000

Das Sortieren nach der Gleichfälligkeit. 93

Die Bahnen der Mineralkörner von verschiedener Endgeschwindigkeit sind auf Grund dieser Tabelle in Abb. 17 graphisch dargestellt, wo die Stromtiefe $OA = H = 0{,}10$ m ist. Der deutlichen Übersicht halber sind die vertikalen Tiefen in 10 mal größerem Maßstab aufgetragen als die wagrechten Entfernungen. OB, OC und OD zeigen die Bahnen der Mineralkörner, deren Endgeschwindigkeiten 0,10 m, 0,05 m und 0,025 m sind.

Das ideale Ziel des Sortierens nach der Gleichfälligkeit wäre die Herstellung solcher Sorten, innerhalb deren die Mineralkörner gleich große Endgeschwindigkeiten haben. So ein vollständiges Sortieren kann jedoch geradeso wie auch ein vollständiges Klassieren nicht erreicht werden. Wenn z. B. im Körnergemenge, das sortiert werden soll, die größte Endgeschwindigkeit 0,10 m, die kleinste 0,025 m ist, und wenn die abgelagerten Sorten der Abschnitte

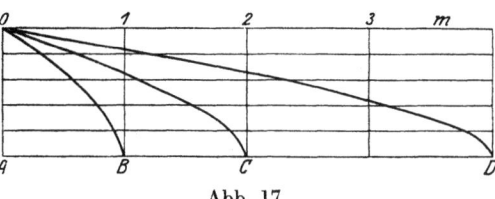

Abb. 17.

BC und CD abgesondert ausgetragen werden, so erhält man zwei, nach der Gleichfälligkeit sortierte Trübesorten[1]). Die Endgeschwindigkeit der ersten Sorte ändert sich zwischen 0,10 m und 0,05 m, die der zweiten zwischen 0,05 m und 0,025 m, folglich ist erste eine gröbere, die zweite eine feinere Trübesorte. Je genauer man sortieren will, desto mehr Trübesorten müssen abgesondert werden, welcher Umstand in der Praxis der Genauigkeit des Sortierens Grenzen setzt. Wir haben hier noch zu erwähnen, daß nach Rittinger[2]) das Sortieren eine Absonderung nach dem absoluten Gewicht ist. Diese jedenfalls irrige Ansicht findet man z. B. auch in den Werken von Kirschner und Bilharz[3]).

---

[1]) Das Gemenge von zerkleinerten Mineralkörnern und Ladenwasser, das den Pochtrog verläßt, nennt man Trübe.
[2]) Rittinger, P. R.: Lehrbuch der Aufbereitungskunde. S. 16 u. 185. Berlin 1867.
[3]) Siehe z. B. Kirschner, L.: Grundriß der Erzaufbereitung. Bd. II, S. 72. Leipzig 1899. — Bilharz, O.: Die Aufbereitung von Erzen und mineralischer Kohle. Höfers Taschenbuch für Bergmänner. 3. Aufl. Bd. II, S. 840. Leoben 1911.

Man kann mittels einer einfachen Berechnung beweisen, daß so das relative, also im Wasser gültige, wie auch das absolute Gewicht des spezifisch leichteren Mineralkornes größer ist als das relative, bzw. absolute Gewicht des spezifisch schwereren, aber gleichfälligen Mineralkornes.

Im Wasser hat nämlich ein Mineralkorn, dessen spezifisches Gewicht δ und Durchmesser d ist, das Gewicht:

$$G_0 = \frac{d^3 \pi}{6} \cdot \varDelta (\delta - 1),$$

wo $\varDelta$ das spezifische Gewicht des Wassers bedeutet. Dasselbe ist für ein Mineralkorn vom spezifischen Gewicht δ' und Durchmesser d':

$$G_0' = \frac{d'^3 \pi}{6} \cdot \varDelta (\delta' - 1),$$

folglich ergibt sich:

$$\frac{G_0}{G_0'} = \frac{d^3}{d'^3} \cdot \frac{\delta - 1}{\delta' - 1}.$$

Wir wissen aber, daß nach dem Gesetz der Gleichfälligkeit, falls die Endgeschwindigkeit der Mineralkörner größer als die kritische Geschwindigkeit ist,

$$\frac{\delta - 1}{\delta' - 1} = \frac{d'}{d}$$

ist; folglich wird:

$$\frac{G_0}{G_0'} = \left(\frac{d}{d'}\right)^2 \quad \ldots \ldots \ldots \text{13)}$$

Bedeutet d den Durchmesser des spezifisch leichteren, d' den des spezifisch schwereren Mineralkornes, so ist:

$$d > d',$$

daher: $G_0 > G_0'$.

Z. B. für Quarz und Bleiglanz erhält man:

$$\frac{G_0}{G_0'} = 16.$$

Wenn die Endgeschwindigkeit kleiner als die kritische Geschwindigkeit ist, so gilt:

$$\frac{\delta - 1}{\delta' - 1} = \left(\frac{d'}{d}\right)^2,$$

Das Sortieren nach der Gleichfälligkeit.

so daß sich in diesem Falle ergibt:

$$\frac{G_0}{G_0'} = \frac{d}{d'} \qquad \ldots \ldots \ldots \quad 14)$$

Also auch in diesem Falle ist $G_0 > G_0'$, und zwar hat man für Quarz und Bleiglanz:

$$\frac{G_0}{G_0'} = 2.$$

Sind G und G' die absoluten Gewichte dieser Mineralkörner, so ist:

$$G_0 = \frac{G}{g} g_0,$$

folglich:

$$G = \frac{G_0 g}{g_0}$$

und gleicherweise:

$$G' = \frac{G_0' g}{g_0'}.$$

Das Verhältnis der absoluten Gewichte ist also:

$$\frac{G}{G'} = \frac{G_0 g_0'}{G_0' g_0} \qquad \ldots \ldots \ldots \quad 15)$$

Wenn G das absolute Gewicht des spezifisch leichteren, G' das des spezifisch schwereren Mineralkornes bedeutet, so ist:

$$g_0' > g_0$$

und somit:

$$\frac{G}{G'} > \frac{G_0}{G_0'}.$$

Für Quarz und Bleiglanz erhält man, falls die Endgeschwindigkeit größer als die kritische Geschwindigkeit ist:

$$\frac{G}{G'} = \frac{16 \cdot 8{,}495}{5{,}987} = 22{,}7.$$

Wenn aber die Endgeschwindigkeit kleiner als die kritische Geschwindigkeit ist, so ist für dieselben Mineralien:

$$\frac{G}{G'} = \frac{2 \cdot 8{,}495}{5{,}987} = 2{,}8.$$

Das Sortieren in Spitzkästen beruht auf dem bisher besprochenen Prinzip. Zu diesem Zwecke wird der Trübestrom über aneinander gereihten Wasserbehältern, die einer umgestürzten vierseitigen Pyramide gleichen, geführt, so daß die niedersinkenden Mineralkörner in das ruhende Wasser des Behälters gelangend der weiteren Einwirkung des Wasserstromes entzogen werden. Die Mineralkörner, die in den einzelnen Spitzkästen zum Niederschlag kommen, sind also nach der Gleichfälligkeit sortiert. Gewöhnlich werden aus der Trübe, die den Pochtrog verläßt, vier Sorten gebildet, und zwar:

1. rösche Trübesorte (oder Sande), in der die Endgeschwindigkeit der Mineralkörner größer als 0,125 m ist;

2. minder rösche Trübesorte (oder rösche Mehle), in der die Endgeschwindigkeit der Mineralkörner zwischen 0,125 und 0,062 m ist;

3. zähe Trübesorte (oder feine Mehle) mit 0,062 bis 0,031 m Endgeschwindigkeit;

4. Schlämme (Schmante), die die Mineralkörner mit weniger als 0,031 m Endgeschwindigkeit enthalten.

Ist die Endgeschwindigkeit des feinsten Kornes gleich Null, so wird dieses theoretisch nach der Formel 7 durch den Wasserstrom bis

$$Y = \frac{wH}{0} = \infty$$

mit fortgerissen werden. Aus dieser Formel kann man ersehen, daß allen Spitzkastenapparaten zwei Hauptnachteile anhaften:

1. Die Spitzkästen müssen sehr große Abmessungen erhalten, wenn man auch das feinste Korn zum Niederschlag bringen will. Das Längsmaß kann zwar vermindert werden, wenn man die Spitzkastenbreite allmählich erweitert, wodurch die mittlere Geschwindigkeit des Trübestromes entsprechend herabgesetzt wird, die Abmessungen werden jedoch noch immer groß ausfallen.

2. Ein gewisser Metallverlust ist schon beim Sortieren unvermeidlich. Z. B. wenn man den vorerwähnten vier Trübesorten entsprechend vier Spitzkästen anwendet, in welchem Falle die rösche Trübesorte im 1., der Schlamm im 4. Spitzkasten abgesetzt wird, so gelangen nach Rittinger[1]) von den festen Teilchen der Trübe, die den Pochtrog verläßt, zum Absatz

---

[1]) Rittinger, P. R.: Lehrbuch der Aufbereitungskunde. S. 335. Berlin 1867.

im 1. Spitzkasten etwa 40 vH.
„ 2.   „   „ 28 „
„ 3.   „   „ 18 „
„ 4.   „   „ 10 „
zusammen 96 vH.,

während der Verlust etwa 4 vH. beträgt. Die Dichte der aus dem Spitzkasten ausgetragenen Trübe, d. h. die Menge der festen Teilchen beträgt:

im 1. Spitzkasten etwa 4,4 kg in 10 l Trübe
„ 2.   „   „ 3,5 „ „ 10 „ „
„ 3.   „   „ 3,0 „ „ 10 „ „
„ 4.   „   „ 2,0 „ „ 10 „ „

Praktisch ist es aber noch wichtiger, daß die Spitzkästen außerordentlich unvollkommen sortieren und mit diesen eigentlich nicht einmal die obigen Grenzen erreicht werden können. Wir haben nämlich bei unseren theoretischen Betrachtungen vorausgesetzt, daß das Gut, das sortiert werden soll, auf die Oberfläche des Wassers aufgegeben wird. In Wirklichkeit aber befindet sich, als die Trübe in den Spitzkasten eintritt, nur ein verhältnismäßig geringer Teil der festen Mineralkörner auf der Oberfläche, weil der größere Teil dieser schon im Gerinne mehr oder weniger niedersinkt. Dies hat zur Folge, daß in jeder Trübesorte auch feinere Körner — als eben nötig — zum Niederschlag kommen werden[1]).

Anderseits hängt das Ergebnis des Sortierens, wie aus der Formel 7 hervorgeht, auch von der mittleren Geschwindigkeit des Trübestromes ab, deren genaue Regulierung sehr umständlich und schwierig ist.

Alle diese Nachteile zusammengefaßt, sieht man, daß die Spitzkästen außerordentlich unvollkommene Apparate sind, und man muß sich gewissermaßen wundern, daß diese

---

[1]) In der Praxis trachtet man das in der Weise zu vermeiden, daß man bis ziemlich zum tiefsten Punkte des Spitzkastens ein vertikales Rohr einführt und durch dasselbe klares Wasser dem Trübestrome entgegen austreten läßt. Das austretende klare Wasser verursacht eine aufwärts gerichtete Strömung, so daß die langsamer fallenden, also feineren Körner teilweise wieder in die Höhe mitgenommen werden.

— trotz allgemeiner Entwicklung der technischen Wissenschaften und der heutzutage zur Verfügung stehenden vervollkommneten Stromapparate — bei uns noch fast ausnahmslos Anwendung finden, geradeso wie die ebenfalls unvollkommenen Spitzlutten, die wir im folgenden besprechen werden.

In den Spitzlutten werden die Mineralkörner im schräg aufsteigenden Wasserstrome sortiert. Die Spitzlutte besteht in der Hauptsache aus einem keilförmigen, mit der Kante nach unten gerichteten Gefäße, in das von oben ein ähnlicher, aber engerer Körper in der Weise eingesetzt wird, daß eigentlich ein V-förmiger Kanal entsteht, durch den die zu sortierende Trübe zunächst schräg abwärts, dann schräg aufwärts gerichtet hindurchströmt. Wenn w die mittlere Geschwindigkeit des aufsteigenden Trübestromes und v die vertikale Projektion dieser bedeutet, so werden alle Mineralkörner, deren Endgeschwindigkeit $v_0 > v$ ist, in den am Boden der Spitzlutte befindlichen Schlitz niedersinken, dagegen werden die anderen Mineralkörner, deren Endgeschwindigkeit $v_0 < v$ ist, vom aufsteigenden Trübestrome fortgeführt und gelangen in die nächste Spitzlutte, in der die Geschwindigkeit des Trübestromes kleiner als in der vorigen ist.

Um dem Trübestrome die erforderliche Geschwindigkeit v zu geben, muß der Auslauf niedriger liegen als der Einlauf. Theoretisch läßt sich diese Höhendifferenz h aus der Formel

$$v = \sqrt{2gh} \ \ \ \ \ \ \ \ \ 16)$$

berechnen. Will man z. B., daß die Endgeschwindigkeit der in der Spitzlutte zum Niederschlag gebrachten gröbsten Körner v_0 sei, so ist:

$$v_0 = \sqrt{2gh},$$

woraus man die entsprechende Höhendifferenz erhält:

$$h = \frac{v_0^2}{2g}. \ \ \ \ \ \ \ \ \ 17)$$

In Wirklichkeit ist aber wegen der Reibung eine größere Höhendifferenz nötig, so daß man schreiben kann:

$$h = \zeta \frac{v_0^2}{2g}, \ \ \ \ \ \ \ \ \ 18)$$

wo der Koeffizient ζ größer als die Einheit ist. Der Wert dieses Koeffizienten ist aber — da experimentelle Angaben fehlen —

nicht bekannt. Wenn nun in der Sekunde Q m³ Trübe durch die Spitzlutte strömt, so muß der wagrechte Querschnitt des Kanals

$$f = \frac{Q}{v_0} \quad \ldots \ldots \ldots \ldots \quad 19)$$

sein. **Das Sortieren in den Spitzlutten ist ebenso unvollkommen** — was man leicht beweisen kann — wie das in den Spitzkästen.

So wie bei den Spitzkästen ist auch hier ein gewisser Verlust unvermeidlich. Wenn man — wie bei den Spitzkästen — vier Spitzlutten anwendet, so erhält man durchschnittlich von den festen Teilchen der Trübe, die den Pochtrog verläßt,

in der 1. Spitzlutte etwa 30 vH.
,, ,, 2. ,, ,, 25 ,,
,, ,, 3. ,, ,, 20 ,,
,, ,, 4. ,, ,, 15 ,,
zusammen 90 vH.,

während der Verlust etwa 10 vH. beträgt. Wie man sieht, ist der Verlust hier noch größer als in den Spitzkästen.

Ferner ist zu beachten, daß die Geschwindigkeit des Trübestromes nicht im ganzen Luttenquerschnitt gleich ist, sondern daß die Trübe an den Luttenwänden mit geringster, in der Mitte des Querschnittes mit größter Geschwindigkeit strömt. Anderseits werden Körner, die mit den Luttenwänden in Berührung kommen, auch durch die Reibung zurückgehalten. Dies hat zur Folge, daß **auch hier in jeder Sorte feinere Körner — als eben nötig — zum Absatz gelangen werden**. Ein anderer Nachteil der Spitzlutten ist noch der, daß die Geschwindigkeit des Trübestromes sich nur schwer regeln läßt.

Das Sortieren nach der Gleichfälligkeit kann auch im **vertikal aufsteigenden Wasserstrome** erfolgen. Als vollkommenster in dieser Hinsicht wird der **Richardssche Stromapparat** — auch ,,pulsator classifier"genannt[1]) — gehalten, der aber derzeit unseres Wissens nur in Amerika Anwendung findet.

Dieser Stromapparat besteht in der Hauptsache aus einem durch vertikale Scheidewände in mehrere Abteilungen geteilten Kasten, in dem ein vertikal aufsteigender, abteilungsweise zu-

---

[1]) Siehe Näheres in § 33.

nehmender Wasserstrom erzeugt wird. Der Wasserstrom hat in der ersten Abteilung die kleinste Geschwindigkeit, folglich werden hier alle Mineralkörner, deren Endgeschwindigkeit geringer als die Stromgeschwindigkeit ist, in die Höhe mitgenommen und ausgetragen. Die niedergesunkenen gröberen Körner aber gelangen in die nächste Abteilung, wo die Stromgeschwindigkeit schon größer ist und wo sich dieser Vorgang wiederholt.

Während also die Spitzkästen und Spitzlutten „von grob zu fein" sortieren, geschieht die Sortenabsonderung in dem pulsator classifier in umgekehrter Reihenfolge, nämlich „von fein zu grob".

Dadurch wird der Hauptnachteil der besprochenen Stromapparate beseitigt, nämlich der, daß in den gröberen Sorten auch feinere Körner zum Absatz gelangen. Da in den einzelnen Abteilungen die Stromgeschwindigkeit leicht regulierbar ist, so kann auch die Genauigkeit des Sortierens gesteigert werden. Gegenüber den Spitzkästen und Spitzlutten hat dieser Stromapparat folgende Vorteile:

1. Das Sortieren geschieht ohne Metallverluste.

2. Das Sortieren ist weit vollkommener als das in den Spitzkästen und Spitzlutten, da in den gröberen Sorten keine oder nur verschwindend wenig feinere Körner zum Niederschlag kommen.

3. Die Abmessungen sind auch bei größerer Leistungsfähigkeit bedeutend kleiner als diejenigen der Spitzkästen und Spitzlutten.

4. Da die Stromgeschwindigkeit in den einzelnen Abteilungen regulierbar ist, so kann die Anzahl der Sorten und hiermit auch die Genauigkeit des Sortierens gesteigert werden. Während man mit Spitzkästen und Spitzlutten — mit Rücksicht auf die großen Abmessungen — nur vier Sorten bildet, werden mit diesem Stromapparat gewöhnlich sechs Sorten abgesondert.

III. Die Setzarbeit.

§ 10. Grundgleichungen der Setzmaschinen.

Die Anreicherung des klassierten Kornes, das größer als 1 mm ist, wird im allgemeinen durch das Setzen bewirkt. Zum Setzen dienen die Setzmaschinen.

Grundgleichungen der Setzmaschinen.

Ein wesentlicher Bestandteil der Setzmaschinen ist der Setzkasten A (Abb. 18), der — in seiner oberen Hälfte durch eine Scheidewand V in zwei Teile geteilt — eigentlich ein U-förmiges, kommunizierendes Gefäß bildet. In dem einen Schenkel des Gefäßes ist ein Sieb S eingebaut, während in dem anderen Schenkel ein Kolben d auf- und abwärts bewegt wird. Der Kolben wird durch die Kolbenstange l und ein Exzenter oder durch einen Kniehebel angetrieben. Der Setzkasten selbst ist mit Wasser gefüllt, so daß beim Kolbenniedergange das Wasser in dem linken Schenkel durch das Sieb tritt, beim Kolbenaufgange aber durch das Sieb zurückströmt. Dies hat zur Folge, daß die Strömung des Wassers in den beiden Schenkeln der Setzmaschine entgegengesetzt gerichtet ist und sich periodisch ändert. Zwischen den Kastenwandungen und dem Kolben wird ein Zwischenraum von etwa 1,5—3 mm, der die freie Bewegung des Kolbens ermöglicht, gelassen. Der Kolben wird gewöhnlich derart einmontiert, daß seine Oberfläche mit der Siebfläche zusammenfällt, wenn dieser sich in der mittleren Stellung befindet[1]). Es bezeichne $eb = \varrho$ die Exzentrizität, φ den Drehwinkel — vom höchsten Punkt O aus gemessen —, der der Exzenterstellung b entspricht. Die Größe des Kolbenhubes ist dann:

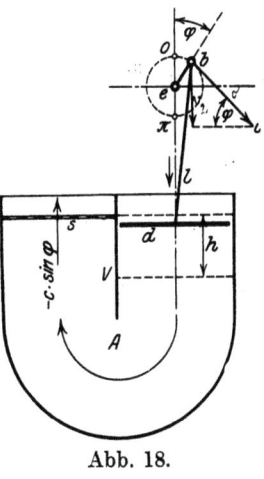

Abb. 18.

$$h = 2\varrho \quad \dots \dots \dots \dots 1)$$

und falls c die konstante Umfangsgeschwindigkeit bedeutet, so ist die vertikale Projektion dieser, also die augenblickliche Kolbengeschwindigkeit:

$$v_2 = c \sin \varphi \quad \dots \dots \dots \dots 2)$$

---

[1]) In Wirklichkeit ist die Exzentrizität ϱ im Vergleich zur Länge der Kolbenstange sehr gering. Der Deutlichkeit halber ist die Abbildung so gezeichnet, daß ϱ und somit auch h unverhältnismäßig groß sind. Darum ist auch das Sieb so eingezeichnet, daß seine Fläche mit der höchsten Kolbenstellung in eine wagrechte Ebene fällt, denn andernfalls wäre es in eine unverhältnismäßig tiefere Stellung gekommen.

Bezeichnet n die minutliche Hubzahl, so ist:

$$c = \frac{n\pi\varrho}{30} = \frac{n\pi h}{60} \quad \ldots \ldots \ldots 3)$$

und die mittlere Kolbengeschwindigkeit:

$$u = \frac{2hn}{60}, \quad \ldots \ldots \ldots 4)$$

folglich wird:
$$\frac{c}{u} = \frac{\pi}{2}$$

und
$$c = 1{,}57\,u. \quad \ldots \ldots \ldots 5)$$

Da der größte Wert von sin φ gleich 1 ist, bedeutet c zugleich die größte Kolbengeschwindigkeit. Man sieht also, daß die größte Kolbengeschwindigkeit gleich ist der 1,57 fachen mittleren Kolbengeschwindigkeit. Der Kolben legt in der Zeit t den Weg

$$\sigma = \int_0^t v_2\,dt = c\int_0^t \sin\varphi\,dt \quad \ldots \ldots 6)$$

zurück. Es ist aber $ct = \varrho\varphi$, folglich:

$$dt = \frac{\varrho}{c}\,d\varphi. \quad \ldots \ldots \ldots 7)$$

Dies in die Gleichung 6 eingesetzt, ergibt:

$$\sigma = \varrho \int_0^\varphi \sin\varphi\,d\varphi,$$

oder die Integration durchgeführt:

$$\sigma = \varrho\,(1 - \cos\varphi). \quad \ldots \ldots \ldots 8)$$

Wir sehen also, daß der Kolbenweg — auf die höchste Kolbenstellung bezogen — immer positiv ist, was übrigens auch unserer Annahme, nämlich daß wir die Richtung der Schwerkraft positiv gewählt haben, entspricht.

Das Wasser in dem anderen Schenkel der Setzmaschine — nämlich in dem auf der Siebseite — folgt theoretisch vollständig der Kolbenbewegung, nur sind hier Geschwindigkeit und zurückgelegter Weg entgegengesetzt gerichtet, folglich sind diese mit entgegengesetzten Vorzeichen zu versehen.

In der Tat strömt aber, während der Kolben abwärts bewegt wird, ein Teil des Wassers durch den Zwischenraum zwischen dem

Kolben und den Wandungen hinter den Kolben zurück, so daß die Wasserbewegung nur **proportional**, aber nicht gleich der Kolbenbewegung sein wird. Mit Rücksicht auf diesen Umstand kann man schreiben, daß die **Geschwindigkeit des Wasserstromes in dem Siebschenkel**[1]) der Setzmaschine

$$v_1 = -\beta c \sin \varphi \qquad \ldots \ldots \ldots \quad 9)$$

und der zurückgelegte Weg desselben in der Zeit t

$$s = -\beta \varrho (1 - \cos \varphi) \qquad \ldots \ldots \quad 10)$$

ist, worin β einen Koeffizienten bedeutet, der kleiner als 1 ist. Aus den von Richards angegebenen Indikatordiagrammen[2]) findet man, daß der Wert dieses Koeffizienten

$$\beta = 0{,}4 - 0{,}9$$

ist, und daß seine Größe von der Konstruktion der Setzmaschine, und zwar in erster Linie von der Größe des Zwischenraumes zwischen dem Kolben und den Kastenwandungen abhängt.

Wir wenden nun die folgende Bezeichnung an:

$$r = \beta \varrho, \qquad \ldots \ldots \ldots \quad 10)$$

dann können wir die Sache auch so auffassen, als wenn das Wasser der Bewegung eines Kolbens, der durch ein Exzenter, dessen Exzentrizität $r < \varrho$ ist, angetrieben wird, vollständig folgen würde, d. h. als wenn die konstante Umfangsgeschwindigkeit

$$c_0 = \frac{\beta n \pi \varrho}{30} = \beta c \qquad \ldots \ldots \ldots \quad 11)$$

wäre. Mit dieser Bezeichnungsweise ist die Geschwindigkeit des Wasserstromes:

$$v_1 = -c_0 \sin \varphi \qquad \ldots \ldots \ldots \quad 12)$$

und der Weg desselben:

$$s = -r(1 - \cos \varphi). \qquad \ldots \ldots \quad 13)$$

Bringt man nun ein Gemenge, das mehrere nach der Korngröße klassierte Mineralien verschiedenen spezifischen Gewichts enthält, auf das Sieb der Setzmaschine, dessen Maschen so eng sind, daß die Körner nicht hindurchfallen können, und wählt

---

[1]) Im folgenden wird nur dieser berücksichtigt werden, folglich ist unter Wasserstrom immer nur derjenige in dem Siebschenkel zu verstehen.
[2]) Siehe den nachstehenden § 11.

man die Kolbengeschwindigkeit so, daß der aufsteigende Wasserstrom imstande sei, sämtliche Mineralkörner anzuheben, so werden die spezifisch leichteren Mineralkörner höher gehoben als die spezifisch schwereren. Folglich werden während des Kolbenaufganges von den im absteigenden Wasserstrome niederfallenden Mineralkörnern die spezifisch schwereren die Siebfläche schneller erreichen bzw. dieser nahekommen als die spezifisch leichteren. Während also im aufgeschlossenen und nach der Korngröße klassierten Gute die Mineralkörner von verschiedenem spezifischen Gewicht vermengt vorkommen, ordnen sich diese beim Setzen nach dem spezifischen Gewicht, und zwar so, daß die spezifisch schwersten Körner auf dem Siebe sich ansammeln, die spezifisch unmittelbar leichteren die nächste Schicht bilden usw.

Um über die Vorgänge, die sich in der Setzmaschine abspielen, ein klares und genaues Bild zu gewinnen, wollen wir zunächst feststellen, was für eine Bewegung ein Mineralkorn, dessen Durchmesser d und spezifisches Gewicht δ ist, unter dem gleichzeitigen Einflusse des periodischen Wasserstromes der Setzmaschine und der Schwerkraft vollführt.

Bei der Lösung dieser Aufgabe kann man von der Gleichung 42 des § 5 ausgehen, wonach

$$\frac{dv'}{dt} = \frac{2g_0}{\vartheta v_0}(-\vartheta v_0 - v_1 - v') \quad \ldots \ldots \quad 14)$$

ist, wo v_1 die Geschwindigkeit des Wasserstromes bedeutet und

$$v' = -v$$

der negative Wert der absoluten Geschwindigkeit des Mineralkornes ist. Da sich die Mineralkörner auf der Setzmaschine so dicht nebeneinander befinden, daß sie sich in der freien Bewegung erheblich behindern, kann der Quotient $\frac{f}{F}$ nicht vernachlässigt werden. Folglich ist hier der Wert von ϑ unbedingt zu berücksichtigen.

In unserem Falle ist die Geschwindigkeit v_1 veränderlich und ihr Wert ist: $\quad v_1 = -c_0 \sin \varphi$.

Es sei ferner:

$$\vartheta v_0 + v' = V, \quad \ldots \ldots \ldots \quad 15)$$

Grundgleichungen der Setzmaschinen.

dann wird: $dv' = dV$.

Führt man diese Werte in die Gleichung 14 ein, so erhält man die Grundgleichung der Bewegung:

$$\frac{dV}{dt} = \frac{2g_0}{\vartheta v_0}(c_0 \sin \varphi - V), \quad \ldots \ldots \; 16)$$

und den Wert $\quad dt = \dfrac{r}{c_0} \sin \varphi$

hier eingesetzt, ergibt:

$$\frac{c_0}{r} \cdot \frac{dV}{d\varphi} = \frac{2g_0}{\vartheta v_0}(c_0 \sin \varphi - V). \quad \ldots \ldots \; 17)$$

Hieraus ist:

$$dV + \frac{2g_0 r}{\vartheta v_0}\left(\frac{V}{c_0} - \sin \varphi\right) d\varphi = 0. \quad \ldots \ldots \; 18)$$

Setzt man hierin:

$$\underline{\frac{2g_0 r}{\vartheta v_0 c_0} = x}, \quad \ldots \ldots \ldots \; 19)$$

so kann man die Gleichung 18 in folgender Form schreiben:

$$\frac{dV}{d\varphi} = c_0 x \sin \varphi - xV. \quad \ldots \ldots \ldots \; 20)$$

Die Lösung dieser linearen Differentialgleichung ist möglich, wenn man die Substitution

$$\underline{V = uz} \quad \ldots \ldots \ldots \; 21)$$

anwendet. Dann hat man nämlich:

$$\frac{dV}{d\varphi} = \frac{du}{d\varphi} z + \frac{dz}{d\varphi} u,$$

und dies in die Gleichung 20 eingesetzt, ergibt:

$$\frac{du}{d\varphi} z + \frac{dz}{d\varphi} u = c_0 x \sin \varphi - x u z,$$

woraus man erhält:

$$u\left(\frac{dz}{d\varphi} + xz\right) = c_0 x \sin \varphi - \frac{du}{d\varphi} z. \quad \ldots \ldots \; 22)$$

Es sei nun: $\quad \dfrac{dz}{d\varphi} + xz = 0, \quad \ldots \ldots \; 23)$

dann ist: $\quad \dfrac{dz}{z} = -x \, d\varphi,$

woraus durch Integration folgt:
$$z = e^{-x\varphi}. \quad \ldots \ldots \ldots \quad 24)$$

Dies in Gleichung 22 eingefügt, bringt:
$$c_0 x \sin\varphi - \frac{du}{d\varphi} e^{-x\varphi} = 0$$

oder:
$$du = c_0 x \cdot e^{x\varphi} \cdot \sin\varphi \cdot d\varphi$$

und:
$$u = c_0 x \int e^{x\varphi} \sin\varphi \cdot d\varphi. \quad \ldots \ldots \quad 25)$$

Um das Integral
$$J = \int e^{x\varphi} \cdot \sin\varphi \, d\varphi \quad \ldots \ldots \quad 26)$$

zu lösen, wendet man die partielle Integration an. Ihre Formel lautet:
$$\int u\,dv = uv - \int v\,du.$$

Setzt man nämlich:
$$u = e^{x\varphi}, \qquad dv = \sin\varphi\,d\varphi,$$

das heißt:
$$du = x e^{x\varphi} \cdot d\varphi \quad \text{und} \quad v = -\cos\varphi,$$

so wird:
$$J = -e^{x\varphi} \cdot \cos\varphi + x \int e^{x\varphi} \cdot \cos\varphi \, d\varphi$$
$$= -e^{x\varphi} \cdot \cos\varphi + x J_1,$$

wo J_1 das Integral
$$J_1 = \int e^{x\varphi} \cdot \cos\varphi \, d\varphi$$

bedeutet. Setzt man jetzt wieder:
$$u = e^{x\varphi} \quad \text{und} \quad dv = \cos\varphi \cdot d\varphi,$$

das heißt:
$$du = x e^{x\varphi} \cdot d\varphi \quad \text{und} \quad v = \sin\varphi,$$

so folgt:
$$J_1 = e^{x\varphi} \cdot \sin\varphi - x \int e^{x\varphi} \cdot \sin\varphi \, d\varphi$$
$$= e^{x\varphi} \cdot \sin\varphi - x J.$$

Diesen Wert in die Gleichung von J eingesetzt, ergibt:
$$J = e^{x\varphi}(x \sin\varphi - \cos\varphi) - x^2 J,$$

und
$$J = \frac{e^{x\varphi}(x \sin\varphi - \cos\varphi)}{1 + x^2}. \quad \ldots \ldots \quad 27)$$

Folglich wird:
$$u = c_0 x J = \frac{c_0 x \cdot e^{x\varphi}(x \sin\varphi - \cos\varphi)}{1 + x^2} + C \quad \ldots \quad 28)$$

Grundgleichungen der Setzmaschinen.

und
$$V = uz = \frac{c_0 x(x\sin\varphi - \cos\varphi)}{1+x^2} + Ce^{-x\varphi}, \quad \ldots \text{ 29)}$$

woraus man erhält:
$$C = e^{x\varphi}\left[V - \frac{c_0 x(x\sin\varphi - \cos\varphi)}{1+x^2}\right] \quad \ldots \text{ 30)}$$

Bei der Bestimmung der Integrationskonstante C ist zu berücksichtigen, daß das Mineralkorn — durch das Sieb behindert — nur in dem Raume über dem Siebe sich bewegen kann, daß ferner seine Geschwindigkeit so lange Null sein wird, bis die absolute Geschwindigkeit des Wasserstromes
$$|v_1| = c_0\sin\varphi < \vartheta v_0$$
ist und sich erst nachher nach oben, also in negativer Richtung bewegen wird. Es sei
$$c_0 \sin\varphi_1 = \vartheta v_0, \quad \ldots\ldots\ldots \text{ 31)}$$
dann beginnt das Mineralkorn seine Bewegung bei einem Werte von φ, der durch folgende Gleichung bestimmt werden kann:
$$\sin\varphi_1 = \frac{\vartheta v_0}{c_0} \quad \ldots\ldots\ldots \text{ 32)}$$

Ist also:
$$\varphi = \varphi_1,$$
so ist $v = v' = 0$ und nach der Gleichung 15:
$$V = \vartheta v_0.$$

Dies in die Gleichung 30 eingesetzt, ergibt:
$$C = e^{x\varphi_1}\left[\vartheta v_0 - \frac{c_0 x(x\sin\varphi_1 - \cos\varphi_1)}{1+x^2}\right] \quad \ldots \text{ 33)}$$

Wenn nun die beiden durch die Gleichungen 30 und 33 ausgedrückten Werte von C einander gleich gesetzt werden, so erhält man:
$$V = \frac{c_0 x}{1+x^2}(x\sin\varphi - \cos\varphi) +$$
$$\left[\vartheta v_0 - \frac{c_0 x(x\sin\varphi_1 - \cos\varphi_1)}{1+x^2}\right]e^{-x(\varphi-\varphi_1)} \quad \ldots \text{ 34)}$$

Nach der Gleichung 15 ist aber:
$$V = \vartheta v_0 + v' = \vartheta v_0 - v,$$

woraus sich die absolute Geschwindigkeit des Mineralkornes ergibt:
$$v = \vartheta v_0 - V \quad \ldots \ldots \ldots \text{35)}$$
oder den Wert von V eingesetzt:
$$v = \vartheta v_0 \left[1 - e^{-x(\varphi - \varphi_1)}\right] - \frac{c_0 x}{1 + x^2}\left[(x \sin \varphi - \cos \varphi) - (x \sin \varphi_1 - \cos \varphi_1)e^{-x(\varphi - \varphi_1)}\right] \quad \text{36)}$$

Wie bekannt, ist diese Gleichung nur dann gültig, wenn
$$\varphi \geqq \varphi_1$$
und anderseits, wenn einstweilen $\varphi < \pi$ ist, denn wir haben bei der Ableitung dieser Formel einen aufsteigenden Wasserstrom vorausgesetzt.

Zur praktischen Berechnung ist aber diese Formel nicht geeignet. Darum werden wir, durch **Vereinfachung** dieser, eine approximative Formel ableiten, die für die absolute Geschwindigkeit einen praktisch hinreichend genauen Wert liefert.

Wie wir gesehen haben, ist:
$$x = \frac{2 g_0 r}{\vartheta v_0 c_0}$$
und anderseits:
$$\frac{\vartheta v_0}{c_0} = \sin \varphi_1.$$

Wenn wir den Wert von c_0 aus der letzten Gleichung in die obige einsetzen, so wird:
$$x = \frac{2 g_0 r \sin \varphi_1}{\vartheta^2 v_0^2}.$$

Berücksichtigen wir noch die Formeln:
$$g_0 = g \frac{\delta - 1}{\delta}$$
und:
$$v_0^2 = C^2 d (\delta - 1),$$
so ergibt sich:
$$\frac{g_0}{v_0^2} = \frac{g}{C^2 d \delta},$$
daher:
$$x = \frac{2 g r \sin \varphi_1}{(\vartheta C)^2 d \delta} \quad \ldots \ldots \ldots \text{37)}$$

Grundgleichungen der Setzmaschinen.

Rechnet man mit dem Rittingerschen durchschnittlichen Wert $C = 2{,}44$[1]), so wird:
$$\frac{2g}{C^2} = 3{,}3$$

und schließlich:
$$x = \frac{3{,}3\, r \sin \varphi_1}{\vartheta^2 d\, \delta} \quad \dots \dots \dots 38)$$

Bestimmen wir nun den möglichst **kleinsten** praktischen Wert von x. Aus der Formel 38 ersieht man, daß x desto kleiner ist, je kleiner r und $\sin \varphi_1$ und je größer ϑ, d und δ sind. Die Setzarbeit findet in der Praxis bei Erzen über 30 mm Korngröße nur sehr selten Anwendung, zudem werden spezifisch schwerere Mineralien als Bleiglanz nur ausnahmsweise gesetzt, so daß man im allgemeinen die Werte
$$d = 0{,}03\,\text{m} \quad \text{und} \quad \delta = 7{,}5$$
als praktisch größte Werte annehmen kann. Als größter Wert von ϑ kann
$$\vartheta = 0{,}21$$
angenommen werden, wie dies aus dem nachfolgenden § 11 zu ersehen ist.

Es sei noch dem Wert d entsprechend[2]):
$$r = 0{,}045\,\text{m},$$
ferner mit Rücksicht auf den großen Durchmesser und auf das spezifische Gewicht[3]):
$$\sin \varphi_1 = 0{,}4.$$

Als kleinsten praktischen Wert von x erhält man dann:
$$x = \frac{3{,}3 \cdot 0{,}045 \cdot 0{,}4}{0{,}0441 \cdot 0{,}03 \cdot 7{,}5} = 6.$$

---

[1]) Wir haben bereits im ersten Abschnitt darauf hingewiesen, daß der Rittingersche Wert $C = 2{,}44$ etwas kleiner ist als der wirkliche, falls unter d der durchschnittliche Durchmesser des Mineralkornes verstanden wird. Wir haben aber im zweiten Abschnitt gesehen, daß beim Klassieren nach der Korngröße der Quotient aus den Lochweiten der nacheinander folgenden Siebe $q > 1{,}2$ ist; wenn also mit d diejenige Lochweite bezeichnet wird, durch welche die betreffende Klasse hindurchgefallen ist (wie man gewöhnlich in der Praxis die Klassen bezeichnet), so ist d größer als der durchschnittliche Korndurchmesser. Unter dieser Bedingung kann der Rittingersche Wert einstweilen angenommen werden.

[2]) Siehe § 12.   [3]) Siehe ebenda.

Im allgemeinen ist also in der Praxis:
$$x > 6.$$

Mit Rücksicht auf diesen Wert von x können wir praktisch schreiben:
$$\frac{x}{1+x^2} = \frac{1}{\frac{1}{x}+x} \sim \frac{1}{x},$$

denn wie ersichtlich, kann der Wert $\frac{1}{x}$ gegen x um so mehr vernachlässigt werden, je größer x selbst ist. So z. B. für den Wert $x = 6$ ist:
$$\frac{x}{1+x^2} = \frac{6}{37} = 0{,}162,$$

hingegen: $\quad\quad\quad\quad \dfrac{1}{x} = \dfrac{1}{6} = 0{,}166,$

Wenn wir also mit dem letzteren statt des genauen Wertes rechnen, so ist der begangene Fehler:
$$\frac{100\,(0{,}166 - 0{,}162)}{0{,}166} = 2{,}4 \text{ vH.}$$

Im allgemeinen ist in der Praxis, wie aus dem Vorhergehenden folgt, $x > 6$; folglich wird auch der begangene Fehler kleiner sein als 2,4 vH., falls wir die erwähnte Vereinfachung anwenden. Wir wissen ferner, daß für
$$x\,(\varphi - \varphi_1) \geqq 5$$
praktisch: $\quad\quad\quad 1 - e^{-x(\varphi - \varphi_1)} \sim 1$

ist. $(\varphi - \varphi_1)$ muß um so größer sein, je kleiner x ist, folglich ergibt sich, falls mit dem kleinsten Wert von x gerechnet wird:
$$\varphi - \varphi_1 \geqq \frac{5}{6} = 0{,}83,$$

oder weil $\quad\quad\quad \varphi_1 = \arcsin 0{,}4 = 0{,}41$

ist: $\quad\quad\quad\quad \varphi \geqq 0{,}83 + 0{,}41 = 1{,}24.$

Wenn also $\varphi > 1{,}24$ ist, so kann praktisch geschrieben werden:
$$e^{-x(\varphi - \varphi_1)} \sim 0.$$

Wenn wir nun in Betracht ziehen, daß $v = 0$ für $\varphi = \varphi_1$ ist und daß der Wert von v von $\varphi = \varphi_1$ bis $\varphi = 2\pi = 6{,}28$ be-

Grundgleichungen der Setzmaschinen. 111

stimmt werden soll, so können wir diesen unter Berücksichtigung der besprochenen Vereinfachungen berechnen. Zwischen den Grenzen $\varphi = \varphi_1$ und $\varphi = 1{,}24$, wo v ohnehin sehr gering ist, kann der Wert von v annähernd auch durch eine einfache graphische Interpolation bestimmt werden.

Folglich läßt sich die absolute Geschwindigkeit des Mineralkornes unter Berücksichtigung der erwähnten Vereinfachungen und Grenzen durch die nachstehende approximative Formel ausdrücken:

$$v = \vartheta v_0 - c_0 \sin \varphi + \frac{c_0}{x} \cos \varphi, \quad \ldots \ldots 39)$$

wofür man auch, da

$$\frac{c_0}{x} = \frac{\vartheta v_0 c_0^2}{2 g_0 r}$$

ist, schreiben kann:

$$v = \vartheta v_0 - c_0 \sin \varphi + \frac{\vartheta v_0 c_0^2}{2 g_0 r} \cos \varphi \quad \ldots \ldots 40)$$

Einstweilen ist diese Formel natürlich nur für $\varphi \lessgtr \pi$ gültig. Für $\varphi = \pi$ ist $\sin \varphi = 0$ und $\cos \varphi = -1$, daher erhält man in diesem Falle für die Geschwindigkeit des Mineralkornes:

$$v_\pi = \vartheta v_0 \left(1 - \frac{c_0^2}{2 g_0 r}\right) \quad \ldots \ldots 41)$$

Man ersieht aus dieser Formel, daß

$$v_\pi \gtreqless 0$$

ist, je nachdem

$$1 - \frac{c_0^2}{2 g_0 r} \gtreqless 0,$$

also je nachdem

$$\frac{c_0^2}{r} \lesseqgtr 2 g_0 \quad \ldots \ldots 42)$$

ist. Da aber $\frac{c_0^2}{r}$ nichts anderes als die größte Beschleunigung des Wasserstromes bedeutet, so können wir folgendes sagen: Befindet sich der Kolben in der tiefsten Stellung, so wird die Geschwindigkeit des Mineralkornes positiv, Null oder negativ sein, je nachdem die größte Anfangsbeschleunigung des Wasserstromes kleiner, gleich oder größer als das Zweifache der hydrostatischen Beschleunigung des Mineralkornes ist.

Bestimmen wir nun denjenigen Wert von φ, für den die Geschwindigkeit $v = 0$ ist. Bezeichnen wir diesen Wert mit φ_0, so ist aus der Formel 39:

$$\vartheta v_0 - c_0 \sin \varphi_0 + \frac{c_0}{x} \cos \varphi_0 = 0 \quad \ldots \ldots \quad 43)$$

oder:
$$\vartheta v_0 - c_0 \sin \varphi_0 = -\frac{c_0}{x} \sqrt{1 - \sin^2 \varphi_0}.$$

Es ist aber:
$$\vartheta v_0 = c_0 \sin \varphi_1,$$

folglich können wir schreiben:

$$x \sin \varphi_0 - x \sin \varphi_1 = \sqrt{1 - \sin^2 \varphi_0}.$$

Jetzt beide Seiten dieser Gleichung quadriert und durch x^2 dividiert, ergibt:

$$\sin^2 \varphi_0 \left(1 + \frac{1}{x^2}\right) - 2 \sin \varphi_0 \sin \varphi_1 + \sin^2 \varphi_1 - \frac{1}{x^2} = 0.$$

Wir wissen aber, das $\frac{1}{x^2}$ gegen 1 vernachlässigt werden kann, denn wenn wir mit dem kleinsten Wert $x = 6$ rechnen, so ist:

$$\frac{1}{x^2} = \frac{1}{36} = 0{,}028.$$

Folglich läßt sich die obige Gleichung auch in nachstehender Form schreiben:

$$\sin^2 \varphi_0 - 2 \sin \varphi_0 \sin \varphi_1 + \sin^2 \varphi_1 - \frac{1}{x^2} = 0,$$

oder weil die drei ersten Glieder ein Quadrat bilden:

$$(\sin \varphi_0 - \sin \varphi_1)^2 = \frac{1}{x^2} \quad \ldots \ldots \quad 44)$$

und hieraus ergibt sich:

$$\sin \varphi_0 = \sin \varphi_1 \pm \frac{1}{x} \quad \ldots \ldots \quad 45)$$

Es ist aber:
$$\frac{1}{x} = \frac{\vartheta v_0 c_0}{2 g_0 r} = \frac{\sin \varphi_1 \cdot c_0^2}{2 g_0 r},$$

folglich:
$$\sin \varphi_0 = \sin \varphi_1 \left(1 \pm \frac{c_0^2}{2 g r}\right) \quad \ldots \ldots \quad 46)$$

Es fragt sich nun, welches von den beiden Vorzeichen in Wirklichkeit gültig ist. Wir wissen, daß für

$$1 - \frac{c_0^2}{2 g_0 r} < 0$$

die Geschwindigkeit v_π negativ ist. Folglich wird die Geschwindigkeit v nur dann Null sein, wenn φ_0 im III. Quadranten liegt, d. h. wenn $\sin \varphi_0$ negativ ist. Für diesen Fall muß also das untere Vorzeichen als gültig angenommen werden. Für $\varphi_0 = \pi$ ist ferner $\sin \varphi_0 = 0$, was gleichfalls nur im Falle des negativen Vorzeichens möglich ist. Und da der Wert von $\sin \varphi_0$ auch in diesem Grenzfalle von dem Vorzeichen abhängt, muß dieses auch für den Fall, daß φ_0 im II. Quadranten liegt, gültig sein. Wir sehen daher, daß im allgemeinen das negative Vorzeichen zu berücksichtigen ist und hiermit wird:

$$\sin \varphi_0 = \sin \varphi_1 - \frac{1}{x} \quad \ldots \ldots \quad 45\text{a})$$

oder:
$$\sin \varphi_0 = \sin \varphi_1 \left(1 - \frac{c_0^2}{2 g_0 r}\right) \quad \ldots \ldots \quad 46\text{a})$$

Ist $\sin \varphi_0$ positiv, so hat man bei der Bestimmung von φ_0 in Betracht zu ziehen, daß φ_0 nur im II. Quadranten liegen kann, da der absolute Wert der Stromgeschwindigkeit, wie aus der Gleichung 12 folgt, von $\varphi = 0$ bis $\varphi = \frac{\pi}{2}$ stetig zunimmt.

Mit den Werten des vorher behandelten Beispiels
$$\sin \varphi_1 = 0{,}4 \quad \text{und} \quad x = 6$$
wird sich also ergeben:
$$\sin \varphi_0 = 0{,}4 - 0{,}167 = 0{,}233,$$
folglich:
$$\varphi_1 = 23^0\, 30' \quad \text{und} \quad \varphi_0 = 180^0 - 13^0\, 30' = 166^0\, 30'.$$

In der Praxis hat man nur selten mit einem kleineren Wert als $\sin \varphi_1 = 0{,}15$ zu tun ($\varphi_1 = 8^0\, 40'$), während der größte Wert von $\frac{1}{x}$, wie wir gesehen haben, 0,167 ist. Im allgemeinen ist also in der Praxis die Geschwindigkeit des Mineralkornes, wenn der Kolben in der tiefsten Stellung sich befindet, positiv, so daß wir im folgenden nur diesen

Fall in Rücksicht ziehen werden. In diesem Falle ist aber die relative Geschwindigkeit für $\varphi = \pi$:
$$v_1 - v_\pi = 0 - v_\pi < 0,$$
d. h. negativ und bleibt das auch bis $\varphi = 2\pi$, d. h. während der ganzen Umdrehung. Unter dieser Bedingung sind aber von $\varphi = \pi$ bis $\varphi = 2\pi$ auch die Gleichung 14 und die daraus abgeleiteten Formeln 39 und 40 gültig. Wir sehen also, daß in der Praxis die beiden letzteren Formeln der Geschwindigkeit v auch für beliebige Werte von φ angewendet werden können.

Bestimmen wir nun den vom Mineralkorn in der Zeit t zurückgelegten Weg. Bezeichnet man diesen mit S, so hat man:
$$S = \int v\, dt,$$
oder da
$$dt = \frac{r}{c_0} d\varphi$$
ist:
$$S = \frac{r}{c_0} \int v\, d\varphi \quad \dots \dots \quad 47)$$

Den Wert von v aus der Gleichung 36 eingesetzt, ergibt:
$$S = \frac{\vartheta v_0 r}{c_0} \int d\varphi - \frac{\vartheta v_0 r}{c_0} \int e^{-x(\varphi-\varphi_1)} \cdot d\varphi -$$
$$\frac{rx}{1+x^2} \int (x\sin\varphi - \cos\varphi) d\varphi - \frac{rx(x\sin\varphi_1 - \cos\varphi_1)}{1+x^2} \int e^{-x(\varphi-\varphi_1)} \cdot d\varphi.$$

Es ist aber
$$e^{-x(\varphi-\varphi_1)} \cdot d\varphi = -\frac{1}{x} \cdot e^{-x(\varphi-\varphi_1)} \cdot d[-x(\varphi-\varphi_1)],$$
daher:
$$\int e^{-x(\varphi-\varphi_1)} \cdot d\varphi = -\frac{1}{x} \cdot e^{-x(\varphi-\varphi_1)}.$$

Berücksichtigt man dies, so ist die Lösung der obigen Gleichung:
$$S = \frac{\vartheta v_0 r}{c_0} \varphi + \frac{\vartheta v_0 r}{c_0 x} e^{-x(\varphi-\varphi_1)} + \frac{rx}{1+x^2}(x\cos\varphi + \sin\varphi) -$$
$$\frac{r(x\sin\varphi_1 - \cos\varphi_1)}{1+x^2} e^{-x(\varphi-\varphi_1)} + C \quad \dots \quad 48)$$

Für $\varphi = \varphi_1$ ist $S = 0$, folglich:
$$C = -\frac{\vartheta v_0 r}{c_0} \varphi_1 - \frac{\vartheta v_0 r}{c_0 x} - \frac{rx}{1+x^2}(x\cos\varphi_1 + \sin\varphi_1) +$$
$$\frac{r(x\sin\varphi_1 - \cos\varphi_1)}{1+x^2} \quad \dots \dots \quad 49)$$

Grundgleichungen der Setzmaschinen.

Wenn jetzt der Wert der Integrationskonstante C in die Gleichung 48 eingesetzt wird, so ergibt sich:

$$S = \frac{\vartheta v_0 r}{c_0}(\varphi - \varphi_1) - \frac{\vartheta v_0 r}{c_0 x}\left[1 - e^{-x(\varphi - \varphi_1)}\right] +$$

$$\frac{r(x \sin \varphi_1 - \cos \varphi_1)}{1 + x^2}\left[1 - e^{-x(\varphi - \varphi_1)}\right] +$$

$$\frac{rx}{1+x^2}[x(\cos \varphi - \cos \varphi_1) + (\sin \varphi - \sin \varphi_1)] \quad \ldots \quad 50)$$

Wie ersichtlich, ist diese Formel für praktische Berechnungen nicht anwendbar. Sie läßt sich aber leicht auf eine praktisch anwendbare Form bringen, wenn wir auch hier dieselben Vereinfachungen, wie im Falle der Gleichung 36, durchführen.
Ist nämlich:

$$x(\varphi - \varphi_1) \geqq 5,$$

so darf man setzen:

$$1 - e^{-x(\varphi - \varphi_1)} \sim 1.$$

Damit geht dann die Gleichung 50 über in:

$$S = \frac{\vartheta v_0 r}{c_0}(\varphi - \varphi_1) - \frac{\vartheta v_0 r}{c_0 x} + \frac{rx}{1 + x^2} \sin \varphi +$$

$$\frac{rx^2}{1 + x^2} \cos \varphi - r \cos \varphi_1.$$

Da in der Praxis $x > 6$ ist, kann man schreiben:

$$\frac{x}{1+x^2} \sim \frac{1}{x}, \qquad \frac{x^2}{1+x^2} \sim 1.$$

Wenn man ferner noch berücksichtigt, daß

$$\frac{\vartheta v_0 r}{c_0 x} = \frac{r}{x} \sin \varphi_1$$

ist, so ergibt sich aus obiger Gleichung:

$$S = \frac{\vartheta v_0 r}{c_0}(\varphi - \varphi_1) + \frac{r}{x}(\sin \varphi - \sin \varphi_1) + r(\cos \varphi - \cos \varphi_1) \quad 51)$$

oder den Wert

$$\frac{r}{x} = \frac{\vartheta v_0 c_0}{2 g_0}$$

eingesetzt:

$$S = \frac{\vartheta v_0 r}{c_0}(\varphi - \varphi_1) + \frac{\vartheta v_0 c_0}{2 g_0}(\sin \varphi - \sin \varphi_1) + r(\cos \varphi - \cos \varphi_1) \quad 52)$$

Für $\varphi = \pi$ ist $\sin \varphi = 0$ und $\cos \varphi = -1$, folglich:
$$S_\pi = \frac{\vartheta v_0 r}{c_0}(\pi - \varphi_1) - \frac{\vartheta v_0 c_0}{2 g_0} \sin \varphi_1 - r(1 + \cos \varphi_1),$$
oder da $\sin \varphi_1 = \frac{\vartheta v_0}{c_0}$ ist:
$$S_\pi = \frac{\vartheta v_0 r}{c_0}(\pi - \varphi_1) - \frac{(\vartheta v_0)^2}{2 g_0} - r(1 + \cos \varphi_1).$$

Das Mineralkorn erreicht den höchsten Punkt seiner Bahn dann, wenn
$$\frac{dS}{dt} = v = 0$$
ist. Wie wir wissen, tritt dieser Fall dann ein, wenn φ_0 einen durch die Gleichungen 45a und 46a bestimmten Wert erreicht. Daher läßt sich dieser Grenzwert von S bestimmen, wenn wir in Gleichung 52 φ_0 statt φ einsetzen.

§ 11. Praktische Anwendung der Grundgleichungen.
Richards Indikator.

Um die abgeleiteten Grundgleichungen praktisch anwenden zu können, ist es notwendig zu wissen, wie groß der Zahlenwert des Quotienten
$$\vartheta = \frac{F - f}{F} = 1 - \frac{f}{F}$$
ist. Bei seiner Bestimmung setzen wir voraus, daß sich die Mineralkörner auf dem Siebe so dicht nebeneinander befinden, daß sie sich unmittelbar berühren. Je nachdem die Mineralkörner gleiche oder verschiedene Durchmesser haben, sind hauptsächlich folgende Fälle möglich:

1. **Die Mineralkörner haben gleich große Durchmesser.** Wenn wir die Länge des Siebes mit h, die Breite mit b bezeichnen, so ist die Siebfläche:
$$F = hb.$$

Der gemeinsame Korndurchmesser sei d. Wenn wir nun
$$\frac{b}{d} = n_1, \qquad \frac{h}{d} = n_2$$
setzen, so folgt:
$$b = n_1 d, \qquad h = n_2 d$$
und hiermit:
$$F = n_1 n_2 d^2.$$

Praktische Anwendung der Grundgleichungen. Richards Indikator. 117

Da in einer die ganze Siebfläche bedeckenden Schicht die Anzahl der Mineralkörner $n_1 n_2$ ist, kann man f folgend schreiben:
$$f = n_1 n_2 \frac{d^2 \pi}{4}.$$
Folglich ergibt sich:
$$\vartheta = 1 - \frac{n_1 n_2 d^2 \pi}{4 n_1 n_2 d^2} = 1 - \frac{\pi}{4} \quad \dots \dots \quad 1)$$
oder wenn man den Wert
$$\frac{\pi}{4} = 0{,}7854$$
berücksichtigt: $\quad \vartheta = 0{,}2146.$

Man ersieht hieraus, daß ϑ von dem Korndurchmesser und der Siebfläche unabhängig ist[1]).

2. **Die Mineralkörner haben verschiedene Durchmesser.** Der Einfachheit halber sei hier angenommen, daß sich auf dem Siebe nur zweierlei Korngrößen befinden. Und zwar D sei der Durchmesser des größeren Kornes, d der des kleineren. Außerdem nehmen wir noch an, daß die beiden Korngrößen in gleicher Anzahl vorhanden sind und daß sich die Mineralkörner — die ganze Siebfläche gleichmäßig bedeckend — berühren. Es sind hier wieder drei Fälle möglich, und zwar:

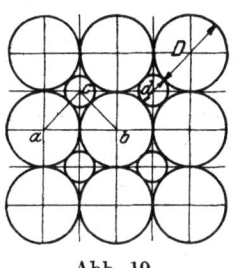

Abb. 19.

a) Die größeren Mineralkörner sind gegenseitig und mit den kleineren Mineralkörnern in Berührung (Abb. 19). In dem Dreieck abc ist c ein rechter Winkel und die Seiten des rechtwinkligen Dreiecks sind:
$$ab = D, \quad ac = bc = \frac{D+d}{2}.$$

Nach dem pythagoräischen Lehrsatz ist:
$$2\left(\frac{D+d}{2}\right)^2 = D^2,$$

---

[1]) Vorausgesetzt, daß der Korndurchmesser im Vergleich zur Breite und Länge des Siebes sehr klein ist, was wir auch in den nachstehenden Betrachtungen stets voraussetzen.

woraus man erhält:
$$D = (1 + \sqrt{2})\,d = 2{,}4142\,d$$
und:
$$d = \frac{1}{1 + \sqrt{2}} D = 0{,}4142\,D.$$

Es sei nun:
$$b = n_1 D, \qquad h = n_2 D,$$
dann ist:
$$F = b\,h = n_1 n_2 \cdot D^2.$$

Die Anzahl der großen sowie auch die der kleinen Mineralkörner beträgt $n_1 n_2$, folglich hat man:
$$f = n_1 n_2 \frac{\pi}{4} (D^2 + d^2).$$

Hiermit ist:
$$\vartheta = 1 - \frac{n_1 n_2 \pi (D^2 + d^2)}{4\, n_1 n_2 D^2} \quad \ldots \ldots \quad 2)$$

oder:
$$\vartheta = 1 - \frac{\pi}{4}\left[1 + \left(\frac{d}{D}\right)^2\right] \quad \ldots \ldots \quad 3)$$

Wenn wir jetzt den Wert
$$\frac{d}{D} = \frac{1}{1 + \sqrt{2}}$$
einsetzen, so wird:
$$\vartheta = 1 - \frac{\pi}{4}\left[1 + \left(\frac{1}{1+\sqrt{2}}\right)^2\right] = 1 - \frac{1{,}17\,\pi}{4}$$
oder:
$$\vartheta = 0{,}0811.$$

b) Die größeren Mineralkörner berühren sich, die kleineren aber liegen in den Zwischenräumen ganz frei. Dieser Fall tritt dann ein, wenn
$$\frac{d}{D} < \frac{1}{1 + \sqrt{2}} = 0{,}4142$$
ist. Es läßt sich leicht erkennen, daß die Formel 3 auch für diesen Fall gültig ist, nur ist hier
$$\frac{d}{D}$$
durch das tatsächlich entsprechende Verhältnis zu ersetzen. Die beiden vorher behandelten Fälle, für die
$$\frac{d}{D} = 1 \quad \text{und} \quad \frac{d}{D} = 0{,}4142$$

Praktische Anwendung der Grundgleichungen. Richards Indikator. 119

ist, sind eigentlich die Grenzfälle des letzteren. Folglich kann man schreiben:
$$0{,}0811 < \vartheta < 0{,}2146.$$

Es sei z. B. $\dfrac{d}{D} = \dfrac{1}{4}$, dann ist:
$$\vartheta = 1 - \frac{\pi}{4}\left(1 + \frac{1}{16}\right) = 0{,}1655.$$

c) Die größeren Mineralkörner sind nur mit den kleineren in Berührung (Abb. 20). Dieser Fall tritt dann ein, wenn
$$\frac{d}{D} > \frac{1}{1 + \sqrt{2}}$$

oder: $\quad 1 > \dfrac{d}{D} > 0{,}4142$

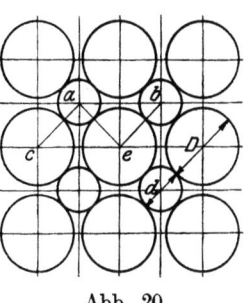

Abb. 20.

ist. Man sieht, daß auch für diesen Fall die ersten zwei Fälle Grenzfälle sind, für die die Grenzwerte
$$\frac{d}{D} = 1 \quad \text{und} \quad \frac{d}{D} = 0{,}4142$$

bestehen. Es ist also wieder:
$$0{,}0811 < \vartheta < 0{,}2146.$$

Aus dem Viereck $abce$ hat man:
$$ab = ce,$$

ferner ist in dem Dreieck ace:
$$\sphericalangle a = 90^0$$

und: $\quad ac = ae = \dfrac{D+d}{2};$

folglich erhält man nach dem pythagoräischen Lehrsatz:
$$(ce)^2 = 2\left(\frac{D+d}{2}\right)^2$$

und: $\quad ce = ab = \dfrac{D+d}{\sqrt{2}}.$

Es sei nun: $\quad b = n_1 \dfrac{D+d}{\sqrt{2}} \quad \text{und} \quad h = n_2 \dfrac{D+d}{\sqrt{2}},$

dann ist: $\quad F = bh = n_1 n_2 \dfrac{(D+d)^2}{2}.$

Die Setzarbeit.

Da die Anzahl der großen sowie auch die der kleinen Mineralkörner $n_1 n_2$ ist, kann man schreiben:

$$f = n_1 n_2 \cdot \frac{\pi}{4}(D^2 + d^2).$$

Hiermit ergibt sich:

$$\vartheta = 1 - \frac{2 n_1 n_2 \pi (D^2 + d^2)}{4 n_1 n_2 (D+d)^2} \quad \ldots \ldots \quad 4)$$

oder:
$$\vartheta = 1 - \frac{\pi}{2} \cdot \frac{D^2 + d^2}{(D+d)^2} \quad \ldots \ldots \ldots \quad 5)$$

Dividiert man den Zähler und den Nenner des Bruches durch D^2, so erhält man:

$$\vartheta = 1 - \frac{\pi}{2} \cdot \frac{1 + \left(\dfrac{d}{D}\right)^2}{\left(1 + \dfrac{d}{D}\right)^2}. \quad \ldots \ldots \quad 6)$$

Der Wert von ϑ hängt also auch in diesem Falle von dem Quotienten $\dfrac{d}{D}$ ab.

Für $\dfrac{d}{D} = 1$ folgt aus der Formel 6:

$$\vartheta = 1 - \frac{\pi}{4}$$

und für $\dfrac{d}{D} = \dfrac{1}{1 + \sqrt{2}}$:

$$\vartheta = 1 - \frac{\pi}{2} \cdot \frac{1 + \left(\dfrac{1}{1 + \sqrt{2}}\right)^2}{\left(1 + \dfrac{1}{1 + \sqrt{2}}\right)^2}.$$

Nach entsprechender Umformung erhält man hieraus:

$$\vartheta = 1 - \frac{\pi}{2}\left[\frac{1}{2} + \frac{1}{(2+\sqrt{2})^2}\right],$$

ferner:
$$\vartheta = 1 - \frac{\pi}{4}\left[1 + \frac{2}{(2+\sqrt{2})^2}\right].$$

Da aber:
$$\frac{2}{(2+\sqrt{2})^2} = \left(\frac{1}{1+\sqrt{2}}\right)^2$$

Praktische Anwendung der Grundgleichungen. Richards Indikator. 121

ist, hat man schließlich:
$$\vartheta = 1 - \frac{\pi}{4}\left[1 + \left(\frac{1}{1+\sqrt{2}}\right)^2\right],$$
also dasselbe Resultat wie im zweiten Falle. Es sei nun:
$$\frac{d}{D} = \frac{1}{2},$$
dann ergibt sich nach der Formel 6:
$$\vartheta = 1 - \frac{\pi}{2} \cdot \frac{5}{9} = 0{,}1274.$$

Wie aus den Ergebnissen der bisher behandelten Fälle hervorgeht, **ändert sich ϑ im allgemeinen zwischen den Grenzwerten 0,08 und 0,21 und erreicht den größten Wert dann, wenn sämtliche Mineralkörner gleich große Durchmesser haben.** Übrigens ist ϑ unabhängig von der Größe der Siebfläche und der einzelnen Mineralkörner und hängt lediglich von dem Quotienten $\dfrac{d}{D}$ ab.

Jetzt können wir schon zur praktischen Betrachtung der im vorigen Paragraphen entwickelten Gleichungen übergehen. Der Deutlichkeit halber werden wir diese Betrachtung an einem Beispiel vornehmen.

Wir betrachten zu diesem Zwecke eine Setzmaschine, die durch ein Exzenter angetrieben wird und für die $\varrho = 0{,}03$ m und $n = 120$ ist. Das Setzgut bestehe aus Bleiglanz ($\delta = 7{,}5$) und Quarz ($\delta = 2{,}6$), der Durchmesser der gleichgroßen Körner sei $d = 10$ mm.

Nach der Formel 8 des vorigen Paragraphen findet sich der Kolbenweg für den Drehwinkel φ folgend:
$$\sigma = 0{,}03\,(1-\cos\varphi)\,\text{m},$$
oder: $\qquad \sigma = 30\,(1-\cos\varphi)\,\text{mm} \ldots \ldots \ldots 7)$

Ist $\beta = 0{,}7$, so hat man nach der Formel 10 desselben Paragraphen:
$$r = 0{,}7 \cdot 0{,}03 = 0{,}021\,\text{m}.$$

Folglich ist der Weg des Wasserstromes in Millimeter, der dem Drehwinkel φ entspricht, nach der Formel 13:
$$s = -21\,(1-\cos\varphi), \ldots \ldots \ldots 8)$$

Ferner ergibt sich für die maximale Geschwindigkeit des Wasserstromes:
$$c_0 = \frac{120 \cdot \pi \cdot 0{,}021}{30} = 0{,}264 \text{ m}.$$

Die Bewegung des Bleiglanzkornes läßt sich durch die folgenden Gleichungen bestimmen. Für ein Bleiglanzkorn von $d = 0{,}01$ m Durchmesser ergibt sich die durchschnittliche Endgeschwindigkeit:
$$v_0 = 2{,}44 \sqrt{0{,}01 \cdot 6{,}5} = 0{,}61 \text{ m}.$$

Wenn nun $\vartheta = 0{,}21$ ist, so hat man:
$$\vartheta v_0 = 0{,}21 \cdot 0{,}61 = 0{,}128 \text{ m},$$

und hiermit wird nach der Formel 32 des § 10:
$$\sin \varphi_1 = \frac{0{,}128}{0{,}264} = 0{,}4848,$$

daher: $\qquad \varphi_1 = 29^0 0' = 0{,}506.$

Da nach der Formel 38 des § 10
$$x = \frac{3{,}3 \cdot 0{,}021 \cdot 0{,}4848}{0{,}0441 \cdot 0{,}01 \cdot 7{,}5} = 10{,}55$$

und $\qquad \dfrac{1}{x} = \dfrac{1}{10{,}55} = 0{,}0947$

ist, hat man weiter nach der Formel 45a des § 10:
$$\sin \varphi_0 = 0{,}4848 - 0{,}0947 = 0{,}3901$$

und: $\qquad \varphi_0 = 180^0 - 23^0 0' = 157^0 0' = 2{,}740.$

Setzt man die entsprechenden Werte in die Formel 52 des vorhergehenden Paragraphen ein, so findet man, daß für den Drehwinkel φ der vom Bleiglanzkorn zurückgelegte Weg in Meter
$$S = 0{,}0102\,\varphi + 0{,}002 \sin \varphi + 0{,}021 \cos \varphi - 0{,}0245$$

oder in Millimeter
$$S = 10{,}2\,\varphi + 2 \sin \varphi + 21 \cos \varphi - 24{,}5 \quad \ldots \quad 9)$$

ist. Wenn z. B. $\varphi = \varphi_0$ gesetzt wird, so ergibt sich die größte Steighöhe des Bleiglanzkornes:
$$S_0 = -15{,}1 \text{ mm}.$$

Negativ ist dieser Wert darum, weil wir die Richtung der Schwerkraft positiv gewählt haben.

Praktische Anwendung der Grundgleichungen. Richards Indikator. 123

In analoger Weise ergeben sich die entsprechenden Werte für das **Quarzkorn**. Die Endgeschwindigkeit ist:
$$v_0 = 2{,}44 \sqrt{0{,}01 \cdot 1{,}6} = 0{,}305 \text{ m}.$$
Ferner hat man:
$$\vartheta v_0 = 0{,}21 \cdot 0{,}305 = 0{,}064 \text{ m},$$
folglich ist:
$$\sin \varphi_1 = \frac{0{,}064}{0{,}264} = 0{,}2424,$$
und:
$$\varphi_1 = 14^0\, 0' = 0{,}244.$$
Man findet mit diesen Werten:
$$x = \frac{3{,}3 \cdot 0{,}021 \cdot 0{,}2424}{0{,}0441 \cdot 0{,}01 \cdot 2{,}6} = 14{,}77,$$
und:
$$\frac{1}{x} = \frac{1}{14{,}77} = 0{,}0677.$$

Folglich ist:
$$\sin \varphi_0 = 0{,}2424 - 0{,}0677 = 0{,}1747,$$
und:
$$\varphi_0 = 180^0 - 10^0\, 0' = 170^0\, 0' = 2{,}967.$$

Nach der Formel 52 des vorhergehenden Paragraphen ist für den Drehwinkel φ der zurückgelegte Weg des Quarzkornes in Meter:
$$S = 0{,}0051\, \varphi + 0{,}0014 \sin \varphi + 0{,}021 \cos \varphi - 0{,}0219$$
oder in Millimeter:
$$S = 5{,}1\, \varphi + 1{,}4 \sin \varphi + 21 \cos \varphi - 21{,}9. \quad \ldots \quad 10)$$
Setzt man $\varphi = \varphi_0$, so erhält man für die größte Steighöhe des Quarzkornes:
$$S_0 = -27{,}3 \text{ mm}.$$

An Hand der Formeln 7, 8, 9 und 10 haben wir den verschiedenen Exzenterstellungen entsprechend die zurückgelegten Wege des Kolbens, des Wasserstromes, des Bleiglanz- und Quarzkornes berechnet und die betreffenden Werte in der folgenden Tabelle 14 zusammengestellt.

Ein völlig übersichtliches Bild gewinnt man, wenn man mit den Werten der Tabelle die Wegkurven graphisch darstellt. Die Gestalt dieser Wegkurven ist aus Abb. 21 zu erkennen, wo

Tabelle 14.

arc φ	Weg des Kolbens beim Niedergange in mm	Negativer Weg (Steigen) in mm des		
		Wasserstromes	Quarzkornes	Bleiglanzkornes
0	0	0	—	—
0,244	—	—	0	—
0,5	3,7	2,6	—	—
0,506	—	—	—	0
1,0	13,8	9,7	4,3	1,3
1,5	27,8	19,5	11,4	5,7
2,0	42,4	30,7	19,1	11,0
2,5	54,1	37,8	25,1	14,6
2,740	—	—	—	15,1
2,967	—	—	27,3	—
3,0	59,7	41,8	27,2	14,4
3,14	60,0	42,0	—	—
3,5	58,1	40,7	24,2	9,2
4,0	49,6	34,7	16,4	—1,1
4,5	36,3	25,4	8,8	—
5,0	21,5	15,1	—7,2	—
5,5	8,8	6,1	—	—
6,0	3,1	2,2	—	—
6,28	0	0	—	—

auf der Abszissenachse des rechtwinkligen Koordinatensystems die Drehwinkel φ in Bogenmaß, auf der Ordinatenachse die zu den verschiedenen Exzenterstellungen gehörenden Wege aufgetragen sind. Der Einfachheit halber ist der Kolbenweg mit den Wegen der Mineralkörner und des Wasserstromes in derselben Richtung auf der Ordinatenachse aufgetragen. Die Kurven geben die Wege in Millimeter bei verschiedenen Drehwinkeln φ an, und zwar die Kurve d den Weg (Niedergang) des Kolbens, die Kurven v, k und g das Steigen des Wasserstromes, des Quarz- und Bleiglanzkornes.

Aus diesem Diagramm ersieht man, daß, während das Wasser seine Aufwärtsbewegung bei dem Drehwinkel $\varphi_1 = 0$ beginnt, bei $\varphi_0 = 3,14$ seine größte Steighöhe, die 42 mm beträgt, erreicht und bei $\varphi = 6,28$ wieder auf das Grundniveau zurücksinkt, beginnt das Quarzkorn das Steigen bei $\varphi_1 = 0,244$, erreicht bei $\varphi_0 = 2,97$ die größte Steighöhe 27,3 mm und fällt schon bei $\varphi = 4,8$ im Ausgangsniveau zu Boden. Noch enger sind diese Grenzen bei dem Bleiglanzkorn, da seine Bewegung erst bei $\varphi_1 = 0,51$ beginnt, schon bei $\varphi_0 = 2,74$ die größte Steighöhe 15,1 mm und bei $\varphi = 3,9$ das Ausgangsniveau erreicht.

Praktische Anwendung der Grundgleichungen. Richards Indikator. 125

Das Bleiglanzkorn gelangt also um den Winkel
$$\varDelta \varphi = 4{,}8 - 3{,}9 = 0{,}9 = 51^0\,40'$$
früher in sein ursprüngliches Niveau zurück als das Quarzkorn. Nach der Formel 7 des vorigen Paragraphen entspricht dieser Wegdifferenz die Zeit:
$$\varDelta t = \frac{r}{c_0} \varDelta \varphi = \frac{0{,}021}{0{,}264} \cdot 0{,}9 = 0{,}07 \text{ sek.}$$
In dem Moment, in dem das Bleiglanzkorn sein ursprüngliches Niveau erreicht, befindet sich das Quarzkorn noch über diesem Niveau, und zwar in einer Höhe von 18 mm, die es in der oben berechneten Zeit, nämlich in 0,07 Sekunden, durchfällt.

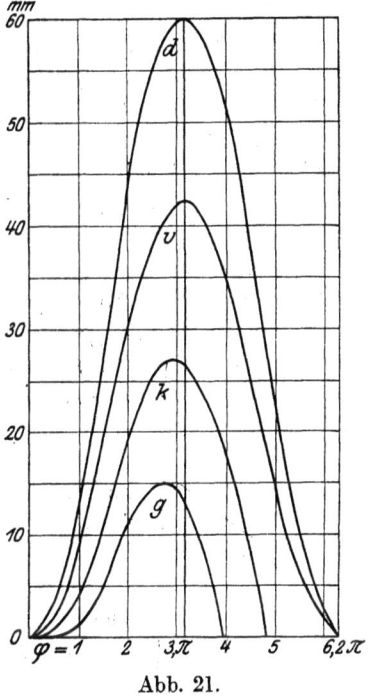

Abb. 21.

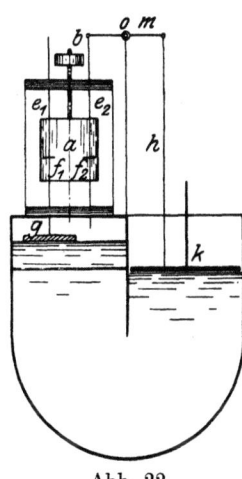

Abb. 22.

Dieses Diagramm eignet sich nicht nur zur Veranschaulichung des Setzprozesses, sondern es dient auch — insofern es auf experimentellem Wege erhalten worden ist — zur Kontrolle der Setzmaschine. Richards, der sich mit der experimentellen Aufnahme solcher Diagramme eingehend befaßte, benutzte für diese Zwecke einen Indikator[1]).

---

[1]) Richards, R. H.: Ore Dressing. Bd. I, S. 632. New York 1903.

Die Abb. 22 stellt den Richardsschen Indikator für Setzmaschinen schematisch dar. Sein wesentlicher Bestandteil ist ein 203 mm langer Zylinder a, dessen Durchmesser 152 mm beträgt. Durch ein Uhrwerk b wird dieser um seine vertikale Achse in Umdrehung versetzt. Die Umdrehungszahl läßt sich durch ein Flügelrad regulieren und beträgt in der Minute 3 bis 25. Auf der Mantelfläche des Zylinders wird ein 203 mm breiter und 508 mm langer Papierstreifen befestigt, auf dem die Diagramme der Bewegungen durch zwei elastische Federn f_1, f_2 aufgetragen werden. Die beiden Federn stehen mit den Registrierstäben e_1, e_2 in Verbindung, die nur in vertikaler Richtung bewegt werden können und in Führungen laufen. Für die Übertragung der Bewegung des Kolbens k auf den Registrierstab e_2 dient der zweiarmige, um den Punkt o schwingende Hebel m und die Stange h, die den Kolben mit dem Hebel verbindet. Die Bewegung der Feder f_2 wird also gleich derjenigen des Kolbens sein, nur ist sie entgegengesetzt gerichtet. Die Bewegung des Wassers wird mittels einer Korkplatte g, die auf dem Wasser schwimmt, auf den Registrierstab e_1 übertragen. Die Seitenlänge der quadratischen Platte beträgt 254 mm, die Dicke 25 mm. Die Bewegungen der Mineralkörner (Erze, Berge) werden in gleicher Weise durch die Feder f_1 verzeichnet. Für die Übertragung der Bewegungen dient ein leichtes Drahtsieb, dessen Lochweite geringer ist als die Größe der Mineralkörner. Dieses Drahtsieb wird in ähnlicher Weise als die Korkplatte am unteren Ende des Registrierstabes e_1 befestigt und läßt sich mit diesem beliebig tief in den Vorrat senken.

Richards, der mit seinem Indikator an verschiedenen Setzmaschinen und mit verschiedenem Setzgut zahlreiche Ver-

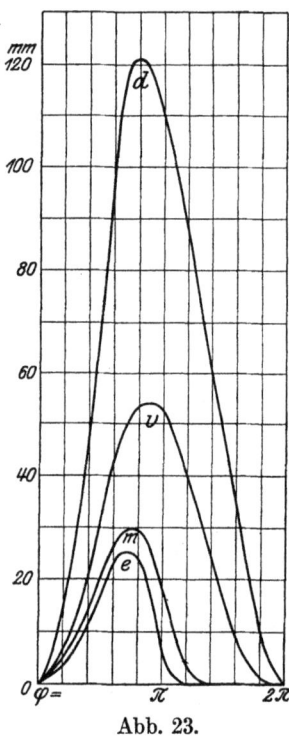

Abb. 23.

Praktische Anwendung der Grundgleichungen. Richards Indikator. 127

suche machte, verfuhr bei der Aufnahme des Indikatordiagrammes in der Weise, daß er zuerst die Kolben-, dann die Wasserbewegung, sodann die Bewegung des Nebengesteins und schließlich diejenige des Erzes registrieren ließ.

In seinem oben angeführten Werke sind zwölf auf diese Weise ermittelte Diagramme nebst den Hauptangaben der angewendeten Setzmaschinen mitgeteilt. Leider gibt er die Mineralien, mit denen er die Versuche anstellte, und ihre spezifischen Gewichte nicht an, so daß man von diesen Diagrammen bei einer eingehenden Vergleichung mit den Ergebnissen der Berechnung keinen Gebrauch machen kann, weil — wie bekannt — in der Formel 52 des vorhergehenden Paragraphen v_0 und g_0, also auch das spezifische Gewicht des Minerals, eine wichtige Rolle spielt, was nicht vernachlässigt werden kann.

Sein in Abb. 23 dargestelltes Diagramm, in dem die Kurve d die Kolben-, v die Wasserbewegung, ferner die Kurve m die Bewegung des Nebengesteins (Quarz?) und e diejenige des Erzes veranschaulicht, dient vielmehr zur allgemeinen Vergleichung[1]).
Der Durchmesser der Mineralkörner war 38—54 mm, so daß man für den Quotienten der Siebskala erhält:

$$q = \frac{54}{38} = 1{,}42 \sim \sqrt{2}.$$

Der Kolbenhub betrug:

$$h = 4\tfrac{3}{4} \text{ Zoll} = 120 \text{ mm}$$

und der Quotient aus dem Kolbenhub und dem größten Korndurchmesser:

$$\frac{120}{58} \sim 2{,}0.$$

Die Hubzahl betrug $n = 140$ in der Minute und die Kolben- bzw. Siebfläche:

$$24 \times 48 \text{ Zoll} = 0{,}61 \times 1{,}22 \text{ m}.$$

Das kreisrund gelochte Stahlblechsieb hatte eine Lochweite von 9,5 mm. Aus dem Diagramm ergibt sich auch der Wert des Koeffizienten β; man findet:

$$\beta = 0{,}45.$$

Wenn wir dieses Diagramm mit Abb. 21 vergleichen, so sehen wir, daß die Gestalt der einzelnen Kurven im allgemeinen über-

---
[1]) Siehe das oben angeführte Werk, S. 633, Abb. 369.

einstimmt. Auffallend ist aber hier, daß die Kurven m und e, im Gegensatz zu den Kurven k und g der Abb. 21, nur allmählich in die Gerade (Abszissenachse) übergehen, was wahrscheinlich der Widerstand der elastischen Feder verursacht. Ferner läßt sich noch aus der Nähe der Kurven m und e der Schluß ziehen, daß das Erz — falls wir als Nebengestein Quarz annehmen — ein spezifisch leichteres Mineral als Bleiglanz war.

Entnimmt man solchen Diagrammen die größten Wege des Kolbens und des Wasserstromes, so können diese auch zur Bestimmung des Koeffizienten β benutzt werden.

Wenn wir die Kolbenfläche mit F_2, den absoluten Wert der Kolbengeschwindigkeit mit v_2, ferner die Geschwindigkeit des Wasserstromes mit v_1 und die Siebfläche mit F_1 bezeichnen, so ist theoretisch:
$$v_1 F_1 = v_2 F_2,$$
woraus sich ergibt:
$$\beta = \frac{v_1}{v_2} = \frac{F_2}{F_1} \quad \ldots \ldots \ldots \text{11)}$$

Theoretisch ist also der Koeffizient β nichts anderes als der Quotient aus der Kolben- und der Siebfläche. Hieraus folgt:

$$\beta \gtreqless 1, \quad \text{je nachdem} \quad \frac{F_2}{F_1} \gtreqless 1 \text{ ist.}$$

In Wirklichkeit strömt aber ein Teil des Wassers — wie wir schon oben erwähnt haben — durch den Zwischenraum zwischen dem Kolben und den Kastenwandungen hinter den Kolben zurück, so daß der Wert von β kleiner als der theoretisch berechnete Wert ist, und zwar ist dieser immer kleiner als die Einheit.

Tabelle 15.

h mm	d mm	n	$\dfrac{F_2}{F_2}$	β
120	58	140	1,00	0,45
12	4,5	200	1,00	0,50
32	7	150	1,21	0,53
7	4,5	210	1,00	0,53
43	8	174	1,00	0,60
28	5	138	0,86	0,66
36	16	121	0,86	0,77
13	2	135	1,16	0,84
35	10	130	1,19	0,85

In der vorstehenden Tabelle 15 sind einige experimentelle Werte des Koeffizienten β, die den Richardsschen Diagrammen entnommen sind, zusammengestellt und zugleich auch der Kolbenhub h, der größte Korndurchmesser d in Millimeter, die minutche Hubzahl n und das Verhältnis $\dfrac{F_2}{F_1}$ angegeben.

§ 12. Bestimmung der Hauptdaten der Setzmaschinen.

Auf Grund der bisherigen Betrachtungen können wir die Hauptdaten der Setzmaschinen für jeden gegebenen Fall bestimmen. Bei dieser Bestimmung ist zu berücksichtigen, daß der Wasserstrom imstande sein muß, auch das spezifisch schwerste und größte Mineralkorn zum Aufsteigen zu bringen. Demnach muß diesem eine entsprechende Geschwindigkeit erteilt werden, damit nicht das unter dem spezifisch schwersten und größten gelegene spezifisch leichtere Mineralkorn in der Bewegung behindert und auf diese Weise eine unvollkommene Trennung herbeigeführt wird. Hieraus folgt, daß die größte Geschwindigkeit des Wasserstromes größer sein muß als die Endgeschwindigkeit des spezifisch schwersten und größten Mineralkornes, d. h. es muß

$$c_0 > \vartheta v_0 \quad \dots \dots \dots \quad 1)$$

oder
$$\frac{\vartheta v_0}{c_0} < 1 \quad \dots \dots \dots \quad 2)$$

sein. Je kleiner dieser Quotient ist, desto früher und desto höhe wird das Mineralkorn gehoben werden — wie dies aus der Formel 52 des § 10 hervorgeht, wo das erste Glied positiv, während S selbst negativ ist —, desto schneller wird also das Setzen vor sich gehen.

Aus diesem Grunde ist der Weg von c_0 so zu wählen, daß auch das spezifisch schwerste und größte Mineralkorn noch während der ersten $\frac{1}{8}$ Exzenterumdrehung gehoben wird; es muß also

$$\varphi_1 < \frac{2\pi}{8} = \frac{\pi}{4} \quad \dots \dots \dots \quad 3)$$

sein. Nach der Formel 32 des § 10 ist aber

$$\sin \varphi_1 = \frac{\vartheta v_0}{c_0}, \quad \dots \dots \dots \quad 4)$$

folglich muß
$$\frac{\vartheta v_0}{c_0} < \sin \frac{\pi}{4} \quad \dots \dots \dots \quad 5)$$

sein. Da aber
$$\sin\frac{\pi}{4}=0{,}7071$$
ist, so kann man im allgemeinen schreiben, daß für das **spezifisch schwerste und größte Mineralkorn**
$$\frac{\vartheta v_0}{c_0}>0{,}7$$
sein muß. Wir wissen aber, daß
$$v_0=2{,}44\sqrt{d(\delta-1)}$$
ist; wenn wir also mit dem größten Wert
$$\vartheta=0{,}21$$
rechnen, so erhalten wir:
$$\vartheta v_0=0{,}51\sqrt{d(\delta-1)}.$$
Es ist ferner:
$$c_0=\frac{n\,2r\pi}{60}=\frac{n\pi\beta h}{60},$$
wo h den Kolbenhub bedeutet. Diese Werte in die obige Ungleichung eingesetzt, ergibt:
$$\frac{60\cdot 0{,}51\sqrt{d(\delta-1)}}{n\pi\beta h}<0{,}7$$
oder
$$n>\frac{14\sqrt{d(\delta-1)}}{\beta h}\quad\ldots\ldots\ldots\; 6)$$

In dieser Ungleichung ist noch der Wert von h entsprechend zu wählen. Im allgemeinen soll der Kolbenhub h desto größer sein, je größer der Korndurchmesser des **Setzgutes** ist. Man kann also schreiben:
$$k=\frac{h}{d}.\quad\ldots\ldots\ldots\ldots\; 7)$$
Der Wert des Quotienten k ändert sich in der Praxis zwischen
$$k=2\div 10$$
und ist desto größer, je kleiner d ist und umgekehrt. Wenn wir jetzt den Wert von k in die Ungleichung 6 einsetzen, so erhalten wir:
$$n>\frac{14}{\beta k}\sqrt{\frac{\delta-1}{d}}\quad\ldots\ldots\ldots\; 8)$$

Z. B. der größte Korndurchmesser des Setzgutes sei:
$$d = 10 \text{ mm} = 0{,}01 \text{ m}$$
und darin das spezifisch schwerste Mineral Bleiglanz, so daß $\delta = 7{,}5$ ist. Wird der Wert des Quotienten k — mit Rücksicht auf den Korndurchmesser d — zu 5 angenommen, so erhält man für den Kolbenhub:
$$h = k \cdot d = 5 \cdot 10 = 50 \text{ mm}$$
und für die kleinste Hubzahl in der Minute, falls $\beta = 0{,}6$ ist:
$$n_{\min} = \frac{14}{0{,}6 \cdot 5} \sqrt{\frac{6{,}5}{0{,}01}} = 120.$$
Für $d = 2$ mm und $k = 10$ ergibt sich:
$$h = 2 \cdot 10 = 20 \text{ mm},$$
und:
$$n_{\min} = \frac{14}{0{,}6 \cdot 10} \sqrt{\frac{6{,}5}{0{,}002}} = 133.$$
ferner für $d = 30$ mm und $k = 3$:
$$h = 3 \cdot 30 = 90 \text{ mm}$$
und:
$$n_{\min} = \frac{14}{0{,}6 \cdot 3} \sqrt{\frac{6{,}5}{0{,}03}} = 114.$$

Aus diesem Beispiel geht also hervor, daß der Kolbenhub desto kleiner und die minutliche Hubzahl desto größer sein muß, je kleiner der Korndurchmesser des Setzgutes ist und umgekehrt.

§ 13. Betrachtungen über das allgemeine Problem des Setzens.

Wir haben in den bisherigen Betrachtungen vorausgesetzt, daß die auf der Setzmaschine zu trennenden verschiedenen Mineralkörner vorher nach der Korngröße klassiert werden, wie das bei uns überhaupt üblich ist. In § 8 haben wir aber gesehen, daß praktisch das Klassieren nach der Korngröße nur annähernd durchgeführt werden kann, weshalb wir es für notwendig finden, auch die allgemeinen Bedingungen für die Möglichkeit des Setzens zu untersuchen.

Die häufig vertretene Ansicht, daß die klassierten Mineralkörner beim Setzen eigentlich nach der Gleichfälligkeit sortiert werden, ist nicht berechtigt. Denn dieser widerspricht die Tatsache, daß im allgemeinen auch nach der Gleichfälligkeit sortiertes

Korn auf der Setzmaschine getrennt werden kann. So z. B. verarbeitet man häufig nach der Gleichfälligkeit vorbereitete rösche Sorten auf Feinkornsetzmaschinen.

Charakteristisch ist das sogenannte englische Setzen[1]). Nach diesem Verfahren kann auch völlig unklassiertes oder in weiten Grenzen klassiertes Material gesetzt werden. Das durch das Sieb hindurchgefallene feinere Korn wird auf Feinkornsetzmaschinen wieder verarbeitet.

Nach Richards[2]) strebt man heute in Amerika mehr und mehr zur Anwendung des englischen Verfahrens, wenngleich — wie er bemerkt — die Vorteile des vorgängigen Klassierens nicht geleugnet werden können. Ferner ist er der Ansicht, daß das anzuwendende Verfahren in jedem Falle den besonderen Umständen entsprechend zu wählen ist.

Die Roherze, die in den deutschen Erzaufbereitungsanlagen zur Verarbeitung gelangen, enthalten nach Schennen[3]) fast überall mehrere nutzbare Mineralien, die in den verschiedensten Graden miteinander verwachsen sind und deren möglichst vollkommene Trennung aus wirtschaftlichen Gründen erforderlich ist. Deshalb ist auch die Verwendung enger Siebskalen begründet, und es ist fraglich, ob mit Anwendung des englischen Verfahrens entsprechende Erfolge zu erreichen sind.

Zum besseren Verständnis des Folgenden müssen wir bemerken, daß das Setzgut, das auf dem Siebe eine Lage bildet, unbedingt eine gewisse minimale Höhe haben muß, und daß anderseits eine bestimmte Anzahl von Hüben erforderlich ist, wenn man die verschiedenen Mineralkörner nach dem spezifischen Gewicht trennen will.

Am deutlichsten läßt sich dies an einem konkreten Beispiel erläutern. Wir haben schon in dem in § 11 behandelten Beispiel berechnet, daß in dem Moment, in dem das niederfallende Bleiglanzkorn von 10 mm Durchmesser sein ursprüngliches Niveau erreicht, das gleich große Quarzkorn noch um 18 mm höher über seinem ursprünglichen Niveau sich befindet, vorausgesetzt, daß

---

[1]) Köhler, G.: Die englische Setzarbeit gegenüber der auf dem Festlande gebräuchlichen. Z. V. d. I. Bd. XXX, S. 588. Berlin 1891.

[2]) Richards, R. H.: Ore Dressing. Bd. III, S. 1463. New York 1909.

[3]) Schennen, H. und Jüngst, F.: Lehrbuch der Erz- und Steinkohlenaufbereitung. S. 245. Stuttgart 1913.

Betrachtungen über das allgemeine Problem des Setzens. 133

die Daten der Setzmaschine dieselben sind, wie in dem gewählten Beispiel.

Nehmen wir nun an, daß auf dem Siebe der Setzmaschine nur eine einfache, aus einer Reihe bestehende Lage von gleichgroßen Mineralkörnern ausgebreitet wird. Dann werden von den niederfallenden Mineralkörnern die Bleiglanzkörner das Sieb bereits erreicht haben, als die Quarzkörner noch über dem Siebe in einer Höhe von 18 mm sind. Aber in sehr kurzer Zeit erreichen auch diese das Sieb, weil zwischen den Bleiglanzkörnern noch entsprechender freier Raum auf dem Siebe vorhanden ist. Folglich wird die relative Lage der Mineralkörner nach Beendigung des Hubes dieselbe sein, wie sie ursprünglich war, d. h. eine Trennung ist nicht eingetreten.

Untersuchen wir jetzt den Fall, daß auf das Sieb eine aus n Reihen bestehende Lage von gleich großen Mineralkörnern gebracht wird. Es sei die unmittelbar auf dem Siebe liegende Reihe die erste, die darauf folgende die zweite usw., d. h. wir zählen die einzelnen Reihen in der Reihenfolge von unten nach oben. Als beim Niederfallen die Bleiglanzkörner ihr ursprüngliches Niveau erreichen, befinden sich die Quarzkörner um 18 mm höher über demselben Niveau. Die Bleiglanz- und Quarzkörner der einzelnen Reihen werden also in diesem Augenblicke über dem Siebe in den folgenden Höhen sein:

1. Reihe . . . . Bleiglanzkörner 0 mm; Quarzkörner 18 mm,
2.   „   . . . .   „   10 „   „   28 „
3.   „   . . . .   „   20 „   „   38 „
4.   „   . . . .   „   30 „   „   48 „

n „   . . . .   „ $(n-1)10$ „   „ $(n-1)10+18$ „

Wenn wir dies der Höhe nach ordnen, so befinden sich über dem Siebe

in	0 mm	Höhe	die	Bleiglanzkörner	der	1. Reihe
„	10 „	„	„	„	„	2. „
„	18 „	„	„	Quarzkörner	„	1. „
„	20 „	„	„	Bleiglanzkörner	„	3. „
„	28 „	„	„	Quarzkörner	„	2. „
„	30 „	„	„	Bleiglanzkörner	„	4. „
„	38 „	„	„	Quarzkörner	„	3. „

„	$(n-1)10$ „	„	„	Bleiglanzkörner	„	$n.$ „
„	$(n-1)10+8$ „	„	„	Quarzkörner	„ $(n-1).$ „
„	$(n-1)10+18$ „	„	„	„	„	$n.$ „

Da die Bleiglanzkörner der ersten Reihe unmittelbar auf dem Siebe liegen, sind diese in der Bewegung schon behindert. Die übrigen Körner aber werden ihre Fallbewegung fortsetzen und dies wird, wie aus dem obigen Schema ersichtlich ist, zur Folge haben, daß auch die Bleiglanzkörner der zweiten Reihe das Sieb erreichen und dort den ursprünglichen Raum der Quarzkörner der 1. Reihe einnehmen. Die Quarzkörner der 1. Reihe und die Bleiglanzkörner der 3. Reihe gelangen ungefähr zu gleicher Zeit über die auf dem Siebe liegende Reihe, da die Bleiglanzkörner der 3. Reihe von den Quarzkörnern der 2. Reihe nicht überholt werden können, so daß die nachfolgende Reihe aus den Quarzkörnern der ursprünglichen 1. Reihe und den Bleiglanzkörnern der 3. Reihe bestehen wird.

Gleichfalls werden je eine neue Reihe bilden die Quarzkörner der 2. und Bleiglanzkörner der 4., ... die Quarzkörner der $(n-2)$. und die Bleiglanzkörner der n. Reihen.

Die oberste Reihe wird schließlich die Quarzkörner der $(n-1)$. und n. Reihen enthalten.

Wir sehen also, daß, während ursprünglich sämtliche Reihen gemischt aus Bleiglanz- und Quarzkörnern bestehen, nach Beendigung des ersten Hubes Bleiglanzkörner die unterste, Quarzkörner die oberste Reihe bilden; die dazwischenliegenden $(n-2)$ Reihen aber enthalten wieder gemischt Bleiglanz- und Quarzkörner. In ähnlicher Weise können wir den Schluß ziehen, daß nach Beendigung des zweiten Hubes die zwei untersten Reihen aus Bleiglanz-, die zwei obersten aus Quarzkörnern und im allgemeinen nach $\frac{n}{2}$ Hüben die unteren $\frac{n}{2}$ Reihen aus Bleiglanz-, die oberen $\frac{n}{2}$ Reihen aus Quarzkörnern bestehen werden. Die ursprünglichen n Reihen ordnen sich also nach dem spezifischen Gewicht. Theoretisch sind also mindestens $\frac{n}{2}$ Hübe notwendig, wenn man eine Lage, die aus n-Reihen besteht und nur zweierlei Mineralkörner von verschiedenem spezifischen Gewicht enthält, nach dem spezifischen Gewicht trennen will. In Wirklichkeit ist aber, da sich die einzelnen Mineralkörner in der freien Bewegung teilweise behindern, eine größere Anzahl von Hüben als die oben erwähnte erforderlich, damit die Trennung sich möglichst vollkommen vollzieht.

Betrachtungen über das allgemeine Problem des Setzens. 135

Aus dem Gesagten geht hervor, daß in der Mitte eine aus Bleiglanz- und Quarzkörnern bestehende Reihe als Zwischenprodukt sich bilden wird, wenn n eine ungerade Zahl ist oder wenn ursprünglich die Quarz- und Bleiglanzkörner nicht in gleicher Anzahl in den einzelnen Reihen vorhanden sind — wie wir das bisher vorausgesetzt haben —, was aber fast niemals vorkommt.

Wir sehen also, daß in Wirklichkeit die Bildung des Zwischenproduktes in einer gewissen minimalen Menge auch dann unvermeidlich ist, wenn das Roherz vollkommen aufgeschlossen wird.

Auf Grund der bisherigen Betrachtungen können wir uns auch den Fall, daß das Setzgut aus mehr als zwei, in dem spezifischen Gewicht verschiedenen Mineralien besteht, leicht vorstellen. Das Setzgut bestehe z. B. aus Bleiglanz-, Zinkblende- und Quarzkörnern, die in jeder Reihe in gleicher Anzahl vorhanden sind. Die eingetragene Lage bestehe wieder aus n Reihen.

Nach Beendigung des ersten Hubes werden dann die Bleiglanzkörner der 1. und 2. sowie die Zinkblendekörner der 1. Reihe die unterste, die Zinkblendekörner der n. und die Quarzkörner der $(n-1)$. und n. Reihe die oberste Reihe bilden, während die dazwischenliegenden $(n-2)$ Reihen wieder aus Bleiglanz-, Zinkblende- und Quarzkörnern bestehen werden.

Bezeichnen wir die Bleiglanz-, Zinkblende- und Quarzkörner einer Reihe mit den Buchstaben g, s und k, so läßt sich der Verlauf des Setzens, falls z. B. $n = 6$ ist, durch folgendes Schema veranschaulichen:

I. Vor dem Setzen:

6. Reihe . . . . g s k
5. ,, ... g s k
4. ,, ... g s k
3. ,, ... g s k
2. ,, ... g s k
1. ,, ... $g-s$ k.

II. Nach Beendigung des 1. Hubes:

6. Reihe . . . . s $k-k$
5. ,, ... g s k
4. ,, ... g s k
3. ,, ... g s k
2. ,, ... g s k
1. ,, ... $g-g$ s

III. Nach Beendigung des 2. Hubes:
6. Reihe . . . . k—k—k
5. ,, ... s s—k
4. ,, ... g s k
3. ,, ... g s k
2. ,, ... g—s s
1. ,, ... g—g—g

IV. Nach Beendigung des 3. Hubes:
6. Reihe . . . . k—k—k
5. ,, ... s k—k
4. ,, ... s s k
3. ,, ... g s s
2. ,, ... g—g s
1. ,, ... g—g—g

V. Nach Beendigung des 4. Hubes:
6. Reihe . . . . k—k—k
5. ,, ... k—k—k
4. ,, ... s—s—s
3. ,, ... s—s—s
2. ,, ... g—g—g
1. ,, ... g—g—g.

Wir sehen also, daß nach Beendigung des 4. Hubes die zwei unteren Reihen aus Bleiglanz-, die zwei mittleren aus Zinkblende- und die zwei oberen aus Quarzkörnern bestehen werden. Folglich ist die Trennung nach dem spezifischen Gewicht nach vier Hüben beendigt.

Im allgemeinen, wenn man eine Lage, die aus n Reihen und m in dem spezifischen Gewicht verschiedenen, aber gleich großen Mineralkörnern besteht, setzen will, so sind theoretisch mindestens

$$z = \frac{n}{2} + (m-2) \quad \ldots \ldots \ldots \text{ 1)}$$

Hübe erforderlich, damit sich die Trennung nach dem spezifischen Gewicht vollzieht.

Wenn z. B. $m = 2$ ist, so ist die Anzahl der Hübe:

$$z = \frac{n}{2}.$$

Betrachtungen über das allgemeine Problem des Setzens.

Dagegen ergibt sich für $m = 3$:
$$z = \frac{n}{2} + 1.$$

In Wirklichkeit muß aber, wie wir schon erwähnt haben, die Anzahl der Hübe größer sein, da sich die Mineralkörner in der freien Bewegung teilweise behindern.

Befassen wir uns jetzt mit den mathematischen Bedingungen des Setzens.

Der zurückgelegte Weg eines Mineralkornes von der Endgeschwindigkeit v_0 und hydrostatischen Beschleunigung g_0 ist bei dem Drehwinkel φ nach der Gleichung 52 des § 10:

$$S = \frac{\vartheta v_0 r}{c_0}(\varphi - \varphi_1) + \frac{\vartheta v_0 c_0}{2 g_0}(\sin\varphi - \sin\varphi_1) + r(\cos\varphi - \cos\varphi_1), \quad 2)$$

wo der Winkel φ_1 durch den Quotienten

$$\sin\varphi_1 = \frac{\vartheta v_0}{c_0} \quad \ldots \ldots \ldots 3)$$

bestimmt ist. Die Endgeschwindigkeit eines anderen Mineralkornes sei v_0', seine hydrostatische Beschleunigung g_0'; der zurückgelegte Weg dieses Mineralkornes ist dann, falls c_0 und r unverändert bleiben:

$$S' = \frac{\vartheta v_0' r}{c_0}(\varphi - \varphi_1') + \frac{\vartheta v_0' c_0}{2 g_0'}(\sin\varphi - \sin\varphi_1') + r(\cos\varphi - \cos\varphi_1'). \quad 4)$$

Damit die zurückgelegten Wege beider Mineralkörner in jedem Augenblick gleich sind, d. h. damit bei jedem Werte des Winkels φ
$$S = S'$$
ist, ist erforderlich, daß, wie aus den Gleichungen 2 und 4 hervorgeht, die Bedingungen
$$v_0 = v_0' \quad \text{und} \quad g_0 = g_0'$$
oder $\qquad d = d' \quad \text{und} \quad \delta = \delta'$

erfüllt sind.

Man sieht, daß die infolge der Wirkung des Wasserstromes einer Setzmaschine zurückgelegten Wege zweier Mineralkörner nur dann gleich sein werden, wenn diese Mineralkörner gleichen Durchmesser und gleiches spezifisches Gewicht haben.

Dies schließt natürlich nicht aus, daß φ auch solche spezielle Werte haben kann, für die
$$S = S'$$
ist, selbst in dem Falle, daß der Durchmesser, das spezifische Gewicht oder alle beide verschieden sind.

Setzen wir den Fall, daß $\delta' > \delta$ und $d > d'$ ist. Ferner sei theoretisch als Extremfall $d' = 0$. Dann wird das Mineralkorn, dessen spezifisches Gewicht δ und Durchmesser d ist, den durch die Gleichung 2 bestimmten Weg zurücklegen und bei dem Drehwinkel $\varphi < 2\pi$ wieder sein ursprüngliches Niveau erreichen. Dagegen ist für das Mineralkorn von dem Durchmesser $d' = 0$ und spezifischen Gewicht δ':

$v_0' = 0$, folglich $\varphi_1 = \sin \varphi_1 = 0$ und $\cos \varphi_1 = 1$,

so daß sein Weg nach der Gleichung 4
$$S' = -r(1 - \cos \varphi)$$
sein wird. Nach der Gleichung 13 des § 10 ist dies nichts anderes als der Weg des Wasserstromes. Dieses Mineralkorn gelangt also mit dem Wasserstrom zusammen bei $\varphi = 2\pi$, also nach Beendigung des Hubes in sein ursprüngliches Niveau zurück.

Wir sehen also, daß das spezifisch leichtere Mineralkorn sein ursprüngliches Niveau in diesem Grenzfalle früher erreicht als das spezifisch schwerere, dessen Durchmesser $d' = 0$ ist. Aus dem Gesagten geht zugleich hervor, daß d' einen endlichen Grenzwert haben muß, bei dem alle beide Mineralkörner das ursprüngliche Niveau gleichzeitig erreichen. Theoretisch bedeutet diese Bedingung die Grenze für die Möglichkeit des Setzens.

Nehmen wir z. B. an, daß wir Quarz von $d = 10$ mm Durchmesser und Bleiglanz von $d' = 1$ mm Durchmesser setzen wollen; die Daten der Setzmaschine seien dieselben wie im berechneten Beispiel des § 11. Für das Quarzkorn von 10 mm Durchmesser ist dann, wie wir nachgewiesen haben, bei

$$\varphi = 4{,}8 = 285^0\,30'$$
$$S = 0,$$

d. h. das Quarzkorn wird bei diesem Werte des Drehwinkels sein ursprüngliches Niveau erreichen. Die Endgeschwindigkeit des Bleiglanzkornes von 1 mm Durchmesser ist nach der Tabelle 6:

$$v_0' = 0{,}198 \text{ m},$$

und wenn $\vartheta = 0{,}21$ ist, so wird:
$$\vartheta v_0' = 0{,}0416 \text{ m}.$$
Hiermit ergibt sich:
$$\sin \varphi_1 = \frac{0{,}0416}{0{,}264} = 0{,}1550,$$
daher: $\quad\quad\quad\quad \varphi_1 = 9^0 0' = 0{,}157.$

Wenn wir diese Werte in die Gleichung 4 einsetzen, so erhalten wir den Weg des Bleiglanzkornes von 1 mm Durchmesser in Millimeter ausgedrückt:
$$S' = 3{,}2\,\varphi + 0{,}64 \sin \varphi + 21 \cos \varphi - 21{,}3.$$
Hieraus ergibt sich, wenn $\varphi = 4{,}8$ gesetzt wird:
$$S' = -0{,}9 \text{ mm}.$$

Wir sehen also, daß das Bleiglanzkorn von 1 mm Durchmesser in diesem Falle noch um 0,9 mm höher über seinem ursprünglichen Niveau ist, als das Quarzkorn von 10 mm Durchmesser dieses Niveau erreicht.

Wir gehen jetzt zu dem Falle über, daß **nach der Gleichfälligkeit sortierte Mineralkörner gesetzt werden**. Es sei wieder $\delta' > \delta$; da $v_0' = v_0$ ist, so muß $d > d'$ sein.

Die Bewegung des spezifisch leichteren und größeren Mineralkornes ist in diesem Falle durch die Gleichung 2 ausgedrückt; wenn wir aber den Wert $v_0' = v_0$ in die Gleichung 4 einsetzen, so erhalten wir für das spezifisch schwerere, aber kleinere Mineralkorn:

$$S' = \frac{\vartheta v_0 r}{c_0}(\varphi - \varphi_1) + \frac{\vartheta v_0 c_0}{2 g_0'}(\sin \varphi - \sin \varphi_1) + r(\cos \varphi - \cos \varphi_1), \quad 5)$$

weil für diesen Fall
$$\sin \varphi_1' = \frac{\vartheta v_0'}{c_0} = \frac{\vartheta v_0}{c_0} = \sin \varphi_1,$$
daher: $\quad\quad\quad\quad \varphi_1' = \varphi_1$

ist. Es sei jetzt:
$$\varDelta S = S' - S \quad \ldots \ldots \ldots \quad 6)$$

Dann erhalten wir, wenn wir die Gleichung 2 von 5 subtrahieren:
$$\varDelta S = \frac{\vartheta v_0 c_0}{2}\left(\frac{1}{g_0} - \frac{1}{g_0'}\right)(\sin \varphi_1 - \sin \varphi) \quad \ldots \quad 7)$$

Da $g_0 < g_0'$ ist, so ist:

$$\frac{1}{g_0} - \frac{1}{g_0'} > 0$$

und konstant. Die Größen v_0 und c_0 sind ebenfalls konstant und positiv, so daß das Vorzeichen und der absolute Wert von ΔS ausschließlich von der Differenz

$$K = \sin \varphi_1 - \sin \varphi \quad \ldots \ldots \ldots \quad 8)$$

abhängt. Für $\varphi = \varphi_1$ oder $\varphi = \pi - \varphi_1$ ist:

$$\sin \varphi_1 = \sin \varphi,$$

so daß man in beiden Fällen erhält:

$$\Delta S = 0.$$

Wir sehen also, daß die zwei Mineralkörner während eines Kolbenspiels gleichzeitig zweimal über dem Siebe in derselben Höhe sein werden, und zwar zum erstenmal bei $\varphi = \varphi_1$, — d. h. beide Mineralkörner beginnen ihre Bewegung in demselben Augenblick — und zum zweitenmal bei dem Drehwinkel:

$$\varphi = \pi - \varphi_1.$$

Ferner ist der Drehwinkel φ_0, bei dem das Mineralkorn seine größte Höhe erreicht, durch die Formel 45a des § 10 bestimmt, wonach

$$\sin \varphi_0 = \sin \varphi_1 - \frac{1}{x} \quad \ldots \ldots \ldots \quad 9)$$

ist, so daß im allgemeinen

$$\sin \varphi_0 < \sin \varphi_1$$

ist. φ_0 liegt aber im II. Quadranten, folglich ist:

$$\varphi_0 > \pi - \varphi_1, \quad \ldots \ldots \ldots \quad 10)$$

d. h. die zwei Mineralkörner werden sich — abgesehen von dem Anfangswert $\varphi = \varphi_1$ — in derselben Höhe befinden, noch bevor sie den höchsten Punkt ihrer Bahn erreichen.

Untersuchen wir jetzt, wie sich ΔS im allgemeinen ändert. Da zwischen

$$\varphi = \varphi_1 \quad \text{und} \quad \varphi = \pi - \varphi_1$$
$$\sin \varphi > \sin \varphi_1$$

ist, so ist ΔS in diesem Abschnitt negativ, und da im allgemeinen

Betrachtungen über das allgemeine Problem des Setzens.

S und S' negativ sind, so muß nach der Gleichung 6:
$$|S| < |S'|$$
sein; d. h. das kleinere und spezifisch schwerere Mineralkorn wird zwischen $\varphi = \varphi_1$ und $\varphi = \pi - \varphi_1$ höher gehoben als das größere, aber spezifisch leichtere Mineralkorn, vorausgesetzt, daß diese nach der Gleichfälligkeit sortiert worden sind.

Bei $\varphi = \pi - \varphi_1$ ist $\sin \varphi_1 = \sin \varphi$, so daß sich in diesem Falle, wie wir schon gesehen haben, beide Mineralkörner in derselben Höhe befinden.

Zwischen $\quad \varphi = \pi - \varphi_1 \quad$ und $\quad \varphi = 2\pi$
ist: $\qquad \sin \varphi < \sin \varphi_1$,

folglich ist ΔS in diesem Abschnitt positiv, und es muß nach der Gleichung 6
$$|S| > |S'|$$
sein; d. h. das spezifisch leichtere und größere Mineralkorn befindet sich zwischen $\varphi = \pi - \varphi_1$ und $\varphi = 2\pi$ stets höher als das spezifisch schwerere, aber kleinere (gleichfällige) Mineralkorn. Hieraus geht zugleich hervor, daß theoretisch das Setzen nach der Gleichfälligkeit sortierter Mineralkörner im allgemeinen möglich ist.

Wir wollen nun untersuchen, bei welchen Werten des Drehwinkels φ die Wegdifferenz ΔS ihre Extremwerte annimmt.

Bekanntlich tritt dies bei jenem Werte des Drehwinkels φ ein, bei dem der erste Differentialquotient
$$\frac{dK}{d\varphi} = -\cos \varphi$$
gleich Null ist. Die Wurzeln dieser Gleichung sind:
$$\varphi = \frac{\pi}{2} \quad \text{und} \quad \varphi = \frac{3\pi}{2}.$$

Da aber
$$\frac{d^2 K}{d\varphi^2} = \sin \varphi$$
ist, so ergibt sich bei $\varphi = \frac{\pi}{2}$:
$$\frac{d^2 K}{d\varphi^2} = +1,$$
d. h. ΔS hat bei $\varphi = \frac{\pi}{2}$ ein Minimum (negativ).

Wenn aber $\varphi = \dfrac{2\pi}{2}$ ist, so ist:

$$\frac{d^2 K}{d\varphi^2} = -1,$$

die Wegdifferenz $\varDelta S$ weist also bei $\varphi = \dfrac{3\pi}{2}$ ein Maximum auf. Diese Werte von φ in die Gleichung 7 eingesetzt, erhalten wir als Extremwerte von $\varDelta S$:

und:
$$\varDelta S_{\min} = \frac{\vartheta v_0 c_0}{2}\left(\frac{1}{g_0} - \frac{1}{g_0'}\right)\left(\frac{\vartheta v_0}{c_0} - 1\right) \quad \ldots \quad 11)$$

$$\varDelta S_{\max} = \frac{\vartheta v_0 c_0}{2}\left(\frac{1}{g_0} - \frac{1}{g_0'}\right)\left(\frac{\vartheta v_0}{c_0} + 1\right) \quad \ldots \quad 12)$$

Es ist aber: $\quad \dfrac{\vartheta v_0}{c_0} > 0,$

daher: $\quad \left|\dfrac{\vartheta v_0}{c_0} - 1\right| < \left|\dfrac{\vartheta v_0}{c_0} + 1\right|.$

Wir sehen also, daß der absolute Wert des Maximums von $\varDelta S$ größer ist als derjenige des Minimums. Für $\varphi = \pi$ oder $\varphi = 2\pi$ ist $\sin \varphi = 0$, folglich haben wir in beiden Fällen:

$$\varDelta S_\pi = \frac{(\vartheta v_0)^2}{2}\left(\frac{1}{g_0} - \frac{1}{g_0'}\right) \quad \ldots \ldots \quad 13)$$

Da zwischen $\varphi = \pi$ und $\varphi = 2\pi$ $\sin \varphi < 0$, daher

$$-\sin\varphi > 0$$

ist, so wird in dem Abschnitt von $\varphi = \pi$ bis $\varphi = 2\pi$ der durch die Gleichung 13 bestimmte positive Wert von $\varDelta S$ zugleich der kleinste Wert der Wegdifferenz sein.

Aus der Gleichung 13 folgt, daß die Wegdifferenz $\varDelta S_\pi$ von den Daten der Setzmaschine unabhängig und desto größer ist, je größeren Unterschied die zu trennenden Mineralien in dem spezifischen Gewicht aufweisen und je größer ihre gemeinsame Endgeschwindigkeit ist. Dagegen folgt aus den Gleichungen 12 und 13:

$$\varDelta S_{\max} = \varDelta S_\pi + \frac{\vartheta v_0 c_0}{2}\left(\frac{1}{g_0} - \frac{1}{g_0'}\right), \quad \ldots \quad 14)$$

Betrachtungen über das allgemeine Problem des Setzens.

d. h. die maximale Wegdifferenz ist desto größer, je größer die größte Geschwindigkeit des Wasserstromes c_0 ist.

Ferner erhalten wir aus den Gleichungen 7 und 13, daß im allgemeinen die Wegdifferenz

$$\Delta S = \Delta S_\pi - \frac{\vartheta v_0 c_0}{2} \sin\varphi \left(\frac{1}{g_0} - \frac{1}{g_0'}\right) \quad \ldots \quad 15)$$

ist. Nach der Gleichung 12 des § 10 ist aber:

$$-c_0 \sin\varphi = v_1,$$

wo v_1 die augenblickliche Geschwindigkeit des Wasserstromes bedeutet. Dies in die Gleichung 15 eingesetzt, ergibt:

$$\Delta S = \Delta S_\pi + \frac{\vartheta v_0 v_1}{2} \left(\frac{1}{g_0} - \frac{1}{g_0'}\right) \quad \ldots \quad 16)$$

Wir sehen also, daß im allgemeinen die Wegdifferenz ΔS desto größer ist, je größer die Geschwindigkeit des Wasserstromes ist. Vom praktischen Standpunkt hat dieser Zusammenhang insofern eine Bedeutung, indem wir aus diesem ersehen, daß mit der Steigerung der Stromgeschwindigkeit auch die Wegdifferenz zwischen den Mineralkörnern zunimmt. Je größer aber die Wegdifferenz ist, desto leichter und vollkommener kann die Setzarbeit durchgeführt werden.

Im allgemeinen ist die Wegdifferenz ΔS gering; es muß aber berücksichtigt werden, daß zur Durchführung des Setzens — wie wir schon zu Eingang dieser Betrachtungen darauf hingewiesen haben — eine Lage von gewisser Höhe erforderlich ist, in der die Trennung nach dem spezifischen Gewicht nur allmählich stattfindet. Es liegt jedoch auf der Hand, daß die Trennung sich desto schneller vollziehen wird, je größer die Wegdifferenz ist.

Wenn $\delta = \delta'$, daher $g_0 = g_0'$ ist, so folgt aus der Gleichung 7:

$$\Delta S = 0 = \text{konstant}.$$

Da in diesem Falle $d = d'$ ist, so ergibt sich, daß Mineralkörner von gleichem spezifischen Gewicht auf der Setzmaschine auch dann nicht getrennt werden können, wenn ihre Durchmesser gleich groß sind.

Anderseits ist:

$$\frac{1}{g_0} - \frac{1}{g_0'} = \frac{1}{g} \cdot \frac{\delta' - \delta}{(\delta - 1)(\delta' - 1)}.$$

Wir sehen also, daß die Wegdifferenz ΔS desto kleiner ist, je kleiner $(\delta' - \delta)$, d. h. der Unterschied des spezifischen Gewichts ist. Hieraus erhellt zugleich, daß nach der Gleichfälligkeit sortierte Mineralkörner nur in dem Falle mit praktischem Erfolg gesetzt werden können, wenn in dem spezifischen Gewicht ein genügend großer Unterschied vorhanden ist.

Die genaue praktische Grenze dieses Unterschiedes kann nur auf experimentellem Wege bestimmt werden. Es leuchtet aber ein, daß praktisch das Setzen unbedingt durchgeführt werden kann, wenn das kleinere, aber spezifisch schwerere Mineralkorn bei dem Drehwinkel $\varphi = \pi$ — bei dem die Wegdifferenz zwischen den beiden Mineralkörnern in der Periode der Abwärtsbewegung des Wasserstromes ein Minimum aufweist — bereits tiefer gesunken ist als die mittlere Horizontalebene des größeren, aber spezifisch leichteren Mineralkornes (Abb. 24). Denn in diesem Falle wird das spezifisch schwerere Mineralkorn imstande sein, wenn auch die Wegdifferenz, um die dieses sein ursprüngliches Niveau früher erreicht, noch so gering ist, das spezifisch leichtere, aber größere Mineralkorn zu verdrängen; infolgedessen wird das langsamer fallende Mineralkorn nach Beendigung des Hubes eine höher liegende Reihe der Lage einnehmen.

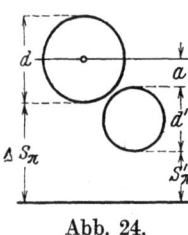

Abb. 24.

Wenn das spezifisch schwerere Mineralkorn bei dem Drehwinkel $\varphi = \pi$ um a tiefer ist als die mittlere Horizontalebene des spezifisch leichteren Mineralkornes, so folgt aus Abb. 24:

$$a + d' = \Delta S_\pi + \frac{d}{2}, \quad \ldots \ldots \quad 17)$$

woraus
$$a = \Delta S_\pi + \left(\frac{d}{2} - d'\right) \quad \ldots \ldots \quad 18)$$

ist. Will man also, daß
$$a > 0$$

sei, so muß
$$\Delta S_\pi + \left(\frac{d}{2} - d'\right) > 0 \quad \ldots \ldots \quad 19)$$

sein. Wir haben aber vorher nachgewiesen, daß ΔS_π immer positiv ist; die obige Bedingung besteht also noch vielmehr, wenn

$$\frac{d}{2} - d' > 0 \qquad \ldots \ldots \ldots \quad 20)$$

oder

$$\frac{d}{2d'} > 1 \qquad \ldots \ldots \ldots \quad 21)$$

ist. Nach der Formel 9 des § 9 gilt aber für gleichfällige Sorten[1]):

$$\frac{d}{d'} = \frac{\delta' - 1}{\delta - 1},$$

und wenn wir dies in die Ungleichung 21 einsetzen, so erhalten wir als Bedingung:

$$\frac{\delta' - 1}{2(\delta - 1)} > 1 \qquad \ldots \ldots \ldots \quad 22)$$

Wird im allgemeinen

$$\frac{\delta' - 1}{2(\delta - 1)} = m \qquad \ldots \ldots \ldots \quad 23)$$

gesetzt, so kann man sagen, daß auf der Setzmaschine alle nach der Gleichfälligkeit sortierten Mineralkörner getrennt werden können, für die

$$m \geqq 1$$

ist. Der Wert von m ist für einige Mineralien in der folgenden Zusammenstellung angegeben.

Quarz ($\delta = 2{,}6$) — Bleiglanz ($\delta' = 7{,}5$) . . . . . $m = \dfrac{6{,}5}{3{,}2} = 2{,}03$,

Quarz ($\delta = 2{,}6$) — Schwefelkies ($\delta' = 5{,}0$) . . . $m = \dfrac{4{,}0}{3{,}2} = 1{.}25$,

Zinkblende ($\delta = 4{,}2$) — Bleiglanz ($\delta' = 7{,}5$) . . . $m = \dfrac{6{,}5}{6{,}4} = 1{,}01$,

Quarz ($\delta = 2{,}6$) — Zinkblende ($\delta' = 4{,}2$) . . . . $m = \dfrac{3{,}2}{3{,}2} = 1{,}00$,

Zinkblende ($\delta = 4{,}2$) — Schwefelkies ($\delta' = 5{,}0$) . $m = \dfrac{4{,}0}{6{,}4} = 0{,}62$,

---

[1]) Vorausgesetzt, daß v_0 größer als die kritische Geschwindigkeit ist. Da aber auf Setzmaschinen nur Korn über 1 mm verarbeitet wird, so kommt praktisch nur dieser Fall in Betracht.

Schwefelkies ($\delta = 5{,}0$) — Bleiglanz ($\delta' = 7{,}5$) . . $m = \dfrac{6{,}5}{8} = 0{,}81$,

Kohle ($\delta = 1{,}6$) — Schiefer ($\delta' = 1{,}8$) . . . . . $m = \dfrac{0{,}8}{1{,}2} = 0{,}66$,

Kohle ($\delta = 1{,}2$) — Schiefer ($\delta' = 2{,}7$) . . . . . $m = \dfrac{1{,}7}{0{,}4} = 4{,}25$.

Aus den obigen Zahlen ist zu ersehen, daß z. B. die Mineralien Quarz, Zinkblende und Bleiglanz sich gut setzen lassen, wenn sie nach der Gleichfälligkeit sortiert worden sind, Quarz, Zinkblende, Schwefelkies und Bleiglanz aber nicht mehr, da in diesem Falle reiner Schwefelkies nicht gewonnen werden kann, indem die gröberen Körner mit Bleiglanz, die feineren mit Zinkblende Zwischenprodukte bilden.

Wir können aus dem Gesagten folgenden Schluß ziehen:

Wenn für zwei Mineralien $m > 1$ ist, so kann der Unterschied in dem Durchmesser in viel weiteren Grenzen schwanken als beim sortierten Korne, und zwar um so mehr, je größer m ist; dagegen wird, wenn $m < 1$ ist, das Sortieren nach der Gleichfälligkeit schon grob sein, und es ist ein Klassieren in noch engeren Grenzen erforderlich.

Das spezifische Gewicht des spezifisch schwereren Mineralkornes sei wieder δ', der Durchmesser d', für das spezifisch leichtere seien dieselben δ und d; ferner sei:

$$\frac{d}{d'} = \frac{\delta' - 1}{\delta - 1} \sqrt{m} \quad \ldots \ldots \ldots \quad 24)$$

oder den Wert von m eingesetzt:

$$\frac{d}{d'} = \sqrt{\frac{(\delta' - 1)^3}{2(\delta - 1)^3}} \quad \ldots \ldots \ldots \quad 25)$$

Untersuchen wir jetzt, ob in diesem Falle die Bedingung für die praktische Möglichkeit des Setzens vorhanden ist. Bekanntlich kann

$$m \gtreqless 1$$

sein. Wenn $m = 1$ ist, so erfordert dieser Fall keine weitere Untersuchung, da wir uns bereits eingehend mit diesem beschäftigt haben.

Betrachtungen über das allgemeine Problem des Setzens. 147

Es sei jetzt $m > 1$, dann folgt aus der Formel 24:
$$d'(\delta' - 1) = \frac{d(\delta - 1)}{\sqrt{m}},$$
daher:
$$v_0' = 2{,}44\sqrt{d'(\delta' - 1)} = \frac{2{,}44\sqrt{d(\delta - 1)}}{\sqrt[4]{m}} = \frac{v_0}{\sqrt[4]{m}}, \quad \ldots \quad 26)$$
so daß $v_0' < v_0$, folglich $d' < d$ ist.

Wir haben ferner:
$$\sin\varphi_1' = \frac{\vartheta v_0'}{c_0} = \frac{\vartheta v_0}{c_0 \sqrt[4]{m}} = \frac{\sin\varphi_1}{\sqrt[4]{m}} \quad \ldots \ldots \quad 27)$$

Nehmen wir an, daß φ_1 so gering ist, daß man praktisch schreiben kann:
$$\sin\varphi_1 \sim \varphi_1 \quad \ldots \ldots \ldots \quad 28)$$
Dann wird, da $\varphi_1' < \varphi_1$ ist:
$$\varphi_1' \sim \sin\varphi_1' = \frac{\varphi_1}{\sqrt[4]{m}} \quad \ldots \ldots \quad 29)$$

Wenn z. B. $\varphi_1 = 0{,}2 = 11°\,30'$ ist, so ist $\sin\varphi_1 = 0{,}199$.

Der Weg des spezifisch leichteren Mineralkornes ist in diesem Falle nach der Gleichung 2:
$$S = \frac{\vartheta v_0 r}{c_0}(\varphi - \varphi_1) + \frac{\vartheta v_0 c_0}{2 g_0}(\sin\varphi - \sin\varphi_1) + r(\cos\varphi - \cos\varphi_1) \quad 30)$$
und derjenige des spezifisch schwereren Mineralkornes:
$$S' = \frac{\vartheta v_0 r}{c_0 \sqrt[4]{m}}\left(\varphi - \frac{\varphi_1}{\sqrt[4]{m}}\right) + \frac{\vartheta v_0 c_0}{2 g_0' \sqrt[4]{m}}\left(\sin\varphi - \frac{\sin\varphi_1}{\sqrt[4]{m}}\right)$$
$$+ r\left(\cos\varphi - \cos\frac{\varphi_1}{\sqrt[4]{m}}\right) \quad \ldots \quad 31)$$

Es sei wieder: $\Delta S = S' - S,$

dann ergibt sich, wenn wir die Relation 28 berücksichtigen:
$$\Delta S = -\frac{\vartheta v_0 r \varphi}{c_0}\left(1 - \frac{1}{\sqrt[4]{m}}\right) + \left(\frac{\vartheta v_0}{c_0}\right)^2 r\left(1 - \frac{1}{\sqrt{m}}\right) -$$
$$\frac{\vartheta v_0 c_0 \sin\varphi}{2}\left(\frac{1}{g_0} - \frac{1}{g_0' \sqrt[4]{m}}\right) + \frac{(\vartheta v_0)^2}{2}\left(\frac{1}{g_0} - \frac{1}{g_0' \sqrt{m}}\right) -$$
$$r\left(\cos\frac{\varphi_1}{\sqrt[4]{m}} - \cos\varphi_1\right) \quad \ldots \ldots \quad 32)$$

Das letzte Glied kann mit Rücksicht auf die Annahme 28 vernachlässigt werden. Es sei z. B. $m = 2$ — das ist nämlich einer der größten Werte, die in der Erzaufbereitung vorkommen —, dann ist:
$$\sqrt[4]{2} = 1{,}19$$
und, wenn $\varphi_1 = 0{,}2$ angenommen wird:
$$\varphi_1' = \frac{0{,}2}{1{,}19} = 0{,}1703 = 9^0\,50',$$
daher:
$$\cos 9^0\,50' - \cos 11^0\,30' = 0{,}98531 - 0{,}97992 = 0{,}00539.$$

Praktisch kann man also unter Voraussetzung der Relation 28 schreiben:
$$r\left(\cos\frac{\varphi_1}{\sqrt[4]{m}} - \cos\varphi_1\right) \sim 0.$$

Es sei nun:
$$K = \left(\frac{\vartheta v_0}{c_0}\right)^2 r\left(1 - \frac{1}{\sqrt[4]{m}}\right) + \frac{(\vartheta v_0)^2}{2}\left(\frac{1}{g_0} - \frac{1}{g_0'\sqrt[4]{m}}\right), \quad .\ 33)$$

— wo K eine konstante und von φ unabhängige Größe bedeutet —, dann kann die Gleichung 32 in folgender Form geschrieben werden:

$$\Delta S = -\frac{\vartheta v_0 r \varphi}{c_0}\left(1 - \frac{1}{\sqrt[4]{m}}\right) - \frac{\vartheta v_0 c_0 \sin\varphi}{2}\left(\frac{1}{g_0} - \frac{1}{g_0'\sqrt[4]{m}}\right) + K \quad 34)$$

Untersuchen wir jetzt, wie der Wert von ΔS im IV. Quadranten sich ändert. Nach der Gleichung 33 ist der Wert von K unabhängig von φ und stets positiv, da $m > 1$ und $g_0' > g_0$ ist. In der Gleichung 34 ist das erste Glied der rechten Seite stets negativ und sein absoluter Wert desto größer, je größer φ ist. Das zweite Glied ist, wenn φ im IV. Quadranten liegt, positiv und nimmt ab, wenn φ wächst; denn $\sin\varphi$ wächst von -1 bis 0, wenn φ sich von $\varphi = \frac{3\pi}{2}$ bis $\varphi = 2\pi$ ändert. Man sieht also, daß ΔS im IV. Quadranten stets abnimmt und bei $\varphi = 2\pi$ am kleinsten wird.

Im III. Quadranten hat das zweite Glied denselben kleinsten Wert wie im IV. Quadranten, nämlich 0. Dagegen ist der absolute Wert des ersten Gliedes im III. Quadranten überall kleiner als im IV. Quadranten, und wenn wir das negative Vorzeichen berücksichtigen, so sehen wir, daß im III. Quadranten jeder Wert von ΔS größer ist als $\Delta S_{2\pi}$.

Aus der Gleichung 34 folgt:

$$\Delta S_\pi - \Delta S_{2\pi} = -\frac{\vartheta v_0 r \pi}{c_0}\left(1 - \frac{1}{\sqrt[4]{m}}\right) + \frac{\vartheta v_0 2 r \pi}{c_0}\left(1 - \frac{1}{\sqrt[4]{m}}\right)$$

oder:
$$\Delta S_\pi - \Delta S_{2\pi} = r\pi \sin \varphi_1 \left(1 - \frac{1}{\sqrt[4]{m}}\right) \quad \ldots \quad 35)$$

Für $m = 1$ ist $\Delta S_\pi - \Delta S_{2\pi} = 0$, daher:
$$\Delta S_\pi = \Delta S_{2\pi},$$

wie wir schon vorher gesehen haben. Dagegen ist für $m > 1$:
$$\Delta S_\pi - \Delta S_{2\pi} > 0,$$

daher:
$$\underline{\Delta S_\pi > \Delta S_{2\pi}} \quad \ldots \ldots \ldots \quad 36)$$

Es läßt sich aus der Gleichung 32 beweisen, daß — falls c_0 entsprechend gewählt wird — immer erreicht werden kann, daß

$$\Delta S_{2\pi} = 0 \quad \ldots \ldots \ldots \quad 37)$$

sei; es wird dann aus der Ungleichung 36:

$$\Delta S_\pi > 0 \quad \ldots \ldots \ldots \quad 38)$$

Wir wissen aber aus den vorhergehenden Betrachtungen, daß die Mineralkörner ihr ursprüngliches Niveau bereits vor Beendigung der ganzen Exzenterumdrehung $\varphi = 2\pi$ erreichen; folglich können wir sagen:

Wenn die Ungleichung 38 besteht, so wird das spezifisch schwerere Mineralkorn während der zweiten halben Umdrehung dem spezifisch leichteren stets voraneilen.

In diesem Falle wird also nach der Abb. 24 das spezifisch schwerere, aber kleinere Mineralkorn während der zweiten halben Umdrehung wieder stets tiefer als die mittlere Horizontalebene des spezifisch leichteren und größeren Mineralkornes sein, wenn

$$\Delta S_\pi + \left(\frac{d}{2} - d'\right) > 0 \quad \ldots \ldots \quad 39)$$

oder, da ΔS_π positiv ist, wenn

$$\frac{d}{2d'} > 1 \quad \ldots \ldots \ldots \quad 40)$$

ist. Wenn aber $m > 1$ ist, so folgt aus der Gleichung 22:
$$\frac{\delta'-1}{\delta-1} > 2,$$
daher:
$$\left(\frac{\delta'-1}{\delta-1}\right)^3 > 8.$$

Hiermit ergibt sich aus der Gleichung 25:
$$\frac{d}{d'} > \sqrt{4}$$
oder:
$$\frac{d}{2d'} > 1,$$

so daß die Bedingung 40 erfüllt ist. Wir können also sagen: Wenn $m > 1$ ist, so kann das durch eine Siebskala mit dem Quotienten

$$\frac{d}{d'} = \frac{\delta'-1}{\delta-1}\sqrt{m} \quad \ldots \ldots \quad 41)$$

klassierte Gut auf der Setzmaschine angereichert werden.

Wir gehen jetzt zu dem Falle über, daß $m < 1$ ist. Die Gleichungen 26 und 27, ferner 30 und 31 werden auch für diesen Fall gültig sein, nur ist jetzt

$$v_0' > v_0$$
und
$$\varphi_1' > \varphi_1.$$

Aus der Gleichung 35 folgt, da
$$1 - \frac{1}{\sqrt[4]{m}} < 0$$
ist:
$$\Delta S_\pi - \Delta S_{2\pi} < 0,$$
daher:
$$\Delta S_\pi < \Delta S_{2\pi} \quad \ldots \ldots \quad 42)$$

Im allgemeinen kann jetzt die Wegdifferenz in nachstehender Form geschrieben werden:

$$\Delta S = \frac{\vartheta v_0 r \varphi}{c_0}\left(\frac{1}{\sqrt[4]{m}} - 1\right) - \left(\frac{\vartheta v_0}{c_0}\right)^2 r\left(\frac{1}{\sqrt{m}} - 1\right) -$$
$$\frac{\vartheta v_0 c_0 \sin\varphi}{2}\left(\frac{1}{g_0} - \frac{1}{g_0' \sqrt[4]{m}}\right) + \frac{(\vartheta v_0)^2}{2}\left(\frac{1}{g_0} - \frac{1}{g_0' \sqrt{m}}\right) \quad \ldots \quad 43)$$

Betrachtungen über das allgemeine Problem des Setzens. 151

Bestimmen wir zunächst das Vorzeichen der einzelnen Glieder. Das erste Glied ist stets **positiv**, das zweite hingegen **negativ**; da aber $\varphi_1 < \varphi$ ist, so ergibt die Summe der ersten zwei Glieder einen **positiven** Wert. Zwecks Feststellung des Vorzeichens der letzten zwei Glieder bestimmen wir vorerst das Vorzeichen der geklammerten Ausdrücke. Untersuchen wir, was die Bedingung für

$$g_0' \sqrt[4]{m} > g_0, \quad \ldots \ldots \ldots 44)$$

daher für

$$\frac{1}{g_0} - \frac{1}{g_0' \sqrt[4]{m}} > 0 \quad \ldots \ldots \ldots 45)$$

ist. Im allgemeinen wird die obige Differenz desto kleiner sein, je kleiner m ist. Praktisch nimmt m den kleinsten Wert dann an, wenn

$$d = d'$$

ist. Folglich erhalten wir aus der Gleichung 25:

$$\frac{\delta' - 1}{\delta - 1} = \sqrt[3]{2} = 1{,}26$$

und hiermit wird:

$$m = \frac{\sqrt[3]{2}}{2} = 0{,}63.$$

Aus der Ungleichung 44 folgt:

$$\frac{g_0}{g_0'} < \sqrt[4]{m} = \sqrt[4]{0{,}63} = 0{,}89;$$

daher muß

$$\frac{g_0}{g_0'} < 0{,}89 \quad \ldots \ldots \ldots 46)$$

sein. Es ist aber:

$$\frac{g_0}{g_0'} = \frac{\delta'}{\delta} \cdot \frac{\delta - 1}{\delta' - 1} = \frac{\delta'}{\delta \sqrt[3]{2}};$$

anderseits haben wir:

$$\delta' - 1 = (\delta - 1)\sqrt[3]{2},$$

daher:

$$\delta' = (\delta - 1)\sqrt[3]{2} + 1,$$

so daß

$$\frac{g_0}{g_0'} = 1 - \frac{\sqrt[3]{2} + 1}{\delta \sqrt[3]{2}} < 0{,}89$$

ist. Hieraus folgt:

$$\delta < \frac{\sqrt[3]{2} + 1}{0{,}11 \sqrt[3]{2}} = 16{,}3.$$

Da spezifisch schwerere Mineralien als Bleiglanz, für den $\delta = 7{,}5$ ist, in der Erzaufbereitung selten vorkommen, so sieht man, daß im allgemeinen die Bedingung 45 in der Praxis erfüllt ist.

Dagegen folgt aus der Bedingung

$$\frac{1}{g_0} - \frac{1}{g_0' \sqrt{m}} > 0 : \quad \ldots \ldots \ldots \quad 47)$$

$$\frac{g_0}{g_0'} < \sqrt{m} = \sqrt{0{,}63} = 0{,}79 ,$$

d. h. es muß

$$\frac{g_0}{g_0'} < 0{,}79 \quad \ldots \ldots \ldots \ldots \quad 48)$$

sein. Wenn wir nun in analoger Weise wie vorher verfahren, so erhalten wir:

$$\delta < \frac{\sqrt[3]{2} + 1}{0{,}21 \sqrt[3]{2}} = 8{,}54 .$$

Man sieht, daß in der Praxis im allgemeinen auch die Bedingung 47 erfüllt ist.

Wenn wir noch in Betracht ziehen, daß $\sin \varphi$ in den letzten zwei Quadranten **negativ** ist, so können wir sagen, daß ΔS — falls $m < 1$ ist — **während der zweiten halben Umdrehung stets positiv ist, d. h. das spezifisch schwerere Mineralkorn eilt beim Niederfallen dem spezifisch leichteren stets voraus.**

Untersuchen wir jetzt, wie der Wert von ΔS während der zweiten halben Umdrehung sich ändert. Aus der Gleichung 43 erhalten wir durch Differentiation:

$$\frac{d \Delta S}{d \varphi} = \frac{\vartheta v_0 r}{c_0} \left(\frac{1}{\sqrt[4]{m}} - 1 \right) - \frac{\vartheta v_0 c_0 \cos \varphi}{2} \left(\frac{1}{g_0} - \frac{1}{g_0' \sqrt[4]{m}} \right).$$

Wir wissen aber, daß mit φ auch ΔS wächst, wenn

$$\frac{d \Delta S}{d \varphi} > 0$$

ist; die Bedingung hierfür ist angegeben durch:

$$\cos \varphi < \frac{2 r \left(\dfrac{1}{\sqrt[4]{m}} - 1 \right)}{c_0^2 \left(\dfrac{1}{g_0} - \dfrac{1}{g_0' \sqrt[4]{m}} \right)} \quad \ldots \ldots \quad 49)$$

Betrachtungen über das allgemeine Problem des Setzens. 153

Da der Quotient auf der rechten Seite positiv ist, $\cos \varphi$ aber im III. Quadranten ein negatives, im IV. Quadranten ein positives Vorzeichen hat, so folgt, daß die **Wegdifferenz** ΔS **im III. Viertel der ganzen Umdrehung und in einem Teile des IV. Viertels wächst und dann abnimmt.**
Wenn wir noch die Ungleichung
$$\Delta S_\pi < \Delta S_{2\pi}$$
berücksichtigen, so können wir sagen, daß die **Wegdifferenz** ΔS **während der zweiten halben Umdrehung bei** $\varphi = \pi$ **am kleinsten, aber auch da positiv ist.**

Für $\varphi = \pi$ ist $\sin \varphi = 0$. Da $\sin \varphi_1$ im allgemeinen sehr klein ist, so kann φ_1 gegen π vernachlässigt werden; so daß wir praktisch schreiben können:

$$\Delta S_\pi = \frac{\vartheta v_0 r \pi}{c_0} \left(\frac{1}{\sqrt[4]{m}} - 1 \right) = \sin \varphi_1 \cdot r \pi \left(\frac{1}{\sqrt[4]{m}} - 1 \right), \quad . \quad 50)$$

falls in der Gleichung 43 das zweite sehr kleine negative und auch das letzte positive Glied vernachlässigt wird.

Die Bedingung für das Setzen wird also in diesem Falle nach der Gleichung 39 sein:

$$\sin \varphi_1 r \pi \left(\frac{1}{\sqrt[4]{m}} - 1 \right) + \left(\frac{d}{2} - d' \right) > 0 \quad . \quad . \quad . \quad . \quad 51)$$

Die linke Seite dieser Ungleichung hat den kleinsten Wert, wenn
$$d = d'$$
ist; folglich ist wieder $m = 0{,}63$ und

$$\sin \varphi_1 > \frac{d}{r \cdot 7{,}04} \quad . \quad . \quad . \quad . \quad . \quad . \quad 52)$$

Da im allgemeinen angenommen werden kann, daß
$$r \gtreqless 2d$$
ist, so wird die obige Bedingung sein:

$$\sin \varphi_1 > \frac{1}{14{,}08} = 0{,}069 \quad . \quad . \quad . \quad . \quad . \quad 53)$$

Im allgemeinen ist $\sin \varphi_1$ in der Praxis größer als $0{,}1$. Wir können also sagen: Wenn $m < 1$ ist, so kann das durch eine **Siebskala mit dem Quotienten**

$$\frac{d}{d'} = \frac{\delta' - 1}{\delta - 1} \sqrt{m}$$

klassierte Gut auf der Setzmaschine angereichert werden.

Fassen wir die Ergebnisse der vorstehenden Betrachtungen zusammen, so können wir folgende praktisch wichtige Regel abziehen:

Will man die Gemengteile eines aus zwei Mineralien von verschiedenem spezifischen Gewicht bestehenden Körnergemenges auf der Setzmaschine nach dem spezifischen Gewicht trennen, so kann der Quotient der zur vorherigen Klassierung dienenden Siebskala, vorausgesetzt, daß $\delta' > \delta$ ist, nach der Formel

$$q = \frac{\delta'-1}{\delta-1}\sqrt{m} \quad \ldots \ldots \quad 54)$$

berechnet werden, worin

$$m = \frac{\delta'-1}{2(\delta-1)} \quad \ldots \ldots \quad 55)$$

ist. Besteht das Körnergemenge aus mehr als zwei Mineralien, so ist von den für je zwei Mineralien berechneten Werten von q stets der kleinste Wert zu wählen.

Um Mißverständnissen vorzubeugen, wollen wir hier noch bemerken, daß die obigen Gleichungen nicht die Grenze für die Möglichkeit des Setzens feststellen. Eine solche Grenze kann um so weniger angegeben werden, da diese, wie aus den vorhergehenden Betrachtungen hervorgeht, nicht nur von dem spezifischen Gewicht, sondern auch von der Fallgeschwindigkeit der zu trennenden Mineralien, von der Hublänge und von der größten Geschwindigkeit des Kolbens bzw. des Wasserstromes abhängt, durch deren entsprechende Wahl wir aber imstande sind, die Setzmöglichkeit innerhalb gewisser praktischer Grenzen immermehr zu erhöhen. Mit anderen Worten: wir können die Grenzen der Setzmöglichkeit durch entsprechende und zweckmäßige Konstruktion der Setzmaschinen erweitern.

Praktisch ergibt sich aus den obigen Gleichungen, daß das Setzen verhältnismäßig leicht und mit gutem Erfolg durchgeführt werden kann, wenn der Quotient der Siebskala gleich oder kleiner ist als der auf diese Weise berechnete Wert von q; dagegen wird

Betrachtungen über das allgemeine Problem des Setzens. 155

die Trennung umständlich und der Erfolg ein weniger guter sein, wenn der Quotient der Siebskala größer als q ist.

Um praktisch das Gesagte klarzumachen, haben wir beispielsweise die Werte von q für einige Mineralien berechnet und diese in der nachstehenden Tabelle 16 zusammengestellt.

Tabelle 16.

Lfd. Nr.	Mineral	δ	δ'	$\dfrac{\delta'-1}{\delta-1}$	$\sqrt{m}$	q
1	Quarz-Bleiglanz	2,6	7,5	4,06	1,42	5,76
2	Quarz-Schwefelkies	2,6	5,0	2,50	1,12	2,80
3	Quarz-Zinkblende	2,6	4,2	2,00	1,00	2,00
4	Zinkblende-Bleiglanz	4,2	7,5	2,02	1,00	2,02
5	Zinkblende-Schwefelkies . . .	4,2	5,0	1,24	0,79	0,98
6	Schwefelkies-Bleiglanz	5,0	7,5	1,62	0,90	1,46
7	Kohle-Schiefer	1,6	1,8	1,32	0,81	1,07
8	Kohle-Schiefer	1,2	2,7	8,50	2,06	17,51

Wir wollen nun auf Grund der Angaben dieser Tabelle einige Beispiele betrachten. Wenn wir Quarz und Bleiglanz von 30—1 mm Korngröße auf der Setzmaschine trennen wollen, so kann die Lochweite des zur Klassierung dienenden Siebes

$$\frac{30}{5,76} = 5,2 \text{ mm}$$

sein, und da $\dfrac{5,2}{5,76} = 0,9$ mm

ist, so können wir bei der Klassierung mit einem einzigen Siebe auskommen. Folglich kann auch in Verbindung mit der Setzarbeit klassiert werden, wenn z. B. das Setzsieb Maschen von 5,2 mm erhält und das durch die Maschen des Siebes in den Setzkasten gefallene Korn wiederholt gesetzt wird. Dies ist das allgemeine englische Setzverfahren. Wenn aber der Unterschied in dem spezifischen Gewicht kleiner ist und wir eine möglichst vollständige Trennung erzielen wollen, so ist schon eine sorgfältige Klassierung erforderlich. Wenn wir z. B. Quarz und Schwefelkies von 30—1 mm Korngröße setzen wollen, so ergeben sich für die anzuwendenden Siebe folgende Maschenweiten:

$$\frac{30}{2,8} = 10,7 \text{ mm}, \qquad \frac{10,7}{2,8} = 3,8 \text{ mm und} \qquad \frac{3,8}{2,8} = 1,3 \text{ mm}.$$

Wir sehen also, daß in diesem Falle schon drei Siebe erforderlich sind; folglich wird die Trennung auf zwei Setzmaschinen schon umständlich sein. Wenn aber eine feinere Aufschließung angewendet und z. B. das Korn unter 3 mm durch Sortieren nach der Gleichfälligkeit vorbereitet wird, so können wir mit zwei Setzmaschinen wieder auskommen.

Nehmen wir an, das Setzgut enthalte in diesem Falle z. B. nur die Korngrößen von 20—3 mm, dann ist:

$$\frac{20}{2,8} = 7,1 \text{ mm}.$$

Da aber $\frac{7,1}{2,8} = 2,5 \text{ mm} < 3 \text{ mm}$

ist, so können wir auch in diesem Falle nur zwei Setzmaschinen anwenden. Nachdem jetzt wieder nur ein Sieb mit 7,1 mm Maschenweite erforderlich ist, so kann die vorgängige Klassierung wegfallen, falls — wie wir im vorstehenden Beispiel gesehen haben — für die Setzmaschine ein entsprechendes Sieb gewählt wird.

Sollen durch Setzen mehr als zwei Mineralien getrennt werden, so wählt man den kleinsten Wert von q als Quotienten der Siebskala. Der kleinste Wert von q ist z. B. für Quarz, Zinkblende und Bleiglanz 2,00, so daß man in diesem Falle den Quotienten der Siebskala zu 2,00 wählen kann.

Wie aus dieser Tabelle (laufende Nr. 5) hervorgeht, berechnete sich der Quotient der Siebskala für Zinkblende und Schwefelkies zu 0,98; in Wirklichkeit jedoch kann dieser nicht kleiner als die Einheit sein. Hier ist aber zu berücksichtigen, daß der auf diese Weise bestimmte Wert von q — wie wir bereits darauf hingewiesen haben — nicht mit der Grenze der Setzmöglichkeit zusammenfällt und anderseits auch das spezifische Gewicht der zwei Mineralien nicht konstant ist, sondern nach der Tabelle 1 bei Zinkblende zwischen 3,9 und 4,2, bei Schwefelkies zwischen 4,9 und 5,2 variiert. Rechnen wir z. B. mit den spezifischen Gewichten $\delta = 3,9$ und $\delta' = 5,2$, so finden wir:

$$\frac{\delta'-1}{\delta-1} = \frac{4,2}{2,9} = 1,45,$$

so daß $$m = \frac{1,45}{2} = 0,72,$$

daher: $$q = 1,45 \sqrt{0,72} = 1,23$$

ist. Allerdings ist hieraus zu ersehen, daß, wenn man Zinkblende und Schwefelkies durch Setzen möglichst vollständig trennen will, der Setzarbeit eine sorgfältige Klassierung vorausgehen muß.

Wenn wir auf Grund dieser Beispiele das englische Setzverfahren mit dem bei uns gebräuchlichen vergleichen, so können wir zunächst feststellen, daß, während im allgemeinen das letztere Verfahren bei entsprechend genauer Klassierung zum Ziele führt — wenn nur nicht der Unterschied in dem spezifischen Gewicht der zu trennenden Mineralien sehr gering ist, in welchem Falle ein spezielles Verfahren angewendet werden muß — so läßt sich das englische Verfahren nur dann mit Erfolg anwenden, wenn in dem spezifischen Gewicht ein genügend großer Unterschied vorhanden ist und die Extremwerte der Korndurchmesser gewisse Grenzen, die diesem Unterschied entsprechen müssen, nicht überschreiten. Der Quotient aus diesen zwei Extremwerten ist durch das Quadrat der Formel 54 ausgedrückt. Ist diese Bedingung erfüllt, so ist das englische Verfahren allerdings einfacher und daher auch ökonomisch vorteilhafter.

Diesbezüglich können wir also der Meinung Richards beistimmen[1]), wonach „beide Systeme ihre besonderen Vorzüge haben und ihre Anwendung im allgemeinen von den besonderen Umständen des einzelnen Falles abhängt".

Z. B. wenn das Setzgut aus Bleiglanz, Quarz und in verhältnismäßig geringer Menge aus Schwefelkies, auf dessen Trennung aber kein Gewicht gelegt wird, besteht, so kann das englische Verfahren ohne jede besondere Einschränkung angewendet werden, als handele es sich nur um Bleiglanz und Quarz.

Die bei uns und in Deutschland allgemein angewandte genaue Klassierung nach der Korngröße ist aber unserer Meinung nach in vielen Fällen unbegründet; denn im allgemeinen ist die Aufbereitung desto einfacher und ökonomisch vorteilhafter, je gröber die Klassierung sein kann. Soll z. B. ein Gemenge aus Bleiglanz, Zinkblende und Quarz von 1—32 mm Korngröße gesetzt werden, so genügt es nach der Tabelle 16, wenn der Quotient der Siebskala zu $q = 2$ gewählt wird; man kann also mit vier Sieben auskommen, deren Lochweiten 16, 8, 4 und 2 mm sind.

Aus den Gleichungen 54 und 55 geht hervor, daß im allgemeinen das **Setzen nicht auf dem Unterschied des**

---

[1]) Richards, R. H.: Ore Dressing. Bd. III, S. 1463. New York 1909.

spezifischen Gewichtes der einzelnen Mineralien, sondern auf dem Verhältnis der um die Einheit verminderten, also relativen spezifischen Gewichte beruht und desto leichter und vollständiger durchgeführt werden kann, je größer dieses Verhältnis ist. Dieses Verhältnis ist aber desto größer, je mehr das spezifische Gewicht des spezifisch leichteren Mineralkornes demjenigen des Wassers nahekommt.

Z. B. der Unterschied in dem spezifischen Gewicht des Bleiglanzes und Quarzes ist:

$$\delta' - \delta = 7{,}5 - 2{,}6 = 4{,}9$$

und derjenige des Schiefers und der Kohle, falls die spezifischen Gewichte zu 2,7 und 1,2 angenommen werden:

$$\delta' - \delta = 2{,}7 - 1{,}2 = 1{,}5,$$

also nur etwa ein Drittel des vorigen Unterschiedes. Dagegen ist das Verhältnis der relativen spezifischen Gewichte für Bleiglanz und Quarz:

$$\frac{\delta' - 1}{\delta - 1} = \frac{6{,}5}{1{,}6} = 4{,}06,$$

für Schiefer und Kohle aber:

$$\frac{\delta' - 1}{\delta - 1} = \frac{1{,}7}{0{,}2} = 8{,}50,$$

also beiläufig das Zweifache des vorigen Verhältnisses. Hieraus folgt, daß Schiefer und Kohle im gegebenen Falle bedeutend leichter gesetzt werden können als Bleiglanz und Quarz. Der Quotient der Siebskala kann also für den ersten Fall zu 5,76, für den zweiten zu 17,51 angenommen werden.

Wie aus der Tabelle 1 bereits bekannt ist, schwankt das spezifische Gewicht der mineralischen Kohle zwischen 1,2 und 1,6, dasjenige des Schiefers, der die Kohle verunreinigt, zwischen 1,8 und 2,7. Folglich wird auch das Setzen dieser Mineralien einfacher oder umständlicher sein, je nachdem spezifisch leichtere Kohle mit spezifisch schwererem Schiefer oder umgekehrt vorkommt.

Die Verhältnisse der relativen spezifischen Gewichte sind für diese zwei extremen Fälle in der Tabelle 16 unter den laufenden Nummern 7 und 8 angegeben.

Betrachtungen über das allgemeine Problem des Setzens. 159

Im Zusammenhange mit dem Vorstehenden wollen wir noch kurz erwähnen, daß anfänglich die Kohlenaufbereitung — als ein bedeutend jüngerer Betriebszweig — die Erzaufbereitung nachahmte und sich erst in letzterer Zeit von den dem Zwecke der Kohlenaufbereitung nicht entsprechenden Verfahren unabhängig machte.

Während z. B. in der Erzaufbereitung die der Setzarbeit vorausgehende Klassierung nach der Korngröße im allgemeinen zum Zwecke hat, das Setzen zu ermöglichen, so ist die Klassierung in der Kohlenaufbereitung schon als eine selbständige Arbeit zu betrachten, die bezweckt, marktfähige, womöglich homogene Kohlenklassen herzustellen. Anfänglich wurde auch in den Kohlenwäschen vor dem Setzen in verhältnismäßig engen Grenzen klassiert. Z. B. in seinem im Jahre 1898 erschienenen Werke beschreibt Bilharz[1]) ausschließlich nur dieses Verfahren. Die Ausführung der Klassierung in engen Grenzen als Vorarbeit für das nachher erfolgende Setzen ist jedoch, wie wir schon darauf hingewiesen haben, nur in Ausnahmefällen notwendig.

Die unbegründete Anwendung einer engen Klassierung ist nämlich aus zwei Gründen nachteilig. Erstens braucht man eine größere Anzahl von Setzmaschinen. Wegen ihrer geringen Härte und vollkommenen Spaltbarkeit zerbricht ferner die mineralische Kohle zum Teil auch bei der Setzarbeit, was zur Folge hat, daß die einzelnen Klassen nach dem Setzen von den Grenzen der vorgängigen Klassierung abweichen. Auf diese Weise erhält man also Kohlenklassen, die nicht mehr zum höchsten Marktpreis verkauft werden können, da jede auch kleinere Körner als eben nötig enthalten wird. Will man diesem Übelstande abhelfen, so ist ein nochmaliges Sieben nach dem Setzen nicht zu entbehren.

Mit Rücksicht auf seine Nachteile findet dieses ältere Verfahren in den modernen Kohlenaufbereitungsanlagen im allgemeinen keine Anwendung mehr. Denn wie aus der Tabelle 16 hervorgeht, kann im günstigen Falle der Quotient der Siebskala zu 17,5 gewählt werden, so daß, falls z. B. Kohle unter 60 mm Korngröße gesetzt werden soll, sich ergibt:

$$\frac{60}{17,5} = 3,4 \text{ mm.}$$

[1]) Bilharz, O.: Die mechanische Aufbereitung von Erzen und mineralischer Kohle. Bd. II. Leipzig 1898.

Hieraus ist ersichtlich, daß in diesem Falle nach Absieben der Feinkohle die ganze Menge auf einer Setzmaschine gesetzt werden kann. In den neueren Kohlenaufbereitungsanlagen verzichtet man entweder ganz oder teilweise auf die vorgängige Klassierung[1], je nachdem die Kohle sich leichter oder schwerer setzen läßt; aber auch im letzteren Falle werden vor dem Setzen nur die unbedingt notwendigen Korngrößen, etwa 2—3, hergestellt, die den Gepflogenheiten im Kohlenhandel Rechnung tragende Klassierung wird erst nach dem Setzen ausgeführt[2]).

Dieses Verfahren hat den Vorteil, daß man weniger Setzmaschinen braucht, daher wird auch die Setzarbeit einfacher. Außerdem sind die Korngrößen in den einzelnen Klassen gleichmäßiger als die durch das umgekehrte Verfahren erhaltenen, wodurch ein höherer Marktpreis erzielt werden kann.

Aus den Gleichungen 54 und 55 kann man ersehen, daß der Quotient der Siebskala von dem Koeffizienten C der Endgeschwindigkeit[3]) unabhängig ist. Dies ist aber nur der Fall, wenn dieser Koeffizient für Mineralien von verschiedenem spezifischen Gewicht derselbe ist.

Wir haben in § 3 bereits nachgewiesen, daß im allgemeinen der Wert dieses Koeffizienten nicht konstant ist, sondern von der Gestalt der Mineralkörner abhängt. Demnach hat dieser verschiedene Werte, je nachdem die Mineralkörner eine nahezu kugelrunde, längliche oder flache Gestalt haben. Wenn wir dies berücksichtigen, so ändert sich auch die für die Siebskala bestimmte Gleichung. Diesbezüglich soll hier ein auch in der Praxis häufig vorkommendes Beispiel besprochen werden.

Häufig wird der Fall beobachtet, daß der Schiefer, der mit der Kohle zusammen vorkommt und diese verunreinigt, teilweise lamellenartig, also flach bricht, während die Kohle beim Brechen die Form würfeliger, nahezu kugelförmiger Stücke annimmt.

Wenn wir für diese zwei extremen Fälle die in § 3 mitgeteilten und durch Rittinger angegebenen Werte des Koeffizienten C

---

[1]) Die Stückkohle wird selbstverständlich immer abgeschieden.

[2]) In den seltenen Fällen aber, in denen Kohle und Schiefer nahezu gleiches spezifisches Gewicht haben, ist vor dem Setzen noch eine womöglich genaue Klassierung erforderlich, wie dies auch aus der Tabelle 16 (lfde. Nr. 7) hervorgeht.

[3]) Siehe Formel 1 in § 3.

Betrachtungen über das allgemeine Problem des Setzens.

annehmen, so ist die Endgeschwindigkeit für ein kugelförmiges Kohlenstück vom Durchmesser d und spezifischen Gewicht δ:

$$v_0 = 2{,}73 \sqrt{d(\delta-1)}$$

und für ein flaches Schieferstück vom spezifischen Gewicht δ', das durch ein Sieb, dessen Lochweite d' ist, hindurchgefallen ist:

$$v_0' = 1{,}92 \sqrt{d'(\delta'-1)}.$$

Wird nun $v_0 = v_0'$ gesetzt, so ergibt sich:

$$\frac{d}{d'} = \left(\frac{1{,}92}{2{,}73}\right)^2 \cdot \frac{\delta'-1}{\delta-1} = \frac{0{,}5(\delta'-1)}{\delta-1},$$

daher:

$$\sqrt{\frac{d}{2\,d'}} = 0{,}71 \sqrt{m}.$$

Da $0{,}71 \cdot 0{,}5 = 0{,}355$ ist, so läßt sich der Quotient der Siebskala in diesem Falle durch die Formel

$$q = 0{,}355 \frac{\delta'-1}{\delta-1} \sqrt{m} \quad \ldots \ldots \quad 56)$$

ausdrücken, wo m denselben Wert hat wie in der Gleichung 55. Für Kohle vom spezifischen Gewicht $\delta = 1{,}2$ und Schiefer vom spezifischen Gewicht $\delta' = 2{,}7$ ergibt sich also der Quotient der Siebskala zu

$$q = 0{,}355 \cdot 17{,}5 = 6{,}21,$$

wogegen wir weiter oben für dieselben spezifischen Gewichte den Wert $q = 17{,}5$ berechnet haben. Aus diesem Beispiel ist zu ersehen, daß in diesem Falle vor dem Setzen mehrere Korngrößen hergestellt werden müssen, da im entgegengesetzten Falle die flachen Schieferstücke sich mit der Kohle zusammen absetzen werden. Ja es kann vorkommen, daß die flachen Schieferstücke von der Kohle, falls im spezifischen Gewicht der Kohle und des Schiefers nur ein geringer Unterschied vorhanden ist, durch Setzen gar nicht getrennt werden können. Z. B. für $\delta = 1{,}6$ und $\delta' = 1{,}8$ ist

$$q = 0{,}355 \cdot 1{,}07 = 0{,}38,$$

d. h. dermaßen kleiner als die Einheit, daß sich in diesem Falle ein entsprechendes Ergebnis nicht einmal mit einer vorgängigen engen Klassierung erzielen läßt.

Aus der Kohle klaubt man die flachen Schieferstücke entweder mit der Hand aus oder man verwendet neuerdings für diesen Zweck den Allardschen Rätter[1]). Die letztere Arbeit kann vor oder nach dem Setzen stattfinden. Der größte Abstand der Stäbe muß aber kleiner sein als die kleinste Korngröße der Kohle.

Theoretisch hängt die Setzarbeit, wie wir gesehen haben, nur von dem Verhältnis der Durchmesser der einzelnen Mineralien ab, von der Größe der Durchmesser ist sie unabhängig. Praktisch läßt sich aber das Setzen unter einer gewissen Grenze nicht durchführen; die Gründe hierfür sind dieselben wie die in § 8 beim Klassieren nach der Korngröße dargelegten.

Genau kann diese untere Grenze nicht angegeben werden, da sie nicht als konstant zu betrachten ist, sondern von den besonderen Umständen des einzelnen Falles abhängt. Demgemäß sind auch die von den einzelnen Verfassern angegebenen Werte verschieden. So ist z. B. diese untere Grenze:

nach Kunhardt . . . . . 1 mm
,, Davies . . . . 0,8 ,, ($\frac{1}{32}$ Zoll)
,, Le Neve Foster . . 0,5 ,, ($\frac{1}{50}$ Zoll).
,, Linkenbach . . . . 0,25 ,,

§ 14. Kraftbedarf der Setzmaschinen.

Der Kraftbedarf der Setzmaschinen läßt sich durch Berechnung schwer bestimmen, da hauptsächlich die Reibungswiderstände in Ermangelung experimenteller Angaben unbekannt sind. Darum wollen wir im folgenden die Widerstände, die während der Setzarbeit auftreten, nur einer kurzen Betrachtung unterziehen.

1. Beim Kolbenniedergange tritt das Wasser durch das Sieb und hebt die Erz- und Bergekörner an; der infolgedessen auftretende Überdruck ist durch den Kolben zu überwinden. Wenn der niedergehende Kolben den Weg x zurücklegt, so wird das Steigen des Wassers in dem anderen Schenkel βx sein, so daß der Überdruck, falls F_2 die Kolbenfläche bedeutet,

$$P_x = 1000 F_2 \beta x \gamma \qquad \ldots \ldots \ldots 1)$$

ist, worin γ das durchschnittliche spezifische Gewicht des über dem Siebe befindlichen Wassers und Setzgutes bezeich-

---

[1]) Schennen, H. und Jüngst, F.: Lehrbuch der Erz- und Steinkohlenaufbereitung. S. 609 u. 640. Stuttgart 1913.

Kraftbedarf der Setzmaschinen.

net. Die Arbeit auf dem Wege dx ist dann:
$$dL = 1000\, F_2 \beta^2 \gamma\, x \cdot dx$$
und die während eines Hubes:
$$L_1 = 1000\, F_2\, \beta^2 \gamma \int_0^h x\, dx = 500\, F_2\, \beta^2 \gamma\, h^2 \quad \ldots \quad 2)$$

Dieser Arbeit entspricht die Leistung in PS:
$$N_1 = \frac{L_1 n}{60 \cdot 75}$$
oder den Wert von L_1 eingesetzt:
$$N_1 = \frac{n F_2 \gamma (\beta h)^2}{9} \ldots \ldots \ldots 3)$$

Um den Wert des durchschnittlichen spezifischen Gewichtes γ zu bestimmen, können wir in nachstehender Weise verfahren. Wir nehmen an, daß zwei in dem spezifischen Gewicht verschiedene Mineralien gesetzt werden, deren spezifische Gewichte δ und δ' sind und die einen gleichen Durchmesser d haben. Wenn wir ferner voraussetzen, daß beide Mineralien in gleicher Menge vorhanden sind, so ist in dem Rauminhalt $2\,d^3$ das Volumen des Wassers:
$$2\,d^3 \left(1 - \frac{\pi}{6}\right)$$
und dasjenige der Mineralien vom spezifischen Gewicht δ und δ':
$$\frac{d^3 \pi}{6}.$$

Das durchschnittliche spezifische Gewicht ergibt sich dann folgend:
$$\gamma = \frac{2\,d^3 \left(1 - \dfrac{\pi}{6}\right) + \dfrac{d^3 \pi}{6}(\delta + \delta')}{2\,d^3}$$
oder
$$\gamma = 1 + \frac{\pi}{2 \cdot 6}(\delta + \delta' - 2) \quad \ldots \ldots 4)$$

Wenn n verschiedene Mineralien vorhanden sind, deren spezifische Gewichte δ', δ'', $\ldots \delta^{(n)}$ sind, so können wir in analoger Weise folgende Formel erhalten:
$$\gamma = 1 + \frac{\pi}{n \cdot 6}(\delta' + \delta'' + \cdots + \delta^{(n)} - n) \quad \ldots \quad 5)$$

Wenn z. B. $\delta = 2{,}6$ (Quarz) und $\delta' = 7{,}5$ (Bleiglanz) ist, so ergibt sich das durchschnittliche spezifische Gewicht zu

$$\gamma = 1 + \frac{\pi}{12}(7{,}5 + 2{,}6 - 2) = 3{,}16.$$

2. Das Wasser in dem Setzmaschinenkasten, dessen Masse M ist, muß in dem ersten Viertel eines jeden Hubes von der Geschwindigkeit 0 auf die Geschwindigkeit

$$c_0 = \frac{n\pi\beta h}{60}$$

beschleunigt werden; hierzu ist die Arbeit

$$L_2 = \frac{M}{2} c_0{}^2 \quad \ldots \ldots \ldots \quad 6)$$

erforderlich. Falls wir den obigen Wert von c_0 einsetzen, so wird

$$L_2 = \frac{M n^2 (\beta h)^2}{720} \quad \ldots \ldots \ldots \quad 7)$$

Die Leistung in P. S. ist daher:

$$N_2 = \frac{L_2 n}{60 \cdot 75}$$

oder $\quad N_2 = \dfrac{M n^3 (\beta h)^2}{3\,240\,000}.$

Bezeichnet man das Gewicht des in dem Kasten befindlichen Wassers mit G kg, so ist:

$$M = \frac{G}{9{,}81}$$

und: $\quad N_2 = \dfrac{G n^3 (\beta h)^2}{32\,000\,000}. \quad \ldots \ldots \ldots \quad 8)$

3. Außerdem sind noch in Rücksicht zu ziehen die Reibung des strömenden Wassers an den Wandungen der Setzmaschine, die Reibung des Mechanismus, der zum Antrieb des Kolbens dient, ferner auch der Umstand, daß der Kolben mit den Kastenwandungen — trotz des Zwischenraumes, der zwischen diesen gelassen wird — in Berührung kommen kann, was ebenfalls mit Reibungen verbunden ist. Wenn das Wasser durch das Sieb tritt oder in dem anderen Schenkel hinter den Kolben zurückströmt, werden gleichfalls Widerstände hervorgerufen. Alle diese Wider-

stände können aber derzeit nicht berechnet werden, da die hierzu notwendigen experimentellen Angaben noch fehlen.

Wenn z. B. jeder Kolben einer dreiabteiligen Setzmaschine $0{,}5 \cdot 0{,}8 = 0{,}4 \, m^2$ Fläche hat, so ist:

$$F_2 = 3 \cdot 0{,}5 \cdot 0{,}8 = 1{,}2 \, m^2.$$

Es sei ferner $\beta h = 0{,}06$ m, $n = 140$, $\gamma = 3{,}2$ und $G = 1200$ kg, dann ergibt sich:

$$N_1 = \frac{140 \cdot 1{,}2 \cdot 3{,}2 \cdot 0{,}0036}{9} = 0{,}215 \, \text{P. S.}$$

und:

$$N_2 = \frac{1200 \cdot 2\,744\,000 \cdot 0{,}0036}{32\,000\,000} = 0{,}370 \, \text{P. S.},$$

so daß wir zusammen erhalten:

$$N_1 + N_2 = 0{,}585 \, \text{P. S.}$$

Der Kraftbedarf einer dreiabteiligen Setzmaschine beträgt nach Kirschner[1]) 1,0—1,5 P. S, also durchschnittlich 1,25 P. S. Man ersieht hieraus, daß der tatsächliche Kraftbedarf etwa das Zweifache des obigen Kraftbedarfs ist, den wir mit Vernachlässigung der im Punkte 3 erwähnten Widerstände berechnet haben.

IV. Die Herdarbeit.

§ 15. Allgemeines über die Herdarbeit.

Das sortierte Korn unter 1 mm wird im allgemeinen auf Herden angereichert. Dieses feine Korn wird zum Teil durch Aufschließen der Mittelerze erzeugt, wie wir das in § 7 bereits gesehen haben. Von größter Bedeutung aber ist dieses Verfahren bei der Aufbereitung fein eingesprengter Bergerze, die meistens auf kleinere Korngrößen als 1 mm zerkleinert werden müssen. Praktisch kann man es auch hier nicht erreichen, daß die durch die Zerkleinerung des Roherzes erhaltenen Körner gleich großen Durchmesser haben.

Z. B. in der ausgetragenen Trübe eines amerikanischen Poch-

---

[1]) Kirschner, L.: Grundriß der Erzaufbereitung. Bd. II, S. 33. Leipzig 1899.

werkes[1]), dessen Pochtröge mit 14 Maschensieben (Maschenweite 1,1 mm) versehen sind, hat man nach Richards[2]) die verschieden feinen Körner im folgenden Verhältnisse festgestellt:

gröber als 30 Maschen . . 10,88 vH.
zwischen 30—60 ,, . . 28,52 ,,
,, 60—120 ,, . . 14,61 ,,
,, 120—200 ,, . . 15,49 ,,
feiner als 200 ,, . . 30,50 ,,
zusammen 100,00 vH.

Im allgemeinen werden in den Pochtrögen Siebe mit den Maschenzahlen 8 bis 80 angewendet, die Öffnungen sind also etwa 1,6—0,14 mm groß. Die Bezeichnung der Drahtsiebe nach den Maschenzahlen hat aber, wie wir schon darauf hingewiesen haben, den Nachteil, daß damit die Maschenweiten überhaupt nicht genau angegeben sind.

Tabelle 17.

Maschen-zahl	Draht-stärke in Zoll	Maschenweite		Nützliche Siebfläche vH.
		Zoll	mm[3])	
5	0,1	0,1	2,54	25,00
8	0,063	0,062	1,57	24,60
10	0,05	0,05	1,27	25,00
12	0,0417	0,0416	1,06	24,92
16	0,0313	0,0312	0,79	24,92
20	0,025	0,025	0,63	25,00
25	0,02	0,02	0,51	25,00
30	0,0167	0,0166	0,42	24,80
35	0,0143	0,0142	0,36	24,70
40	0,0125	0,0125	0,32	25,00
50	0,01	0,01	0,25	25,00
60	0,0083	0,0083	0,21	24,80
70	0,0071	0,0071	0,18	24,70
80	0,0063	0,0062	0,16	24,60
100	0,005	0,005	0,13	25,00
150	0,0033	0,0033	0,08	24,50
200	0,0025	0,0025	0,06	25,00

[1]) Pandora Mill of Smuggler-Union Mining Co., Telluride (Colorado). Erz: Schwefelkies, Kupferkies, Bleiglanz, Zinkblende, stellenweise gediegenes Gold und Silber. Gangarten: Quarz, Manganspat, Kalkspat und Schwerspat. Leistung 130 t in 24 Stunden.

[2]) Richards, R. H.: Ore Dressing. Bd. II, S. 665. New York 1903.

[3]) Von dem Verfasser umgerechnet.

Allgemeines über die Herdarbeit. 167

Bezüglich dieser feinen Drahtsiebe wurde von der „Institution of Mining and Metallurgy", London (I. M. M.) eine Siebskala als normale englische Siebskala (British Standard Sieve Scale) angenommen, die in der nebenstehenden Tabelle 17 enthalten ist.

Aus dieser Tabelle ist zu ersehen, daß praktisch die Drahtstärke etwa gleich der Maschenweite genommen werden kann. Wenn man also in der Formel 6 des § 8

$$\delta = d$$

setzt, so wird:

$$d = \frac{25,4}{2\,n}, \quad \ldots \ldots \ldots \ldots 1)$$

worin n die Maschenzahl auf einen laufenden englischen Zoll bedeutet. Rechnet man die Zahlen des obigen Beispiels nach dieser Formel in Millimeter um, so erhält man annähernd:

zwischen 1,1 und 0,42 mm .... 10,88 vH.
„   0,42 „   0,21 „   .... 28,52 „
„   0,21 „   0,10 „   .... 14,61 „
„   0,10 „   0,06 „   .... 15,49 „
unter   0,06 mm .... 30,50 „
zusammen 100,00 vH.

Erfahrungsgemäß läßt sich eine solche unsortierte Trübe nicht mit entsprechendem Erfolg anreichern.

Darum muß man diese vor der Anreicherung entsprechend vorbereiten. Infolge der in § 8 besprochenen Gründe kommt hier nicht die Trennung nach der Korngröße, sondern die nach der Endgeschwindigkeit, also nach der Gleichfälligkeit in Betracht. Wie wir im folgenden sehen werden, entspricht das Sortieren nach der Gleichfälligkeit auch viel besser der Natur der Herdarbeit, als das Klassieren nach der Korngröße.

Aus der Trübe, die den Pochtrog verläßt, werden bei uns gewöhnlich vier Sorten erzeugt und man nennt die feinste Sorte — mit weniger als 0,03 m Endgeschwindigkeit — Schlamm, die übrigen rösche Sorten.

Da der Durchmesser des Bleiglanzkornes, dessen Endgeschwindigkeit $v_0 = 0,03$ m ist, 0,092 mm und der des Quarzkornes mit derselben Endgeschwindigkeit 0,185 mm beträgt, so folgt aus dem vorstehenden Beispiele, daß bei einer Zerkleinerung auf 1 mm etwa 46 vH. der ganzen Trübe aus Schlamm besteht. Wir haben ferner in § 9 gesehen, daß man von den festen Bestandteilen der Trübe — falls zum Sortieren Spitzkästen dienen — im vierten Spitzkasten etwa 10 vH. erhält und der Abgang 4 vH. beträgt; die Summe macht also

$$\frac{100 \cdot 14}{46} = 30{,}4 \text{ vH.}$$

des ganzen Schlammes aus.

Man ersieht hieraus, daß beim Sortieren in Spitzkästen etwa 70 vH. des Schlammes in die röschen Sorten gelangt. Dieses Beispiel bestätigt zur Genüge die in § 9 ausgesprochene Ansicht, daß die Spitzkästen sehr unvollkommen sortieren und daher nach Möglichkeit durch andere Apparate zu ersetzen sind.

Da die Endgeschwindigkeit des Bleiglanzkornes von 1 mm Durchmesser 0,198 mm ist, so sieht man, daß auf Herden in der Praxis im allgemeinen Körner mit weniger als 0,2—0,25 m Endgeschwindigkeit angereichert werden.

Wie die Durchmesser gleichfälliger Mineralkörner sich verhalten, haben wir schon in § 9 gesehen; es gilt nämlich, wenn die Endgeschwindigkeit größer als die kritische Geschwindigkeit ist:

$$\frac{d}{d'} = \frac{\delta' - 1}{\delta - 1} \quad \cdots \cdots \quad 2)$$

und wenn die Endgeschwindigkeit kleiner als die kritische Geschwindigkeit ist:

$$\frac{d}{d'} = \sqrt{\frac{\delta' - 1}{\delta - 1}} \quad \cdots \cdots \quad 3)$$

Für $\delta' > \delta$ ist $d' < d$ und man kann allgemein sagen, daß der Quotient aus den Durchmessern desto kleiner ist, je kleiner die Endgeschwindigkeit ist. Wie wir im folgenden sehen werden, ist dieser Umstand, den man bisher gänzlich unbeachtet gelassen hat, in der Praxis von außerordentlicher Wichtigkeit; denn dieser verursacht in erster Linie die Schwierigkeiten, die bei der Verarbeitung der feinen Sorten auftreten.

Dem Wesen nach besteht der Herd aus einer wenig geneigten, ebenen oder kegelförmigen Fläche, über die die sortierte Trübe in sehr dünnem Strome fließt. Die Herdfläche erhält meistens eine kleinere Neigung als 8^0. Da $\sin 8^0 = 0{,}1392$ ist, so folgt, falls der Koeffizient der Reibung zu $\varrho = 0{,}2$ angenommen wird:

$$\varrho > \sin \varepsilon \quad \ldots \ldots \ldots \quad 4)$$

Die Trübe fließt von einem höheren Niveau über das sogenannte Happenbrett auf die Herdfläche. Dieses bezweckt, die Trübe über die ganze Herdbreite gleichmäßig in dünnem Strome aufzutragen. Nachdem auf diese Weise die Trübe mit einem — wenn auch geringen — Gefälle auf die Herdfläche gelangt, kann man annähernd annehmen, daß die Anfangsgeschwindigkeit der festen Bestandteile der Geschwindigkeit des Wasserstromes gleich ist, so daß für die Bewegung auf der geneigten Herdfläche die in § 6 abgeleiteten Formeln gelten.

1. Die Endgeschwindigkeit v_0 eines Mineralkornes, dessen Durchmesser d und spezifisches Gewicht δ ist, sei größer als die kritische Geschwindigkeit V_0, d. h. es sei

$$v_0 > V_0.$$

Nach der Formel 38 des § 6 wird dann auf der Herdfläche die Geschwindigkeit des Mineralkornes in der Richtung der Neigung sein:

$$v = \frac{wd}{H}\left(2 - \frac{d}{H}\right) - v_0 \sqrt{\varrho - \sin \varepsilon} \cdot \mathfrak{Tg}\, \frac{g_0 t \sqrt{\varrho - \sin \varepsilon}}{v_0} \quad . \quad 5)$$

Gleichfalls haben wir in dem oben angeführten Paragraphen gesehen, daß praktisch die Geschwindigkeit, wenn

$$t \geq \frac{10\, v_0}{g_0} \quad \ldots \ldots \ldots \quad 6)$$

ist, folgend ausgedrückt werden kann:

$$v = \frac{wd}{H}\left(2 - \frac{d}{H}\right) - v_0 \sqrt{\varrho - \sin \varepsilon} = \text{konstant} \quad . \quad . \quad 7)$$

Untersuchen wir nun, inwieweit praktisch diese Formel bei den Herden Anwendung finden kann. Wie wir im nachfolgenden sehen werden, ist die größte Geschwindigkeit der Mineralkörner in der Richtung der Herdneigung überhaupt kleiner als 0,3 m und die Herdlänge — gleichfalls in der Richtung der Neigung gemessen — größer als 1,5 m, so daß die Zeit T, die das Mineralkorn zur Zurücklegung dieser Strecke braucht,

$$T > \frac{1{,}5}{0{,}3} = 5 \text{ sek.}$$

ist. Dagegen können wir aus der Formel 6 ersehen, daß die Zeit t desto größer ist, je größer v_0 und je kleiner g_0 ist; wenn wir also den praktisch größten Wert $v_0 = 0{,}2$ m und den kleinsten Wert $g_0 = 5{,}987$ (Quarz) einsetzen, so ergibt sich

$$t < \frac{10 \cdot 0{,}2}{5{,}987} = \frac{1}{3} \text{ sek}.$$

Wenn wir beachten, daß das Mineralkorn in der Zeit t einen größeren Weg als

$$\frac{vt}{2}$$

zurücklegt — worin v die größte Geschwindigkeit bedeutet —, so ist der absolute Fehler kleiner als

$$\frac{vt}{2}.$$

Folglich ist der größte Wert des begangenen relativen Fehlers:

$$\Delta_{max} < 100 \cdot \frac{\frac{vt}{2}}{\frac{vt}{2} + v(T-t)} = \frac{100}{1 + \frac{2(T-t)}{t}} \text{ vH.} \quad . \quad . \quad 8)$$

oder den kleinsten Wert von T und den größten Wert von t eingesetzt:

$$\Delta_{max} < \frac{100}{1+28} = 3{,}45 \text{ vH}.$$

Wir sehen also, daß die Geschwindigkeit des Mineralkornes sich nach der Formel 7 mit praktisch hinreichender Genauigkeit berechnen läßt, und daß diese Geschwindigkeit praktisch als konstant angenommen werden kann.

Aus der Formel 7 geht hervor, daß das Mineralkorn von dem Wasserstrome nur dann fortgeführt wird, wenn

$$\frac{wd}{H}\left(2 - \frac{d}{H}\right) > v_0 \sqrt{\varrho - \sin \varepsilon}$$

ist. Wenn aber

$$\frac{wd}{H}\left(2 - \frac{d}{H}\right) = v_0 \sqrt{\varrho - \sin \varepsilon} \quad \ldots \ldots \quad 9)$$

ist, so ist $v = 0$, oder genauer gesagt, das Mineralkorn bleibt nach Zurücklegung eines sehr kurzen Weges auf der Herdfläche liegen.

Allgemeines über die Herdarbeit.

Die Größe dieses Weges läßt sich in nachstehender Weise bestimmen. Nach der Formel 5 wird vom Mineralkorn in der Zeit t der Weg

$$s = \frac{wd}{H}\left(2 - \frac{d}{H}\right)t - v_0\sqrt{\varrho - \sin\varepsilon}\int_0^t \mathfrak{Tg}\,\frac{g_0 t\sqrt{\varrho - \sin\varepsilon}}{v_0}\,dt$$

zurückgelegt. Da aber nach § 2

$$\int \mathfrak{Tg}\,x\cdot dx = \log\mathfrak{Cof}\,x$$

ist, so wird:

$$\int_0^t \mathfrak{Tg}\,\frac{g_0 t\sqrt{\varrho - \sin\varepsilon}}{v_0}\,dt = \frac{v_0}{g_0\sqrt{\varrho - \sin\varepsilon}}\log\mathfrak{Cof}\,\frac{g_0 t\sqrt{\varrho - \sin\varepsilon}}{v_0}$$

und:

$$s = \frac{wd}{H}\left(2 - \frac{d}{H}\right)t - \frac{v_0^2}{g_0}\log\mathfrak{Cof}\,\frac{g_0 t\sqrt{\varrho - \sin\varepsilon}}{v_0} \qquad . \quad 10)$$

Besteht nun die Bedingung 9, so erhält man für den in der Zeit $t = \infty$ zurückgelegten Weg:

$$s_\infty = \lim_{=\infty}\left(v_0 t\sqrt{\varrho - \sin\varepsilon} - \frac{v_0^2}{g_0}\log\mathfrak{Cof}\,\frac{g_0 t\sqrt{\varrho - \sin\varepsilon}}{v_0}\right) \qquad 11)$$

oder

$$s_\infty = \frac{v_0^2}{g_0}\lim_{t=\infty}\left(\frac{g_0 t\sqrt{\varrho - \sin\varepsilon}}{v_0} - \log\mathfrak{Cof}\,\frac{g_0 t\sqrt{\varrho - \sin\varepsilon}}{v_0}\right).$$

Wenn wir jetzt zur Vereinfachung setzen:

$$\frac{g_0 t\sqrt{\varrho - \sin\varepsilon}}{v_0} = x,$$

so wird:

$$s_\infty = \frac{v_0^2}{g_0}\cdot\lim_{x=\infty}(x - \log\mathfrak{Cof}\,x) \quad \ldots \ldots \quad 12)$$

Es ist aber, wie wir in § 2 nachgewiesen haben:

$$\lim_{x=\infty}(\log\mathfrak{Cof}\,x - x) = -0{,}6932$$

und daher:

$$s_\infty = 0{,}6932\,\frac{v_0^2}{g_0} \qquad \ldots \ldots \quad 13)$$

Wir sehen, daß s_∞ desto größer ist, je größer v_0 und je kleiner g_0 ist. Wenn wir also
$$v_0 = 0{,}2 \text{ m} \quad \text{und} \quad g_0 = 5{,}987 \text{ m}$$
setzen, so ergibt sich:
$$s_\infty < 0{,}6932 \, \frac{0{,}04}{5{,}987} = 0{,}0046 \text{ m}$$
oder im allgemeinen:
$$s_\infty < 5 \text{ mm}.$$

Der zurückgelegte Weg ist also sehr klein und kann praktisch gegenüber der Herdlänge vernachlässigt werden.

2. Die Endgeschwindigkeit v_0 sei kleiner als die kritische Geschwindigkeit V_0, d. h. es sei:
$$v_0 < V_0.$$

Auf der Herdfläche ist dann die Geschwindigkeit des Mineralkornes in der Richtung der Neigung nach der Formel 46 des § 6:
$$v = \frac{wd}{H}\left(2 - \frac{d}{H}\right) - v_0 (\varrho - \sin\varepsilon)\left(1 - e^{-\frac{g_0}{v_0}t}\right) \quad . \quad . \quad 14)$$

Ebenda haben wir nachgewiesen, daß praktisch diese Formel für
$$t \geqq \frac{5 v_0}{g_0} \quad \ldots \ldots \ldots \quad 15)$$
folgend geschrieben werden kann:
$$v = \frac{wd}{H}\left(2 - \frac{d}{H}\right) - v_0(\varrho - \sin\varepsilon) = \text{konstant} \quad . \quad . \quad 16)$$

Wenn wir in diesem Falle den größten Wert $v_0 = 0{,}06$ m und den kleinsten Wert $g_0 = 5{,}987$ m einsetzen, so ergibt sich
$$t < \frac{5 \cdot 0{,}06}{5{,}987} = \frac{1}{20} \text{ sek},$$
und wenn wieder
$$T > 5 \text{ sek}$$
ist, so berechnet sich der größte relative Fehler aus der Ungleichung 8 zu
$$\varDelta_{\max} < \frac{100}{1 + 198} = 0{,}50 \text{ vH}.$$

Wir sehen also, daß die Geschwindigkeit des Mineralkornes nach der Formel 16 auch in diesem Falle mit praktisch hinreichender Genauigkeit sich berechnen läßt.

Aus der obigen Formel geht hervor, daß das Mineralkorn von dem Wasserstrome nur dann fortgeführt wird, wenn

$$\frac{wd}{H}\left(2-\frac{d}{H}\right) > v_0(\varrho - \sin\varepsilon)$$

ist. Ist aber

$$\frac{wd}{H}\left(2-\frac{d}{H}\right) = v_0(\varrho - \sin\varepsilon), \quad \ldots \ldots \quad 17)$$

so wird das Mineralkorn nach Zurücklegung eines sehr kurzen Weges auf der Herdfläche liegen bleiben. Das Mineralkorn legt nach der Formel 14 in der Zeit t den Weg

$$s = \left[\frac{wd}{H}\left(2-\frac{d}{H}\right) - v_0(\varrho - \sin\varepsilon)\right]t + v_0(\varrho - \sin\varepsilon)\int_0^t e^{-\frac{g_0}{v_0}t} \cdot dt$$

zurück. Es ist aber:

$$\int_0^t e^{-\frac{g_0}{v_0}t}\, dt = -\frac{v_0}{g_0}\left[e^{-\frac{g_0}{v_0}t}\right]_0^t = \frac{v_0}{g_0}\left(1 - e^{-\frac{g_0}{v_0}t}\right),$$

daher:

$$s = \left[\frac{wd}{H}\left(2-\frac{d}{H}\right) - v_0(\varrho - \sin\varepsilon)\right]t + \frac{(\varrho - \sin\varepsilon)v_0^2}{g_0}\left(1 - e^{-\frac{g_0}{v_0}t}\right) \quad 18)$$

und falls die Bedingung 17 besteht:

$$s = \frac{(\varrho - \sin\varepsilon)v_0^2}{g_0}\left(1 - e^{-\frac{g_0}{v_0}t}\right). \quad \ldots \ldots \quad 19)$$

Setzt man nun $t = \infty$, so wird:

$$s_\infty = \frac{(\varrho - \sin\varepsilon)v_0^2}{g_0} \lim_{t=\infty}\left(1 - e^{-\frac{g_0}{v_0}t}\right) \quad \ldots \ldots \quad 20)$$

oder:

$$s_\infty = \frac{(\varrho - \sin\varepsilon)v_0^2}{g_0} \quad \ldots \ldots \ldots \quad 21)$$

Es seien als größte Werte $(\varrho - \sin\varepsilon) = 0{,}2$, $v_0 = 0{,}06$ und als kleinster Wert $g_0 = 5{,}987$, dann ergibt sich:

$$s_\infty < \frac{0{,}2 \cdot 0{,}0036}{5{,}987} = 0{,}00012 \text{ m}$$

oder: $s_\infty < 0,12$ mm,

also ein praktisch außerordentlich geringer Wert.

Fassen wir die Ergebnisse der vorstehenden Betrachtungen zusammen, so können wir folgendes sagen:

Die Geschwindigkeit, die einem Mineralkorne vom Durchmesser d und spezifischen Gewicht δ auf der Herdfläche, deren Neigungswinkel ε ist, infolge der Wirkung eines Wasserstromes von der Stärke H und mittleren Geschwindigkeit w erteilt wird, kann praktisch als konstant angesehen werden, und ihr Wert läßt sich nach der Formel

$$v = \frac{wd}{H}\left(2 - \frac{d}{H}\right) - v_0 \sqrt{\varrho - \sin\varepsilon}$$

beziehungsweise

$$v = \frac{wd}{H}\left(2 - \frac{d}{H}\right) - v_0(\varrho - \sin\varepsilon)$$

berechnen, je nachdem seine Endgeschwindigkeit v_0 größer oder kleiner als die kritische Geschwindigkeit ist, vorausgesetzt, daß $\varrho > \sin\varepsilon$ ist.

§ 16. Die festen Herde.

Aus den bisherigen Betrachtungen geht hervor, daß man theoretisch durch entsprechende Einstellung der Herdneigung und Regulierung der Wassergeschwindigkeit erreichen kann, daß das spezifisch schwerere Mineralkorn auf der Herdfläche liegen bleibt, dagegen das spezifisch leichtere vom Wasser über den Herd hinweggeführt wird, vorausgesetzt, daß die Mineralkörner nach der Gleichfälligkeit sortiert worden sind. Es sei nämlich d' der Durchmesser des spezifisch schwereren, d der des spezifisch leichteren Mineralkornes, dann haben wir in diesem Falle:

$$d' < d. \quad \ldots \ldots \ldots \ldots 1)$$

Ist nun:

$$\frac{wd'}{H}\left(2 - \frac{d'}{H}\right) = v_0 \sqrt{\varrho - \sin\varepsilon}$$

oder:

$$\frac{wd'}{H}\left(2 - \frac{d'}{H}\right) = v_0(\varrho - \sin\varepsilon),$$

Die festen Herde.

je nachdem v_0 größer oder kleiner als die kritische Geschwindigkeit ist, so ergibt sich für die Geschwindigkeit des spezifisch schwereren Mineralkornes:

$$v' = 0 \quad \ldots \ldots \ldots \quad 2)$$

Nach der Ungleichung 1 folgt aber:

$$\frac{wd}{H}\left(2 - \frac{d}{H}\right) > \frac{wd'}{H}\left(2 - \frac{d'}{H}\right),$$

so daß wir für die Geschwindigkeit des spezifisch leichteren Mineralkornes erhalten:

$$v > 0. \quad \ldots \ldots \ldots \quad 3)$$

Auf diese Weise könnte also das spezificsh schwerere von dem spezifisch leichteren Mineralkorne gesondert werden.

In Wirklichkeit läßt sich aber auf diese Weise die Trennung mit entsprechendem Erfolg nicht durchführen. Die in der Trübe enthaltenen Mineralkörner behindern sich nämlich in der freien Bewegung, so daß die größeren, die Berge, zum Teil auch kleinere erzhaltige Körner mit sich reißen, die letzteren dagegen zum Teil auch Berge zurückhalten werden.

Ferner ist auch der Umstand in Rücksicht zu ziehen, daß die Endgeschwindigkeit der einzelnen Trübesorten in gewissen Grenzen schwankt; so beträgt z. B. in den drei ersten Trübesorten die größte das Zweifache der kleinsten Endgeschwindigkeit.

Wenn wir in einer solchen Trübesorte den Durchmesser des kleinsten Quarzkornes mit d bezeichnen, so ist:

$$v_0 = 2{,}44 \sqrt{d(\delta - 1)},$$

während für die Endgeschwindigkeit des größten Bleiglanzkornes derselben Trübesorte, falls dessen Durchmesser mit D' bezeichnet wird, gilt:

$$v_0' = 2 v_0 = 2{,}44 \sqrt{D'(\delta' - 1)}.$$

Der Quotient aus diesen beiden Werten ist:

$$\frac{1}{2} = \sqrt{\frac{d(\delta - 1)}{D'(\delta' - 1)}},$$

woraus sich ergibt:

$$\frac{d}{D'} = \frac{(\delta' - 1)}{4(\delta - 1)} \quad \ldots \ldots \ldots \quad 4)$$

Wenn wir die Werte $\delta' = 7{,}5$ und $\delta = 2{,}6$ einsetzen, so finden wir
$$\frac{d}{D'} \sim 1,$$
d. h. der Durchmesser des kleinsten Quarzkornes und der des größten Bleiglanzkornes sind gleich groß.

Noch ungünstiger gestaltet sich dieses Verhältnis bei der feinsten 4. Trübesorte, wo theoretisch die kleinste Endgeschwindigkeit Null ist; theoretisch ist also hier
$$\frac{d}{D'} = 0.$$

Unter Berücksichtigung des Vorstehenden können wir also folgendes sagen: Will man durch die Herdarbeit erreichen, daß auf dem Herde nur erzhaltige Körner zur Ablagerung gelangen, so werden mit den Bergen auch viel erzhaltige Körner den Herd verlassen, der Metallverlust wird daher sehr groß sein, so daß praktisch dieses Verfahren als ein sehr unvollkommenes anzusehen ist.

Ein besseres Resultat kann erzielt werden, wenn durch Einstellung der Herdneigung die Geschwindigkeit des Wasserstromes so bemessen wird, daß nur die gröbsten Körner, die Berge, über den Herd hinweggeführt werden. Auf diese Weise wird der Metallverlust vermindert. Dagegen bildet das auf dem Herde verbliebene Material ein an Metall minder reiches Zwischenprodukt, das nochmals verwaschen werden muß. Ein weiterer Nachteil dieses Verfahrens besteht in der geringen Leistung, da ein solcher Herd mit Unterbrechung arbeitet.

Mit der Zeit war man bestrebt, diesen einfachsten Herd immer mehr zu vervollkommnen. So wurde z. B. die Herdfläche mit Rillen versehen, die die kleineren, erzhaltigen Körner zurückhalten, während die größeren Berge vom Wasserstrome über die Rillen hinweggespült werden. Zum gleichen Zwecke wie die Rillen dienten auch grobe Plachen, mit denen die Herdfläche belegt wurde.

Erst in der zweiten Hälfte des XVIII. Jahrhunderts begann man bewegte Herde anzuwenden, deren erste Vertreter der Schemnitzer, der stellenweise auch heute noch Anwendung findet, und der Salzburger Herd waren. Bei diesen ist die Herdfläche aufgehängt und erhält Längsstöße. Den Anforderungen der modernen Erzaufbereitung entsprechen aber auch diese Herde nicht, da sie verhältnismäßig viel Zwischenprodukte liefern und anderseits mit Unterbrechung arbeiten, daher eine geringe Leistung haben.

Die Reihe der modernen bewegten Herde hat erst Rittinger mit seinem in den fünfziger Jahren des verflossenen Jahrhunderts gebauten ununterbrochen arbeitenden Querstoßherde eröffnet.

§ 17. Die modernen bewegten Herde.

Die modernen Herde sind — mit wenigen Ausnahmen — bewegte Herde, die in wagrechter Richtung, und zwar rechtwinklig zur Herdneigung in der Weise bewegt werden, daß die Bewegung in derselben Richtung eine transportierende Wirkung auf die auf der Herdfläche liegenden Mineralkörner ausübt. Die auf der Herdfläche liegenden Mineralkörner werden also der Wirkung zweier verschiedener Kräfte ausgesetzt; diese sind:

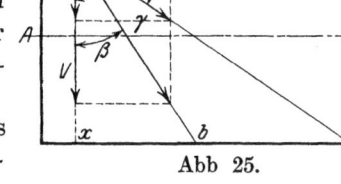

Abb 25.

1. die Stoßkraft des Trübestromes in der Richtung der Herdneigung,
2. die Kraft in wagrechter Richtung, die durch die Querbewegungen der Herdfläche hervorgerufen wird.

Auf einem solchen Herde wird daher das Mineralkorn unter dem zweifachen Einflusse des Trübestromes und der Querstöße eine resultierende Bewegung vollführen.

Die Neigung der Herdfläche sei ε^0, und zwar in der Richtung des Pfeiles, der in Abb. 25 rechts eingezeichnet ist. Die Geschwindigkeit in der Richtung Ox des in dem Punkte O befindlichen Mineralkornes vom Durchmesser d' ist dann:

$$v = \frac{wd'}{H}\left(2 - \frac{d'}{H}\right) - v_0 \sqrt{\varrho - \sin\varepsilon} \quad \ldots \quad 1)$$

und die des gleichfälligen Mineralkornes vom spezifischen Gewicht $\delta < \delta'$ und $d > d'$ in derselben Richtung:

$$V = \frac{wd}{H}\left(2 - \frac{d}{H}\right) - v_0 \sqrt{\varrho - \sin\varepsilon} \quad \ldots \quad 2)$$

Da $d > d'$ ist, so folgt:
$$V > v. \qquad \qquad 3)$$
In Worten lautet dies folgend: **In der Richtung der Herdneigung ist die Geschwindigkeit des spezifisch leichteren Mineralkornes größer als die des spezifisch schwereren, vorausgesetzt, daß beide Körner gleichfällig sind, also derselben Sorte angehören.**

Wenn jetzt die Geschwindigkeit beider Mineralkörner in der wagrechten Richtung Oy konstant und gleich c ist, so wird das spezifisch schwerere Mineralkorn auf der Herdfläche die gerade Bahn Oa, das spezifisch leichtere die gerade Bahn Ob beschreiben.

Wir sehen also, daß in diesem Falle die Körner ihren verschiedenen spezifischen Gewichten entsprechend auf strahlenförmig auseinander gehenden geraden Bahnen sich bewegen und daher abgesondert aufgefangen werden können. Gegenüber dem im vorhergehenden Paragraphen geschilderten Verfahren besitzt das letztere zwei wesentliche Vorteile:

1. Da die spezifisch verschieden schweren Körner verschiedene, strahlenförmig auseinander gehende Bahnen beschreiben, kann ihre Trennung viel vollkommener durchgeführt werden.

2. Aus demselben Grunde kann man die Geschwindigkeit des Trübestromes so bemessen, daß die Berge wie auch die erzhaltigen Körner über den Herd hinweggeführt werden. Auf diese Weise erreicht man einen ununterbrochenen Betrieb, wodurch auch die Leistung des Herdes erhöht wird.

Wie aus Abb. 25 ersichtlich, geht die Trennung desto leichter und vollkommener vor sich, je größer der von den beiden Bahnen eingeschlossene Winkel
$$\gamma = \alpha - \beta, \qquad \qquad 4)$$
dessen größter Wert theoretisch $\dfrac{\pi}{2}$ sein kann, und zugleich je größer
$$\operatorname{tg} \gamma = \frac{\operatorname{tg} \alpha - \operatorname{tg} \beta}{1 + \operatorname{tg} \alpha \cdot \operatorname{tg} \beta} \qquad \qquad 5)$$
ist. Wenn v und V konstant sind, und wenn c geändert werden kann, aber für beide Mineralkörner gleich groß ist, so folgt:
$$\operatorname{tg} \alpha = \frac{c}{v}, \qquad \operatorname{tg} \beta = \frac{c}{V},$$

Die modernen bewegten Herde.

daher: $$\operatorname{tg}\gamma = \frac{c(V-v)}{v \cdot V + c^2} \quad \ldots \ldots \ldots 6)$$

tg γ und somit auch der Winkel γ nehmen ihre größten Werte dann an, wenn

$$\frac{d\operatorname{tg}\gamma}{dc} = (V-v)\frac{(v \cdot V + c^2) - 2c^2}{(v \cdot V + c^2)^2} = 0$$

ist, woraus folgt:
$$v \cdot V - c^2 = 0,$$
oder: $$c = \sqrt{v \cdot V} \quad \ldots \ldots \ldots 7)$$

Man kann leicht nachweisen, daß der zweite Differentialquotient von tg γ bei diesem Werte der Geschwindigkeit c negativ ist, d. h. die Werte von tg γ und γ tatsächlich Maximalwerte sind.

Man ersieht hieraus, daß der günstigste Wert der Geschwindigkeit c von der Größe der Geschwindigkeiten v und V abhängt und gleich dem geometrischen Mittel dieser ist.

Wenn die Geschwindigkeit c der spezifisch verschieden schweren Mineralkörner verschieden ist und nach Belieben geändert werden kann, so wird theoretisch der Winkel γ dann am größten, und zwar gleich $\frac{\pi}{2}$ sein, wenn die wagrechte Geschwindigkeit des spezifisch schwereren Mineralkornes unendlich groß, hingegen die des spezifisch leichteren gleich Null ist. In der Praxis kann man dies natürlich nicht verwirklichen; die Trennung aber wird desto vollkommener sein, je größer die wagrechte Geschwindigkeit des spezifisch schwereren und je kleiner die des spezifisch leichteren Mineralkornes ist. Wie diese praktisch erreicht werden kann, werden wir bei der Besprechung der verschiedenen Herde sehen.

Die bewegten Herde können in zwei Gruppen eingeteilt werden.

a) Die Stoßherde. Die aufgehängte

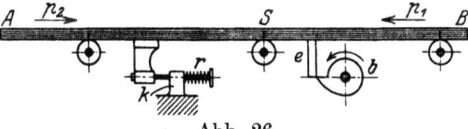

Abb. 26.

oder durch Walzen gestützte Herdfläche[1]) S (Abb. 26) wird mittels Daumenscheibe b und Hebel e in der Richtung des Pfeiles p_1 mit

---

[1]) Die Abb. 26 und 27 können als Schnitt AB der Abb. 25 angesehen werden.

konstanter Geschwindigkeit ausgeschoben. Indessen wird in gleichem Maße auch die Feder r gespannt. Nach Beendigung des Ausschubes wirft die gespannte Feder r die Herdfläche in der Richtung des Pfeiles p_2 in ihre Anfangsstellung zurück, wobei sie gegen die Prellvorrichtung k hart anstößt. Infolge ihrer lebendigen Kraft bewegen sich die auf der Herdfläche befindlichen Mineralkörner in dieser Richtung so lange weiter, bis ihre lebendige Kraft durch die Reibungsarbeit aufgebraucht wird.

Das Endresultat ist also eine transportierende Wirkung in der Richtung des Pfeiles p_2.

b) Die Schüttelherde. Die Herdfläche S ist auf schräg stehenden Federn r_1, r_2, r_3 verlagert oder durch Tragwalzen gestützt (Abb. 27) und wird mittels Kurbel e oder Exzenter und Schubstange h in schüttelnde Bewegung versetzt. Demzufolge ändert sich der durch die Mineralkörner auf die Herdfläche ausgeübte Normaldruck und somit auch die Reibung fortwährend, während diese bei den Stoßherden konstant sind. Als Endresultat ergibt sich, wie wir bei der eingehenden Behandlung dieser Herde sehen werden, eine transportierende Wirkung in der Richtung des Pfeiles p.

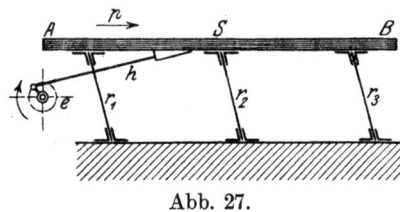

Abb. 27.

a) Die Stoßherde.

§ 18. Grundgleichungen der Stoßherde

Die Stoßherde führen, wie wir bereits aus dem vorstehenden Paragraphen wissen, eine periodische Bewegung aus. Jede Periode dieser Bewegung besteht aus drei Teilen.

1. Während des Ausschubes wird die Herdfläche durch die Daumenscheibe mit konstanter Geschwindigkeit horizontal und rechtwinklig zur Herdneigung ausgeschoben, so daß unterdessen die Mineralkörner sich mit der Herdfläche zusammen bewegen.

2. Beim Rückstoße schnellt die Herdfläche infolge der Federspannung mit abnehmender Beschleunigung, aber zunehmender Geschwindigkeit zurück. Inwieweit indessen die Mi-

neralkörner dieser Rückbewegung folgen, hängt — wie wir weiter unten sehen werden — von der Beschleunigung der Herdfläche, der Reibungsbeschleunigung des Mineralkornes und der gegenseitigen Geschwindigkeit dieser beiden ab. Nach Beendigung des Rückstoßes, als die Herdfläche gegen die Prellvorrichtung heftig anstößt, werden also die Mineralkörner eine bestimmte maximale Geschwindigkeit und eine dieser entsprechende lebendige Kraft besitzen.

3. Während des Stillstandes nach dem Rückstoße bewegen die Mineralkörner sich auf der Herdfläche in der Richtung des Rückstoßes so lange weiter, bis die geleistete Reibungsarbeit gleich wird der nach Beendigung des Rückstoßes erreichten lebendigen Kraft des Mineralkornes.

Beschäftigen wir uns zunächst mit der Gestalt, die dem Daumen zu geben ist, damit der Ausschub

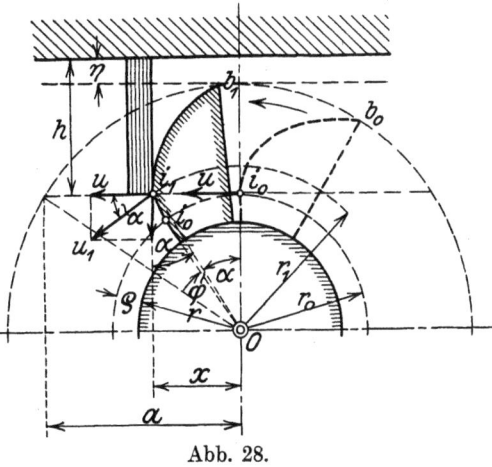

Abb. 28.

mit der konstanten Geschwindigkeit u stattfindet. Es bezeichne b_0 die Stellung des Daumens zu Beginn des Ausschubes; nach dem Ausschube x, als die Scheibe um ihre Achse um den Winkel $(\alpha + \varphi)$ gedreht worden ist, befinde sich dieser in der Stellung b_1 (Abb. 28). Zwischen Scheibe und Hebel wird ein Spielraum ϱ von einigen Millimetern gelassen, damit diese sich nicht berühren und dadurch die Bewegung behindern.

Wenn also r den Halbmesser der Scheibe bezeichnet, so ist der Kreis mit dem Halbmesser

$$r_0 = r + \varrho$$

der Angriffskreis; im Punkte i_0 seines Umfanges greift der Daumen zu Beginn des Ausschubes den Hebel an.

Nach unserer Voraussetzung muß die Umfangsgeschwindigkeit des Angriffskreises gleich sein der Geschwindigkeit des Ausschubes. Nach dem Ausschub x werden Daumen und Hebel sich im Punkte i_1 berühren; in diesem Punkte hat der Daumen die Umfangsgeschwindigkeit u_1 und ihre Projektion in der Richtung des Ausschubes, die gleich der Hebel- und Herdgeschwindigkeit sein muß, ist:

$$u_1 \cdot \cos \alpha.$$

Der Ausschub wird also mit konstanter Geschwindigkeit dann erfolgen, wenn

$$u_1 \cos \alpha = u \quad \ldots \ldots \ldots \quad 1)$$

ist. Wenn man nun die konstante Winkelgeschwindigkeit der Daumenscheibe mit ω bezeichnet, so hat man:

$$u_1 = r_1 \omega \quad \text{und} \quad u = r_0 \omega.$$

Substituiert man diese Werte in die Gleichung 1, so erhält man:

$$r_1 \cos \alpha = r_0, \quad \ldots \ldots \ldots \quad 2)$$

woraus sich ergibt:

$$\alpha = \operatorname{arc\,cos} \frac{r_0}{r_1} = \operatorname{arc\,tg} \sqrt{\frac{r_1^2}{r_0^2} - 1} \quad \ldots \ldots \quad 3)$$

Erforderte die Drehung der Daumenscheibe um den Winkel $(\alpha + \varphi)$ die Zeit t, so folgt:

$$ut = r_0 (\alpha + \varphi) \quad \ldots \ldots \ldots \quad 4)$$

Anderseits ist aber:

$$ut = x = r_1 \sin \alpha, \quad \ldots \ldots \ldots \quad 5)$$

folglich:

$$\alpha + \varphi = \frac{r_1}{r_0} \sin \alpha.$$

Wenn man in diese Gleichung die Werte von α und $\sin \alpha$ einführt, so ergibt sich:

$$\varphi = \sqrt{\frac{r_1^2}{r_0^2} - 1} - \operatorname{arc\,tg} \sqrt{\frac{r_1^2}{r_0^2} - 1}, \quad \ldots \ldots \quad 6)$$

was offenbar nichts anderes bedeutet, als die Polargleichung einer **Kreisevolvente**. Wir sehen also, daß man dem Daumenprofil $i_0 b$ die Gestalt einer Kreisevolvente geben muß.

Wenn also die ganze Länge des Ausschubes gleich a ist, so erhalten wir das Daumenprofil, wenn wir auf dem Umfange des Angriffskreises den Bogen a abwälzen. Die Länge h des Hebels

Grundgleichungen der Stoßherde.

wird so gewählt, daß zwischen der Herdfläche und dem Daumen ein geringer Spielraum η, der einige Millimeter beträgt, bleibt. Es ist dann:
$$a^2 + r_0^2 = (h - \eta + r_0)^2,$$
woraus man für die Länge des Hebels erhält:
$$h = \sqrt{a^2 + r_0^2} - (r_0 - \eta) \quad \ldots \ldots \quad 7)$$

Um den Halbmesser r_0 des Angriffskreises zu bestimmen, kann man folgendermaßen verfahren: Die Stoßzahl in der Minute, deren Berechnung weiter unten bekanntgemacht wird, sei n, die Anzahl der Daumen m; dann ist der Abstand zweier Daumen voneinander:
$$\frac{2 r_0 \pi}{m} = \frac{u \cdot 60}{n}, \quad \ldots \ldots \ldots \quad 8)$$
woraus sich ergibt:
$$r_0 = 9{,}55 \frac{u\,m}{n} \quad \ldots \ldots \ldots \quad 9)$$

Zu Beginn des Rückstoßes ist die Zusammendrückung der Feder gleich dem Ausschub a. Da die Federspannung proportional der Größe der Zusammendrückung ist, so ergibt sich für diese, falls $(a - x)$ die Zusammendrückung bei dem Rückstoß x ist (Abb. 29), die Gleichung:
$$P = \beta(a - x), \quad \ldots \ldots \quad 10)$$

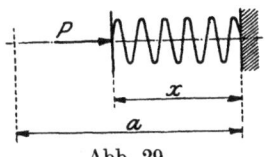

Abb. 29.

worin β einen Koeffizienten bedeutet. Bezeichnet man mit M die bewegte Masse, so ist die augenblickliche Beschleunigung der Herdfläche:
$$\gamma = \frac{P}{M} = \frac{\beta}{M}(a - x) \quad \ldots \ldots \quad 11)$$

Setzt man:
$$k = \frac{\beta}{M} = \text{konstant}, \quad \ldots \ldots \quad 12)$$
so wird die augenblickliche Beschleunigung:
$$\gamma = k(a - x) \quad \ldots \ldots \ldots \quad 13)$$

Man ersieht hieraus, daß die Beschleunigung ihren größten Wert bei $x = 0$, also zu Beginn des Rückstoßes annimmt, so

daß die Anfangsbeschleunigung des Herdes gegeben ist durch:
$$\gamma_0 = ak \qquad \ldots \ldots \ldots \quad 14)$$

Für $x = a$, d. h. am Ende des Rückstoßes, ist ihr Wert am kleinsten, so daß die Endbeschleunigung des Herdes gleich Null ist. Es sei v die Geschwindigkeit, die die Herdfläche in der Zeit t erreicht hat; dann ist:
$$dv = \gamma dt = k(a-x)dt$$
und anderseits:
$$v = \frac{dx}{dt}.$$

Aus beiden Gleichungen ergibt sich:
$$\int_0^v v\,dv = k\int_0^x (a-x)\,dx, \qquad \ldots \ldots \quad 15)$$

woraus durch Integration folgt:
$$\frac{v^2}{2} = k\left(ax - \frac{x^2}{2}\right).$$

Bei dem Rückstoß x ist also die Herdgeschwindigkeit:
$$v = \sqrt{k(2ax - x^2)} \qquad \ldots \ldots \quad 16)$$

Setzt man hierin
$$\varphi = \sqrt{k}, \qquad \ldots \ldots \ldots \quad 17)$$
so wird daraus:
$$v = \varphi\sqrt{2ax - x^2} \qquad \ldots \ldots \quad 18)$$

Für $x = 0$ ist die Anfangsgeschwindigkeit der Herdfläche Null; dagegen ist für $x = a$ die Endgeschwindigkeit der Herdfläche:
$$V = \varphi a \qquad \ldots \ldots \ldots \quad 19)$$

Um zum Rückstoß x die zugehörige Zeit t zu bestimmen, setzen wir den Wert von v aus 18 in die Gleichung
$$dx = v\,dt$$
ein; es wird dann:
$$t = \frac{1}{\varphi}\int_0^x \frac{dx}{\sqrt{2ax - x^2}} \qquad \ldots \ldots \quad 20)$$

Das hierin vorkommende Integral läßt sich leicht auswerten. Wir führen hierzu die folgende Substitution ein:
$$x_1 = \frac{a-x}{a},$$
womit $\quad 2ax - x^2 = a^2(1-x_1^2)$
und
$$\int \frac{dx}{\sqrt{2ax-x^2}} = -\int \frac{dx_1}{\sqrt{1-x_1^2}} = \arccos\frac{a-x}{a}$$
wird. Mit diesem Werte geht die Gleichung 20 über in:
$$t = \frac{1}{\varphi}\arccos\frac{a-x}{a} \quad \ldots \ldots \quad 21)$$
Für $x = 0$ ist $t = 0$ und für $x = a$ ist die Zeit
$$t_2 = \frac{\pi}{2\varphi} \quad \ldots \ldots \ldots \quad 22)$$

Aus der Gleichung 5 ergibt sich der Rückstoß zur Zeit t:
$$x = a(1 - \cos\varphi t) \quad \ldots \ldots \quad 23)$$

Untersuchen wir nun, was für eine Bewegung die auf der Herdfläche befindlichen Mineralkörner infolge der Rückstöße in deren Richtung vollführen.

Wenn ϱ den Reibungskoeffizienten zwischen Mineralkorn und Herdfläche bedeutet, so ist die Reibungskraft:
$$R = m g_0 \varrho \quad \ldots \ldots \ldots \quad 24)$$
und die Reibungsbeschleunigung:
$$p = \frac{R}{m} = g_0 \varrho = \text{konstant}, \quad \ldots \ldots \quad 25)$$
wo m die Masse des Mineralkornes und g_0 die hydrostatische Beschleunigung bedeutet.

Unter Reibungsbeschleunigung ist jene maximale Beschleunigung zu verstehen, mit der das Mineralkorn imstande ist, sich auf der Herdfläche beziehungsweise mit dieser zusammen zu bewegen. Diese Beschleunigung ist positiv, das Mineralkorn wird also beschleunigt, wenn seine Geschwindigkeit kleiner als die der Herdfläche ist und negativ, d. h. die Bewegung

des Mineralkornes wird verzögert, wenn seine Geschwindigkeit größer als die der Herdfläche ist. Die Beschleunigung der Herdfläche kommt nur dann in Betracht, wenn sie gleich oder kleiner als die Reibungsbeschleunigung ist und Mineralkorn und Herdfläche die gleiche Geschwindigkeit haben.
Den Quotienten

$$z = \frac{p}{\gamma_0} = \frac{g_0 \varrho}{ak}, \quad \ldots \ldots \ldots \quad 26)$$

d. h. den Quotienten aus der Reibungsbeschleunigung des Mineralkornes und der Anfangsbeschleunigung der Herdfläche werden wir im folgenden als „Beschleunigungskoeffizient" bezeichnen. Je nachdem nun der Beschleunigungskoeffizient gleich 1, kleiner oder größer ist, kann man beziehentlich der Bewegung des Mineralkornes drei Hauptfälle unterscheiden:

1. Es sei $z = 1$, d. h. $p = \gamma_0$.

Nach dem Vorstehenden wird das Mineralkorn während des Rückstoßes dieselbe Bewegung vollführen wie die Herdfläche, so daß seine Endgeschwindigkeit gleich derjenigen der Herdfläche, d. h. nach der Gleichung 19

$$V = a\varphi$$

und seine lebendige Kraft

$$E = \frac{mV^2}{2} = \frac{mag_0 \varrho}{2}$$

sein wird. Legt nun das Mineralkorn während des Stillstandes nach dem Rückstoße auf der Herdfläche den Weg s zurück, so ist die Reibungsarbeit:

$$A = mg_0 \varrho s.$$

Da aber $E = A$ sein muß, so ergibt sich der infolge eines einzigen Rückstoßes zurückgelegte Weg:

$$s = \frac{a}{2} \quad \ldots \ldots \ldots \quad 27)$$

2. Es sei $z > 1$, daher $p > \gamma_0$.

Das Mineralkorn wird sich auch in diesem Falle mit der Herdfläche zusammen bewegen und seine Endgeschwindigkeit wird sein:

$$V = a\varphi,$$

Grundgleichungen der Stoßherde. 187

daher seine lebendige Kraft:
$$E = \frac{mg_0 \varrho a}{2z}.$$

Für die Reibungsarbeit hat man wieder:
$$A = mg_0 \varrho s,$$

so daß man erhält:
$$s = \frac{a}{2z} \quad \ldots \ldots \ldots \quad 28)$$

Setzt man
$$\frac{1}{2z} = \psi_1,$$

so wird;
$$s = \psi_1 a.$$

Wir sehen also, daß s jetzt kleiner ist als im Falle 1, und zwar desto kleiner, je größer z ist. Wie ersichtlich, gilt die obige Formel auch für den Fall, daß $z = 1$ ist.

3. Es sei $z < 1$, d. h. $p < \gamma_0$.

In diesem Falle wird das Mineralkorn seine Bewegung mit der Beschleunigung p so lange fortsetzen, bis es die Geschwindigkeit der Herdfläche erreicht. **Das Mineralkorn bewegt sich daher während des ganzen Rückstoßes mit dieser Beschleunigung,** wenn seine auf diese Weise erreichte Endgeschwindigkeit gleich oder kleiner als die Endgeschwindigkeit der Herdfläche ist, d. h. wenn

$$\frac{g_0 \varrho \pi}{2\varphi} \lesseqgtr a\varphi$$

ist, woraus sich ergibt:
$$z \lesseqgtr \frac{2}{\pi} = 0{,}6366 \quad \ldots \ldots \quad 29)$$

Ist also die Anfangsbeschleunigung der Herdfläche größer als das $\frac{\pi}{2} = 1{,}5708$ fache der Reibungsbeschleunigung, so wird das Mineralkorn sich während des ganzen Rückstoßes mit der Beschleunigung p fortbewegen. Wenn hingegen $z > \frac{2}{\pi}$ ist, so wird die Herdfläche eine Stellung $x = x_0$ haben, bei der ihre Geschwindigkeit mit jener des Mineralkornes übereinstimmt, und von nun an wird das Mineralkorn sich mit der Beschleunigung der Herdfläche fortbewegen. In dieser Stellung hat das Mineralkorn nach der Formel 21 die augenblickliche Geschwindigkeit:

$$v' = \frac{g_0 \varrho}{\varphi} \arccos \frac{a - x_0}{a},$$

während die Geschwindigkeit der Herdfläche nach der Formel 18 ist:

$$v = \varphi \sqrt{2 a x_0 - x_0^2}.$$

Durch Gleichsetzen beider Gleichungen folgt:

$$z \cdot \arccos \left(1 - \frac{x_0}{a}\right) = \sqrt{2 \left(\frac{x_0}{a}\right) - \left(\frac{x_0}{a}\right)^2}.$$

Setzt man hierin:

$$x_0 = a y, \quad \ldots \ldots \ldots \text{ 30)}$$

so läßt sich die Gleichung auch in folgender Form schreiben:

$$z \cdot \arccos (1 - y) = \sqrt{2 y - y^2} \quad \ldots \ldots \text{ 31)}$$

Die unmittelbare Lösung dieser Gleichung liefert nicht y, sondern z; man erhält:

$$z = \frac{\sqrt{2 y - y^2}}{\arccos (1 - y)} \quad \ldots \ldots \text{ 32)}$$

Aus der Gleichung 30 geht ferner hervor, daß der kleinste Wert von y Null, der größte 1 ist. Für $y = 1$ folgt aus der Gleichung 32:

$$z = \frac{2}{\pi}$$

und für $y = 0$:

$$z = \lim_{y = 0} \frac{d \sqrt{2 y - y^2}}{d \arccos (1 - y)} = \lim_{y = 0} (1 - y) = 1.$$

Wir sehen also, daß z mit von 0 bis 1 zunehmendem y von 1 bis $\frac{2}{\pi}$ abnimmt.

In der folgenden Tabelle 18 sind die zu den verschiedenen Werten von y gehörigen Werte von z — und zwar nach der Gleichung 32 berechnet, — enthalten.

Grundgleichungen der Stoßherde.

Tabelle 18.

y	z	y	z	y	z
0,00	1,0000	0,35	0,8795	0,70	0,7535
0,05	0,9847	0,40	0,8621	0,75	0,7346
0,10	0,9667	0,45	0,8444	0,80	0,7152
0,15	0,9481	0,50	0,8295	0,85	0,6967
0,20	0,9333	0,55	0,8082	0,90	0,6773
0,25	0,9169	0,60	0,7894	0,95	0,6565
0,30	0,8993	0,65	0,7723	1,00	0,6366

Auf Grund dieser Tabelle haben wir durch Interpolation die Werte der Tabelle 19 berechnet, wo y als Funktion von z angegeben ist.

Tabelle 19.

z	y	$-\Delta$
0,637	1,000	2,61
0,650	0,966	2,50
0,700	0,841	2,84
0,750	0,709	2,74
0,800	0,572	2,76
0,850	0,434	2,72
0,900	0,298	3,06
0,950	0,145	2,90
1,000	0,000	—

Die Spalte unter $-\Delta$ enthält die auf das Tausendstel von z entfallenden negativen Änderungen von y in Einheiten der dritten Dezimalstelle ausgedrückt.

Es sei z. B. $z = 0,937$.

Für $z_1 = 0,900$ haben wir nach der Tabelle 19 · · · · · · · · · · · · · · · · · · · $y_1 = 0,298$

ferner ist $z - z_1 = \dfrac{37}{1000}$ und $\Delta = -3,06$,

daher die ganze Änderung: $-37 \cdot 3,06 =$ · · · · · -113

folglich $y = 0,298 - 0,113 = 0,185$

In diesem Falle ist also:

$$x_0 = 0,185\, a\,.$$

Wir wenden uns jetzt zur Bestimmung des Weges, den das

Mineralkorn während seiner Bewegung gegen die Herdfläche in wagrechter Richtung zurücklegt.

a) Es sei
$$z \leqq \frac{2}{\pi},$$
dann durchläuft das Mineralkorn während der Zeit des Rückstoßes:
$$t_2 = \frac{\pi}{2\varphi}$$
den Weg:
$$\sigma_1 = \frac{g_0 \varrho}{2} \cdot \frac{\pi^2}{4k}$$
und seine Endgeschwindigkeit ist:
$$V' = \frac{g_0 \varrho \pi}{2\varphi},$$
daher seine lebendige Kraft:
$$E = \frac{m}{2} \cdot \frac{g_0^2 \varrho^2 \pi^2}{4k}.$$

Bezeichnet σ_2 den Weg, den das Mineralkorn während des Stillstandes nach dem Rückstoß zurücklegt, so wird die Reibungsarbeit:
$$A = m g_0 \varrho \sigma_2.$$

Setzt man nun $E = A$, so folgt:
$$\sigma_2 = \frac{g_0 \varrho \pi^2}{8k} = \sigma_1,$$
so daß der gesamte Weg ist:
$$\sigma = 2\sigma_1 = \frac{g_0 \varrho \pi^2}{4k} \quad \ldots \ldots \ldots 33)$$

Nun hat der Herd in derselben Zeit den Weg a zurückgelegt; folglich ist das tatsächliche Vorschreiten des Mineralkornes:
$$s = \sigma - a \quad \ldots \ldots \ldots \ldots 34)$$
oder mit Rücksicht auf den Wert von σ:
$$s = a\left(\frac{z\pi^2}{4} - 1\right) \quad \ldots \ldots \ldots 35)$$

Diese Formel gilt, falls $z < \frac{2}{\pi}$ ist. Setzt man:
$$\frac{z\pi^2}{4} - 1 = \psi_2,$$
so wird:
$$s = a\psi_2.$$

Man sieht, daß s bei konstantem Ausschub desto größer ist, je größer z ist, daher den maximalen Wert bei $z = \dfrac{2}{\pi}$ annimmt; in diesem Falle hat man also:

$$s_{\max} = a\left(\frac{\pi}{2} - 1\right) = 0{,}5708\,a\,.$$

Für $\dfrac{z\,\pi^2}{4} - 1 = 0$ oder

$$z = \left(\frac{2}{\pi}\right)^2 = 0{,}4052$$

ist das Vorschreiten des Mineralkornes Null. Ist schließlich $z = 0$, d. h. $\gamma_0 = \infty$, so folgt:

$$s = -a\,.$$

b) Es sei $\qquad z > \dfrac{2}{\pi}\,.$

Das Mineralkorn und die Herdfläche haben dann die gleiche Endgeschwindigkeit. Um den Weg x_0 zurückzulegen, braucht der Herd die Zeit:

$$t_0 = \frac{1}{\varphi}\,\text{arc cos}\,\frac{a - x_0}{a}\,.$$

In der gleichen Zeit wird vom Mineralkorn der Weg

$$\sigma_1 = \frac{g_0\,\varrho}{2\,k}\left(\text{arc cos}\,\frac{a - x_0}{a}\right)^2$$

zurückgelegt. In der darauf folgenden Zeit bewegt das Mineralkorn sich mit der Herdfläche zusammen und legt auf diese Weise den Weg

$$\sigma_2 = a - x_0$$

zurück. Nach Beendigung des Rückstoßes besitzt das Mineralkorn die lebendige Kraft:

$$E = \frac{m\,a^2\,k}{2}\,,$$

ferner ergibt sich für den Weg σ_3 die Reibungsarbeit:

$$A = m\,g_0\,\varrho\,\sigma_3\,,$$

so daß man aus der Gleichung $E = A$ erhält:

$$\sigma_3 = \frac{a}{2} \cdot \frac{ak}{g_0 \varrho} = \frac{a}{2z}.$$

Der gesamte zurückgelegte Weg ist:

$$\sigma = \sigma_1 + \sigma_2 + \sigma_3 = a + \frac{g_0 \varrho}{2k}[\arccos(1-y)]^2 + \frac{a}{2z} - x_0 \quad 36)$$

und das tatsächliche Vorschreiten des Mineralkornes:

$$s = \sigma - a = \frac{a}{2z} + \frac{az}{2}[\arccos(1-y)]^2 - ay, \quad . . \quad 37)$$

wofür man unter Zuhilfenahme der Gleichung 32 schreiben kann:

$$s = \frac{2(1-zy)-(1-y)^2}{2z} \cdot a \quad . . . . . . \quad 38)$$

Diese Formel gilt, falls $\frac{2}{\pi} < z < 1$ ist. Setzt man der Einfachheit halber:

$$\frac{2(1-zy)-(1-y)^2}{2z} = \psi_3, \quad . . . . . . \quad 39)$$

so kann man auch schreiben:

$$s = a\psi_3.$$

Der Koeffizient ψ_3 ist eine Funktion von z; seine verschiedenen Werte, die nach den Gleichungen 39 und 32 berechnet worden sind, sind in der Tabelle 20 enthalten.

Tabelle 20.

z	ψ_3	$-\varDelta$
0,637	0,571	—
0,650	0,570	0,2
0,700	0,569	0,4
0,750	0,567	0,8
0,800	0,563	1,8
0,850	0,554	3,0
0,900	0,539	3,4
0,950	0,522	4,4
1,000	0,500	—

Die Spalte unter $-\varDelta$ enthält die auf das Hundertstel von z entfallenden negativen Änderungen in Einheiten der dritten Dezimalstelle ausgedrückt.

Es sei z. B. $z = 0{,}83$; dann haben wir

für $z' = 0{,}80$ . . . . $\psi_3' = 0{,}563$

ferner ist $z - z' = \dfrac{3}{100}$ und $\varDelta = -1{,}8$,

daher die gesamte Änderung: $-3 \cdot 1{,}8 =$ . . . . $-5{,}4$

folglich $\psi_3 = 0{,}563 - 0{,}005 = 0{,}558$

Aus diesen Betrachtungen geht hervor, daß der Weg, den das Mineralkorn in einer Periode während seiner Fortbewegung auf der Herdfläche in wagrechter Richtung zurücklegt, im allgemeinen durch die Formel

$$s = \psi a \quad . \; . \quad 40)$$

ausgedrückt werden kann, wo der Koeffizient ψ eine Funktion des Beschleunigungskoeffizienten z ist; und zwar ist:

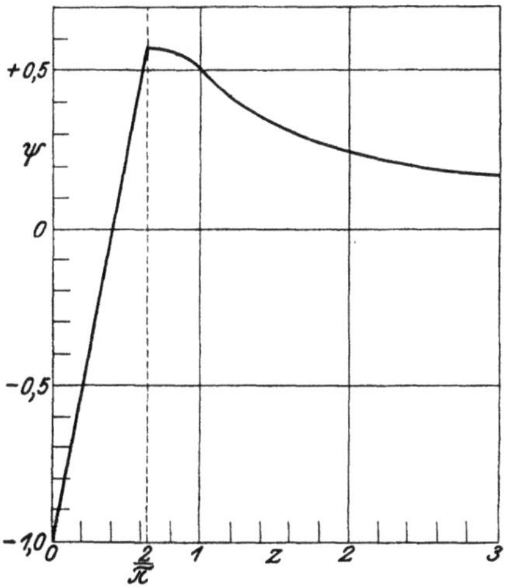

Abb. 30.

$$\psi = \frac{z\pi^2}{4} - 1 \qquad \text{für} \quad z \leqq \frac{2}{\pi},$$

$$\psi = \frac{2(1 - zy) - (1 - y)^2}{2z} \qquad \text{für} \quad 1 \geqq z \geqq \frac{2}{\pi}$$

und:

$$\psi = \frac{1}{2z} \qquad \text{für} \quad z \geqq 1.$$

In Abb. 30 ist die Änderung des Koeffizienten ψ für die Werte von $z = 0$ bis $z = 3$ graphisch dargestellt.

Wenn nun n die Stoßzahl in der Minute bedeutet, so hat man für die mittlere wagrechte Geschwindigkeit des Mineralkornes bezogen auf die Herdfläche:

$$c = \frac{sn}{60} \quad . \; . \; . \; . \; . \; . \; . \; . \; . \quad 41)$$

oder s durch seinen Wert aus Gleichung 40 ersetzt:

$$c = \psi \frac{an}{60} \quad \ldots \ldots \quad 42)$$

Wir sehen also, daß die Geschwindigkeit c unter der Voraussetzung, daß a und n konstant sind, dem Koeffizienten ψ direkt proportional ist. Aus der graphischen Darstellung (Abb. 30) ist ersichtlich, daß der Wert des Koeffizienten ψ mit z wächst, und zwar bis $z \leqq \frac{2}{\pi}$; wächst z weiter, so nimmt ψ wieder ab. Die Geschwindigkeit c ist also, solange $z \leqq \frac{2}{\pi}$ ist, desto größer, je größer z ist. D. h. c erlangt mit $z = \frac{2}{\pi}$ seinen Maximalwert; folglich ist:

$$c_{\max} = 0{,}571 \frac{an}{60} \quad \ldots \ldots \quad 43)$$

Die Stoßzahl n muß, um den Wert von c berechnen zu können, bekannt sein. Im allgemeinen hat man:

$$n = \frac{60}{t_1 + t_2 + t_3}, \quad \ldots \ldots \quad 44)$$

wo t_1 die Zeit des Ausschubes, t_2 die des Rückstoßes und t_3 die des Stillstandes in Sekunden bedeutet. Letztere muß so bemessen werden, daß die Herdfläche so lange, bis das Mineralkorn sich infolge seiner lebendigen Kraft fortbewegt, unbewegt bleibt. Bezeichnet u die Geschwindigkeit des Ausschubes, so ist:

$$t_1 = \frac{a}{u}$$

und die Zeit des Rückstoßes nach Gleichung 22:

$$t_2 = \frac{\pi}{2\,\varphi} = \frac{\pi}{2} \sqrt{\frac{az}{g_0 \varrho}}.$$

Während der Zeit t_3 nimmt die Geschwindigkeit des Mineralkornes der Wirkung der negativen Beschleunigung $g_0 \varrho$ zufolge von der Endgeschwindigkeit V bis 0 ab. Für $z = \frac{2}{\pi}$ läßt sich die Endgeschwindigkeit, wie wir bereits wissen, folgend ausdrücken:

$$V = \frac{g_0 \varrho \, \pi}{2\,\varphi}.$$

Grundgleichungen der Stoßherde.

Wir können also schreiben:
$$\frac{g_0 \varrho \pi}{2 \varphi} - g_0 \varrho t_3 = 0,$$

woraus folgt:
$$t_3 = \frac{\pi}{2\varphi} = t_2.$$

Wenn also $z \leq \dfrac{2}{\pi}$ ist, so erhält man für die Stoßzahl in der Minute:
$$n = \frac{60}{\dfrac{a}{u} + \pi \sqrt{\dfrac{az}{g_0 \varrho}}} \quad \ldots \ldots \ldots \quad 45)$$

In welchem Maße die wagrechte Bewegung des Mineralkornes durch den Wasserstrom beeinflußt wird, haben wir in den bisherigen Betrachtungen außer acht gelassen. Es soll nun auch dieser Einfluß kurz besprochen werden.

Das auf der Herdfläche befindliche Wasser vollführt während des Ausschubes — mit Rücksicht auf die konstante Geschwindigkeit — dieselbe Bewegung wie die Herdfläche oder die Mineralkörner. Gleichfalls mit der Herdfläche zusammen bewegt sich beim Rückstoße, der mit ungleichmäßiger Beschleunigung erfolgt, die unmittelbar auf der Herdfläche befindliche unterste Wasserschicht, die die Herdfläche benetzt. Nach der Oberfläche zu dagegen wird die Bewegung der Wasserschichten verzögert, und zwar um so mehr, je höher diese über der Herdfläche liegen. — Nach Beendigung des Rückstoßes, als die Herdfläche gegen die Prellvorrichtung anstößt, wird auch die Bewegung der untersten Wasserschicht, die die Herdfläche benetzt, unterbrochen, die darüber gelegenen höheren Wasserschichten dagegen setzen ihre Bewegung fort, und zwar am längsten die oberste Wasserschicht. Dies wird einen Geschwindigkeitsunterschied zwischen Mineralkorn und Wasserschicht zur Folge haben, der auf die Bewegung des Mineralkornes verzögernd einwirkt.

Mit Rücksicht auf die bereits geringe Geschwindigkeit des Mineralkornes und den noch geringeren Geschwindigkeitsunterschied können wir sagen, daß zwischen Mineralkorn und Wasser die Reibung wie auch die dynamische Wirkung bei weitem geringer sein werden als die Reibung auf der Herdfläche, was in den späteren Beispielen auch durch ausführliche Berechnungen bestätigt werden wird. Die bisher abgeleiteten Formeln können also auch weiterhin Anwendung finden, da sie praktisch hinreichend genaue Werte liefern, nur muß man den Reibungskoeffizienten ϱ groß genug nehmen.

Wir haben im vorhergehenden Paragraphen gesehen, daß die Trennung sich desto vollkommener durchführen läßt, je **größer zwischen den spezifisch verschieden schweren Mineralkörnern der wagrechte Geschwindigkeitsunterschied ist.** Es soll nun untersucht werden, wie man das in der Praxis verwirklichen kann.

Der Beschleunigungskoeffizient des spezifisch schwereren Mineralkornes sei:
$$z' = \frac{g_0' \varrho}{\gamma_0};$$
derselbe ist dann für das spezifisch leichtere Mineralkorn:
$$z = \frac{g_0 \varrho}{\gamma_0}$$
oder:
$$z = \frac{g_0}{g_0'} z' \quad \ldots \ldots \ldots 46)$$

Nach unserer Voraussetzung ist aber $g_0' > g_0$, woraus folgt:
$$z < z',$$
d. h. **bei demselben Herde ist der Beschleunigungskoeffizient des spezifisch leichteren Mineralkornes kleiner als der des spezifisch schwereren.**

Soll also das spezifisch schwerere Mineralkorn eine größere wagrechte Geschwindigkeit haben als das spezifisch leichtere, so muß der Beschleunigungskoeffizient des spezifisch schwereren Mineralkornes
$$z' \leq \frac{2}{\pi}$$
sein. Wir wollen nun untersuchen, wann in diesem Falle de Unterschied zwischen den wagrechten Geschwindigkeiten am größten ist. Es sei die wagrechte Geschwindigkeit des spezifisch schwereren Mineralkornes c', die des spezifisch leichteren c; nach den Formeln 35, 41 und 46 hat man dann:
$$c' = \frac{n a}{60} \left(\frac{z' \pi^2}{4} - 1 \right) \quad \ldots \ldots 47)$$

Grundgleichungen der Stoßherde.

und
$$c = \frac{na}{60}\left(\frac{g_0}{g_0'} \cdot \frac{z'\pi^2}{4} - 1\right), \quad \ldots \ldots \quad 48)$$

so daß man erhält:
$$c' - c = \frac{naz'\pi^2}{4}\left(1 - \frac{g_0}{g_0'}\right) \quad \ldots \ldots \quad 49)$$

Der Unterschied ist also desto größer, je größer z' ist. Da aber z' nach vorstehendem nicht größer als $\frac{2}{\pi}$ sein kann, so sieht man, daß der obige Geschwindigkeitsunterschied seinen größten Wert für denselben Herd dann erreicht, wenn der Beschleunigungskoeffizient des spezifisch schwereren Mineralkornes

$$z' = \frac{2}{\pi}$$

ist. Da für diesen Fall

$$\gamma_0 = \frac{\pi}{2} g_0' \varrho = 1{,}57 \, g_0' \varrho$$

ist, so können wir sagen, daß die Trennung am vollkommensten dann durchgeführt werden kann, wenn die Anfangsbeschleunigung des Herdes das 1,57fache von der Reibungsbeschleunigung des spezifisch schwersten Mineralkornes ist.

In diesem Falle haben wir:
$$c' = \frac{na}{60}\left(\frac{\pi}{2} - 1\right)$$

und:
$$c = \frac{na}{60}\left(\frac{g_0}{g_0'} \cdot \frac{\pi}{2} - 1\right);$$

für $\frac{g_0}{g_0'} = \frac{2}{\pi} = 0{,}637$ ist daher $c = 0$.

Im allgemeinen ist in der Praxis der Quotient $\frac{g_0}{g_0'}$ am kleinsten für Quarz und Bleiglanz, und zwar:

$$\frac{g_0}{g_0'} = 0{,}705 > 0{,}637 \,.$$

Wir sehen also, daß in der Praxis im allgemeinen $c > 0$ ist.

§ 19. Bestimmung der Hauptdaten der ebenen Herde.

Die hydrostatische Beschleunigung des spezifisch schwersten Mineralkornes sei g_0'; dann muß die Anfangsbeschleunigung des Herdes nach dem vorhergehenden Paragraphen

$$\gamma_0 = ak = 1{,}57\, g_0'\, \varrho \qquad \ldots \ldots \ldots \text{ 1)}$$

sein. Die Feder, die die Rückbewegung des Herdes bewirkt, muß daher so bemessen werden, daß zur Zusammendrückung von Null bis a die Kraft in Kilogramm

$$P_0 = M\gamma_0 = 1{,}57\, g_0'\, \varrho\, M \qquad \ldots \ldots \text{ 2)}$$

erforderlich sei, wo M die Masse der Herdfläche und der damit verbundenen und bewegten Teile bedeutet. Wenn G kg das Gewicht dieser bezeichnet, so ist:

$$M = \frac{G}{g},$$

daher: $\qquad P_0 = 1{,}57\, \dfrac{g_0'}{g}\, \varrho\, G.$

Es ist aber: $\qquad \dfrac{g_0'}{g} = \dfrac{\delta' - 1}{\delta'},$

und wenn noch $\varrho = 0{,}2$ gesetzt wird, so folgt:

$$P_0 = 0{,}314\, G\, \frac{\delta' - 1}{\delta'} \qquad \ldots \ldots \text{ 3)}$$

Für Bleiglanz ist z. B. $\dfrac{\delta' - 1}{\delta'} = 0{,}8666$, und hiermit findet man

$$P_0 = 0{,}2722\, G \qquad \ldots \ldots \ldots \text{ 4)}$$

Der Ausschub a beträgt 5—80 mm, die Herdneigung ε ändert sich zwischen 2^0 und 6^0; beide müssen aber desto kleiner sein, je feiner das zu verarbeitende Korn ist. Die Geschwindigkeit des Ausschubes ist $u = 0{,}15 - 0{,}25$ m. Man wählt also entsprechend a und u und hat dann für die Stoßzahl in der Minute nach der Formel 45 des vorhergehenden Paragraphen:

$$n = \frac{60}{\dfrac{a}{u} + \pi \sqrt{\dfrac{a\, z'}{g_0'\, \varrho}}}$$

Bestimmung der Hauptdaten der ebenen Herde.

oder wenn man den Wert $z' = \dfrac{2}{\pi}$ einsetzt:

$$n = \dfrac{60}{\dfrac{a}{u} + 2{,}5\sqrt{\dfrac{a}{g_0'\varrho}}} \quad \ldots \ldots \ldots \ 5)$$

Es sei z. B. $\varrho = 0{,}2$, dann findet man für Bleiglanz:
$$g_0'\varrho = 1{,}699$$
und hiermit die Stoßzahl:

$$n = \dfrac{60}{\dfrac{a}{u} + 1{,}92\sqrt{a}} \quad \ldots \ldots \ldots \ 6)$$

Die wagrechte Geschwindigkeit des spezifisch schwereren Mineralkornes ist:
$$c' = 0{,}571\,\dfrac{a n}{60} \quad \ldots \ldots \ldots \ 7)$$

und die des spezifisch leichteren Mineralkornes:
$$c = \left(\dfrac{1{,}571\,g_0}{g_0'} - 1\right)\dfrac{a n}{60} \quad \ldots \ldots \ 8)$$

Wenn das spezifisch schwerste Mineral, z. B. Bleiglanz ($\delta' = 7{,}5$) wäre, so würde sich ergeben für Quarz ($\delta = 2{,}6$):

$$c = 0{,}107\,\dfrac{a n}{60} = 0{,}187\,c'$$

oder für Zinkblende ($\delta = 4{,}0$):

$$c = 0{,}359\,\dfrac{a n}{60} = 0{,}629\,c'\,.$$

Die Geschwindigkeit der Mineralkörner in der Richtung der Herdneigung läßt sich durch die Formeln, die in § 15 angegeben worden sind, berechnen. Wenn v_0 größer als die kritische Geschwindigkeit, d. h. wenn

$$\dfrac{d}{d'} = \dfrac{\delta' - 1}{\delta - 1} \quad \ldots \ldots \ldots \ 9)$$

ist, so gilt die Formel:

$$v = \dfrac{w\,d}{H}\left(2 - \dfrac{d}{H}\right) - v_0\sqrt{\varrho - \sin\varepsilon}\,, \quad \ldots \ldots \ 10)$$

dagegen berechnet sich die Geschwindigkeit nach der Formel:

$$v = \frac{wd}{H}\left(2 - \frac{d}{H}\right) - v_0(\varrho - \sin\varepsilon), \quad \ldots \quad 11)$$

wenn v_0 kleiner als die kritische Geschwindigkeit, d. h. wenn

$$\frac{d}{d'} = \sqrt{\frac{\delta' - 1}{\delta - 1}} \cdot \quad \ldots \ldots \quad 12)$$

ist. Für die mittlere Geschwindigkeit des Trübestromes hat man nach der Formel 20 des § 6:

$$w = \frac{87 H \sqrt{\operatorname{tg}\varepsilon}}{\zeta + \sqrt{H}}, \quad \ldots \ldots \quad 13)$$

wo als Mittelwert $\zeta = 0,1$ zu setzen ist.

Mittels der hier angegebenen Formeln können wir die Hauptdaten der ebenen Stoßherde bestimmen und anderseits auch die Bahnen der spezifisch verschieden schweren Mineralkörner zeichnerisch darstellen, was wir im folgenden an einigen praktischen Beispielen sehen werden.

§ 20. Der Rittingerherd.

Die Anwendung der bisher abgeleiteten Formeln läßt sich am deutlichsten an einem konkreten Beispiel erläutern.

Die Länge der Herdfläche sei $L = 2,4$ m, die Breite $B = 1,2$ m, die Breite der Aufgebevorrichtung $b = 0,3$ m. Die zu verarbeitende Trübe bestehe aus Bleiglanz, Zinkblende und Quarz. Die Endgeschwindigkeit der gleichfälligen Sorte sei $v_0 = 0,098$ m, also für alle drei Mineralien größer als die kritische Geschwindigkeit; der Durchmesser ist dann:

für Quarzkörner . . . . . $d_1 = 1,00$ mm,
„ Zinkblendekörner . . . $d_2 = 0,51$ „
„ Bleiglanzkörner . . . . $d_3 = 0,25$ „

Wird das Gewicht der Herdfläche und der damit verbundenen und bewegten Teile zu $G = 400$ kg angenommen, so ergibt sich nach der Formel 4 des vorhergehenden Paragraphen:

$$P_0 = 0,2722 \cdot 400 = 109 \text{ kg}.$$

Es sei ferner die Länge des Ausschubes $a = 0,06$ m, die Geschwindigkeit des Ausschubes $u = 0,20$ m; nach der Formel 6

Der Rittingerherd.

des vorigen Paragraphen berechnet sich dann die Stoßzahl in der Minute zu:

$$n = \frac{60}{\dfrac{0{,}06}{0{,}20} + 1{,}92\sqrt{0{,}06}} = 75.$$

Hiermit findet man die folgenden wagrechten Geschwindigkeiten:

für Bleiglanz .... $c_3 = 0{,}571 \dfrac{0{,}06 \cdot 75}{60} = 0{,}043$ m

,, Quarz ...... $c_1 = 0{,}187 \cdot 0{,}043 = 0{,}008$,,
,, Zinkblende .... $c_2 = 0{,}629 \cdot 0{,}043 = 0{,}029$,,

Wenn nun $H = 2$ mm $= 0{,}002$ m und die Herdneigung $\varepsilon = 6^0$ beträgt, so ist:

$$\operatorname{tg}\varepsilon = 0{,}105 \quad \text{und} \quad \sin\varepsilon = 0{,}104,$$

so daß man für die mittlere Geschwindigkeit des Trübestromes nach der Formel 13 des vorhergehenden Paragraphen erhält:

$$w = \frac{87 \cdot 0{,}002 \sqrt{0{,}105}}{0{,}1 + \sqrt{0{,}002}} = 0{,}39 \text{ m}.$$

Die Geschwindigkeit in der Richtung der Herdneigung läßt sich jetzt schon nach der Formel 10 des vorhergehenden Paragraphen berechnen; es ergibt sich für Quarz:

$$v_1 = 0{,}39 \frac{0{,}001}{0{,}002}\left(2 - \frac{0{,}001}{0{,}002}\right) - 0{,}098 \sqrt{0{,}2 - 0{,}104} = 0{,}26 \text{ m},$$

für Zinkblende:

$$v_2 = 0{,}39 \frac{0{,}00051}{0{,}002}\left(2 - \frac{0{,}00051}{0{,}002}\right) - 0{,}098 \sqrt{0{,}2 - 0{,}104} = 0{,}14 \text{ m},$$

und für Bleiglanz:

$$v_3 = 0{,}39 \frac{0{,}00025}{0{,}002}\left(2 - \frac{0{,}00025}{0{,}002}\right) - 0{,}098 \sqrt{0{,}2 - 0{,}104} = 0{,}06 \text{ m},$$

Die Abb. 31 zeigt die Bahnen der einzelnen Mineralkörner, die auf Grund der oben berechneten Werte dargestellt worden sind.

Der Pfeil ε bezeichnet die Fallrichtung der Herdfläche $ABCD$, der Pfeil p die Richtung der Rückstöße. $a_1 a_2$ ist die Breite der Aufgebevorrichtung o.

Der Streifen $a_1\, a_2\, b_1\, b_2$ stellt die Bahn der Bleiglanz-, der Streifen $a_1\, a_2\, c_1\, c_2$ die der Zinkblende- und der Streifen $a_1\, a_2\, d_1\, d_2$ die der Quarzkörner dar. Aus dieser Abbildung ist ersichtlich, daß die Mineralkörner, die auf der Herdfläche ihren verschiedenen spezifischen Gewichten entsprechend verschiedene Bahnen beschreiben, getrennt abgefangen werden können.

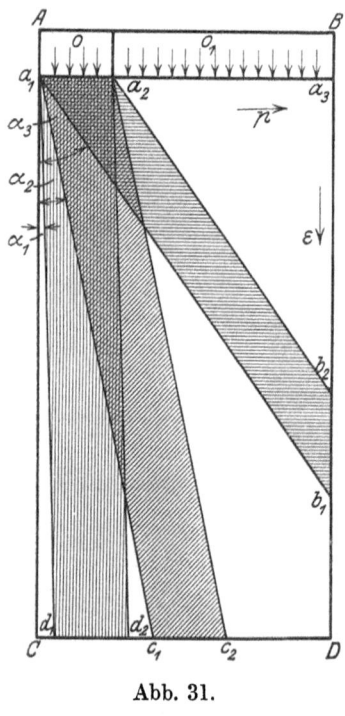

Abb. 31.

In Wirklichkeit läßt sich jedoch eine solche vollständige Trennung nicht erzielen. Denn wie wir bereits wissen, entspricht das Verhältnis der Korndurchmesser nicht ganz genau der Proportion, die im vorhergehenden Paragraphen durch die Formeln 9 und 12 ausgedrückt ist, da die Endgeschwindigkeit der einzelnen Trübesorten nicht konstant ist, sondern in gewissen Grenzen schwankt. Auf die Wichtigkeit dieser Tatsache werden wir später noch zurückkommen; hier sei nur darauf hingewiesen, daß demzufolge z. B. die Bleiglanzkörner, deren Endgeschwindigkeit kleiner als die oben angegebene ist, rechts von der Geraden $a_2 b_2$ eine Bahn mit kleinerer Neigung, hingegen die, deren Endgeschwindigkeit größer ist, links von der Geraden $a_1 b_1$ eine Bahn mit größerer Neigung beschreiben werden. — Gleicherweise werden auch die Bahnen der Zinkblende- und Quarzkörner sich ändern.

In Wirklichkeit wird also die Breite der einzelnen Streifen nicht konstant bleiben, sondern allmählich zunehmen, so daß beim Abfließen die einzelnen Streifen sich zum Teil decken werden. Die so bedeckten Flächen liefern Zwischenprodukte.

Um die Anreicherung zu steigern, wird am Herdkopf über den übrigen Teil $a_2 a_3$ der Herdbreite Läuter- oder Klarwasser o_1 aufgetragen, auf dessen Zweck und Wirkung später des näheren ein-

Der Rittingerherd.

gegangen werden wird. Hier wollen wir nur bemerken, daß die Bahnen $a_2 b_2$ usw. unter dem Einflusse des Klarwassers größere Neigungen erhalten.

Bezeichnet man den Winkel, den die Bahn des Quarzkornes mit der längeren Seite AC der Herdfläche einschließt, mit α_1, denselben für Zinkblende mit α_2 und für Bleiglanz mit α_3, so wird:

$$\operatorname{tg} \alpha_1 = \frac{0{,}008}{0{,}26} \ \ldots \ \alpha_1 = 1^0 46',$$

$$\operatorname{tg} \alpha_2 = \frac{0{,}029}{0{,}14} \ \ldots \ \alpha_2 = 11^0 42',$$

$$\operatorname{tg} \alpha_3 = \frac{0{,}043}{0{,}06} \ \ldots \ \alpha_3 = 35^0 38'.$$

Die Bahnen der Zinkblende und des Quarzes bilden also den Winkel:
$$\alpha_2 - \alpha_1 = 9^0 56',$$
die Bahnen des Bleiglanzes und der Zinkblende den Winkel:
$$\alpha_3 - \alpha_2 = 23^0 56'$$
und endlich die Bahnen des Bleiglanzes und des Quarzes den Winkel:
$$\alpha_3 - \alpha_1 = 33^0 52'.$$

Die Leistung des Herdes kann man wie folgt bestimmen: Bezeichnet b die Breite der Trübeaufgebevorrichtung in Meter, H die Stärke und w die mittlere Geschwindigkeit des Trübestromes in Meter, so gelangen auf den Herd

$$Q = 1000\, b H w \ \ldots \ldots \ldots \ 1)$$

Liter Trübe in der Sekunde. Die in der Minute aufzugebende Trübemenge ist also in Liter:

$$\underline{M = 60\, Q.} \ \ldots \ldots \ldots \ 2)$$

Wenn man die Dichte der Trübe mit x bezeichnet, d. h. wenn in 1 m³ Trübe x q feste Bestandteile enthalten sind, so kann man die stündliche Leistung des Herdes in Meterzentner durch folgende Formel ausdrücken:

$$\underline{T = 3{,}6\, Q x.} \ \ldots \ldots \ldots \ 3)$$

Im vorliegenden Beispiele ist $b = 0{,}3$ m, $H = 0{,}002$ m und $w = 0{,}39$ m, daher:

$$Q = 1000 \cdot 0{,}3 \cdot 0{,}002 \cdot 0{,}39 = 0{,}234 \text{ l},$$

die in der Minute aufzugebende Trübemenge ergibt sich also zu:
$$M = 60 \cdot 0{,}234 = 14{,}0 \text{ l}.$$
Wenn schließlich die Dichte der Trübe $x = 1{,}5$ q/m³ ist, so berechnet sich die stündliche Leistung des Herdes zu:
$$T = 3{,}6 \cdot 0{,}234 \cdot 1{,}5 = 1{,}26 \text{ q}.$$

§ 21. Der Stein-Bilharzsche Herd.

Dieser Herd unterscheidet sich von dem Rittingerschen dadurch, daß seine eigentliche Herdfläche aus einer endlosen Kautschuk- oder Linoleumplane besteht, die in der Richtung der Stöße eine gleichförmige Bewegung hat. Die Plane erhält in der Sekunde etwa 7 cm Geschwindigkeit. Die Formel für die wagrechte Geschwindigkeit des Mineralkornes ist dann:

$$c' = \psi \frac{an}{60} + c_0, \qquad \ldots \ldots \ldots \text{ 1)}$$

wo c_0 die Planengeschwindigkeit in der Sekunde bedeutet.

Bevor wir die Arbeitsweise dieses Herdes untersuchen, wollen wir vorerst ein konkretes Beispiel berechnen. Die Hauptdaten des Herdes — abgesehen von seiner Länge und Breite — seien dieselben wie im vorhergehenden Paragraphen, ferner sei $c_0 = 0{,}07$ m. Die wagrechte Geschwindigkeit wird dann sein:

für Quarz . . . . $c_1' = 0{,}008 + 0{,}07 = 0{,}078$ m
„ Zinkblende . . . . $c_2' = 0{,}029 + 0{,}07 = 0{,}099$ „
„ Bleiglanz . . . . $c_3' = 0{,}043 + 0{,}07 = 0{,}113$ „

Die Geschwindigkeiten längs der Herdneigung sind dagegen dieselben wie im vorstehenden Beispiele, d. h.:

$$v_1' = 0{,}26 \text{ m}, \quad v_2' = 0{,}14 \text{ m}, \quad v_3' = 0{,}06 \text{ m}.$$

In diesem Falle wird also:

$$tg\, \alpha_1' = \frac{0{,}078}{0{,}26}, \quad \ldots \ldots \quad \alpha_1' = 16°42',$$

$$tg\, \alpha_2' = \frac{0{,}099}{0{,}14}, \quad \ldots \ldots \quad \alpha_2' = 35°16',$$

$$tg\, \alpha_3' = \frac{0{,}113}{0{,}06}, \quad \ldots \ldots \quad \alpha_3' = 62°02',$$

so daß die Winkel, die die Bahnen der spezifisch verschieden schweren Mineralien einschließen, sind:

$\alpha_2' - \alpha_1' = 18°34'$ . . . . . (9°56'),
$\alpha_3' - \alpha_2' = 26°46'$ . . . . . (23°56'),
$\alpha_3' - \alpha_1' = 45°20'$ . . . . . (33°52'),

wo die eingeklammerten Zahlen diejenigen Winkelwerte bedeuten, die im Beispiele des vorhergehenden Paragraphen berechnet worden sind. Diese Winkeldifferenzen sind alle größer als die im erwähnten Beispiele. Während aber der von den Bahnen des Quarzes und der Zinkblende eingeschlossene Winkel beinahe auf das Zweifache des vorigen Wertes gewachsen ist, hat sich der Winkel, den die Bahnen des Bleiglanzes und der Zinkblende bilden, nur in verhältnismäßig kleinem Maße vergrößert.

Man sieht also, daß durch Vergrößerung der wagrechten Geschwindigkeiten, die für sämtliche Mineralkörner in gleichem Maße stattfindet, ein günstigeres Resultat erzielt werden kann. Aber es liegt anderseits auf der Hand, daß man die Planengeschwindigkeit c_0 nicht in beliebigem Maße vergrößern darf, denn wenn theoretisch $c_0 = \infty$ wäre, so würde sich ergeben:

$$\alpha_1' = \alpha_2' = \alpha_3' = 90°,$$

d. h. man könnte in diesem Falle die Trennung nicht erreichen.

Bestimmen wir jetzt für die Geschwindigkeit c_0 diejenige Grenze, innerhalb welcher

$$(\alpha_2' - \alpha_1') > (\alpha_2 - \alpha_1) \quad \ldots \ldots \quad 2)$$

ist. Diese Bedingung kann man auch in folgender Form schreiben:

$$\operatorname{tg}(\alpha_2' - \alpha_1') > \operatorname{tg}(\alpha_2 - \alpha_1). \quad \ldots \ldots \quad 3)$$

Nun können wir setzen:

$$\operatorname{tg}\alpha_1 = \frac{c_1}{v_1}, \qquad \operatorname{tg}\alpha_2 = \frac{c_2}{v_2}$$

und

$$\operatorname{tg}\alpha_1' = \frac{c_1 + c_0}{v_1}, \qquad \operatorname{tg}\alpha_2' = \frac{c_2 + c_0}{v_2},$$

so daß wir, falls diese Werte in die Relation 3 eingesetzt werden, erhalten:

$$\frac{v_1(c_2 + c_0) - v_2(c_1 + c_0)}{v_1 v_2 + (c_1 + c_0)(c_2 + c_0)} > \frac{v_1 c_2 - v_2 c_1}{v_1 v_2 + c_1 c_2}, \quad \ldots \quad 4)$$

woraus sich ergibt:
$$c_0 < \frac{v_2(v_1^2 + c_1^2) - v_1(v_2^2 + c_2^2)}{v_1 c_2 - v_2 c_1} \quad \ldots \ldots 5)$$

Setzt man z. B. die obigen Zahlenwerte hier ein, so erhält man für Quarz und Zinkblende:
$$c_0 < \frac{0{,}00416}{0{,}00642} = 0{,}649 \text{ m},$$
für Zinkblende und Bleiglanz:
$$c_0 < \frac{0{,}000464}{0{,}00428} = 0{,}108 \text{ m}.$$

In diesen zwei extremen Fällen (nämlich für $c_0 = 0$ und für den aus der Relation 5 berechneten Wert) ist also:
$$\alpha_2' - \alpha_1' = \alpha_2 - \alpha_1, \quad \text{beziehungsweise} \quad \alpha_3' - \alpha_2' = \alpha_3 - \alpha_2,$$
innerhalb dieser Grenzen hingegen:
$$\alpha_2' - \alpha_1' > \alpha_2 - \alpha_1, \quad \text{beziehungsweise} \quad \alpha_3' - \alpha_2' > \alpha_3 - \alpha_2,$$

Zwischen diesen Grenzen muß also c_0 einen Wert haben, für den z. B. $(\alpha_2' - \alpha_1')$ und daher auch tg $(\alpha_2' - \alpha_1')$ ein Maximum aufweisen. Um diesen Wert von c_0 zu bestimmen, bilden wir den Differentialquotienten:
$$\frac{d \operatorname{tg}(\alpha_2' - \alpha_1')}{d c_0} = 0.$$
Wir haben dann:
$$\frac{d \operatorname{tg}(\alpha_2' - \alpha_1')}{d c_0} = \frac{(v_1 v_2 + c_1 c_2 + c_0 c_2 + c_0 c_1 + c_0^2)(v_1 - v_2)}{[v_1 v_2 + (c_1 + c_0)(c_2 + c_0)]^2}$$
$$- \frac{(v_1 c_2 + c_0 v_1 - c_1 v_2 - c_0 v_2)(c_1 + c_2 + 2 c_0)}{[v_1 v_2 + (c_1 + c_0)(c_2 + c_0)]^2} \quad \ldots \ldots 6)$$

Durch Nullsetzen des erhaltenen Ausdrucks folgt:
$$(v_1 - v_2) c_0^2 + 2(v_1 c_2 - v_2 c_1) c_0 - [v_2(v_1^2 + c_1^2) - v_1(v_2^2 + c_2^2)] = 0, \quad 7)$$
woraus der gesuchte Wert von c_0 bestimmt werden kann.

Wir wollen jetzt das vorliegende Beispiel weiterbehandeln und untersuchen, wann der Winkel $(\alpha_2' - \alpha_1')$ zwischen den Bahnen der Zinkblende und des Quarzes seinen Maximalwert annimmt. Die entsprechenden Werte in die Gleichung 7 ein-

gesetzt, ergibt:
$$0{,}12\, c_0^2 + 2 \cdot 0{,}00642\, c_0 - 0{,}00416 = 0$$
oder
$$12000\, c_0^2 + 1284\, c_0 - 416 = 0,$$
woraus man findet:
$$c_0 = \frac{-1284 \pm \sqrt{1284^2 + 4 \cdot 12000 \cdot 416}}{2 \cdot 12000}.$$

Da $c_0 > 0$ ist, so kommt nur das positive Vorzeichen des Wurzelausdrucks in Betracht; es wird dann:
$$c_0 = \frac{-1284 + 4650}{24000} = 0{,}14 \text{ m},$$
womit sich ergibt:
$$c_1' = 0{,}008 + 0{,}14 = 0{,}148 \text{ m},$$
$$c_2' = 0{,}029 + 0{,}14 = 0{,}169 \text{ m}.$$

Für die einzelnen Winkel erhält man also:
$$\operatorname{tg} \alpha_1' = \frac{0{,}148}{0{,}26} \quad \ldots \ldots \quad \alpha_1' = 29^0\, 40',$$
$$\operatorname{tg} \alpha_2' = \frac{0{,}169}{0{,}14} \quad \ldots \ldots \quad \alpha_2' = 50^0\, 22'$$

und für den eingeschlossenen Winkel beider Bahnen:
$$(\alpha_2' - \alpha_1')_{\max} = 20^0\, 42'.$$

In analoger Weise erhält man für Zinkblende und Bleiglanz
$$0{,}08\, c_0^2 + 2 \cdot 0{,}00428\, c_0 - 0{,}000464 = 0$$
oder
$$80000\, c_0^2 + 8560\, c_0 - 464 = 0$$
und hieraus:
$$c_0 = \frac{-8560 + 14890}{160000} = 0{,}04 \text{ m}.$$

In diesem Falle wird also:
$$c_2' = 0{,}029 + 0{,}04 = 0{,}069 \text{ m},$$
$$c_3' = 0{,}043 + 0{,}04 = 0{,}083 \text{ m},$$
daher:
$$\operatorname{tg} \alpha_2' = \frac{0{,}069}{0{,}14} \quad \ldots \ldots \quad \alpha_2' = 26^0\, 14'$$
$$\operatorname{tg} \alpha_3' = \frac{0{,}083}{0{,}06} \quad \ldots \ldots \quad \alpha_3' = 54^0\, 08'$$
und:
$$(\alpha_3' - \alpha_2')_{\max} = 27^0\, 54'.$$

In der Praxis werden, falls, wie im vorliegenden Beispiele, mehrere Mineralien getrennt werden sollen, für c_0 verschiedene Werte erhalten, und man muß das Mittel dieser Werte nehmen, damit sämtliche Mineralien sich möglichst gut absondern. Da aber die Geschwindigkeiten geometrisch addiert werden, so ist nicht das arithmetische, sondern das geometrische Mittel zu bilden. Im vorliegenden Beispiele ist dieses geometrische Mittel:

$$c_0 = \sqrt{14.4} = 7{,}48 \text{ cm}.$$

§ 22. Die Rundherde.

Die Arbeitsfläche der Rundherde besteht aus einer sehr stumpfen Kegelfläche, die sich beim Ausschube und Rückstoße um die stehende Welle o um einen bestimmten Winkel dreht (Abb. 32). Der wesentliche Unterschied gegenüber den ebenen Herden besteht darin, daß die Länge des Ausschubes bzw. des Rückstoßes nicht konstant ist, sondern mit dem Abstand r' von der stehenden Welle o proportional wächst. Es bedeute r_0 den Halbmesser der Aufgebevorrichtung, r den äußeren Halbmesser der Herdfläche, a die Länge des Ausschubes am Umfange.

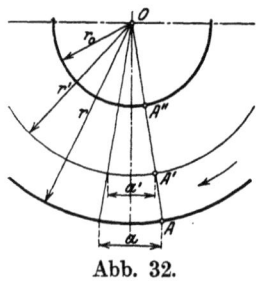

Abb. 32.

Dann ist die Länge des Ausschubes im Abstande r' von der stehenden Welle o:

$$a' = \frac{r'}{r} a \quad \ldots \ldots \ldots \ldots 1)$$

und in gleicher Weise die Länge des Rückstoßes, wenn dieser am Umfange mit x bezeichnet wird:

$$x' = \frac{r'}{r} x \quad \ldots \ldots \ldots \ldots 2)$$

Bezeichnet man die augenblickliche Winkelgeschwindigkeit beim Rückstoße x mit ω, so ist die Tangentialgeschwindigkeit der Herdfläche im Punkte A:

$$v = r\omega,$$

im Punkte A': $\quad v' = r'\omega,$

woraus folgt:
$$v' = \frac{r'}{r} v \quad \ldots \ldots \ldots \ldots \quad 3)$$

Nach der Gleichung 18 des § 18 ist:
$$v = \varphi \sqrt{2ax - x^2}.$$

Setzt man diesen Wert in die Gleichung 3 ein, so wird:
$$v' = \frac{r'}{r} \varphi \sqrt{2ax - x^2}$$

und wenn man die Gleichungen 1 und 2 berücksichtigt:
$$v' = \varphi \sqrt{2a'x' - x'^2} \quad \ldots \ldots \ldots \quad 4)$$

Bezeichnet man nun die augenblickliche Herdbeschleunigung im Punkte A mit γ, im Punkte A' mit γ', so ist:
$$\gamma = \frac{dv}{dt}, \qquad \gamma' = \frac{dv'}{dt},$$

daher nach der Gleichung 3:
$$\frac{\gamma}{\gamma'} = \frac{dv}{dv'} = \frac{r}{r'}$$

und:
$$\gamma' = \frac{r'}{r} \gamma \quad \ldots \ldots \ldots \ldots \quad 5)$$

Es ist aber nach der Formel 13 des § 18:
$$\gamma = k(a - x),$$

folglich wird:
$$\gamma' = \frac{r'}{r} k(a - x),$$

oder die Gleichungen 1 und 2 eingesetzt:
$$\gamma' = k(a' - x') \quad \ldots \ldots \ldots \quad 6)$$

1. Es sei am Umfange $z = 1$, d. h. $\gamma_0 = p$, wo γ_0 die Anfangsbeschleunigung der Herdfläche am Umfange und p die Reibungsbsechleunigung des Mineralkornes bedeutet. Im Punkte A' hat man dann:
$$z' = \frac{p}{\gamma_0'} = \frac{p}{\gamma_0} \cdot \frac{r}{r'}$$

oder auch:
$$z' = \frac{r}{r'} \quad \ldots \ldots \ldots \ldots \quad 7)$$

Da also $z' > 1$ ist, so ist das Vorschreiten des Mineralkornes in tangentialer Richtung während eines Stoßes nach der Formel 28 des § 18:

$$s' = \frac{a'}{2z'},$$

oder die Werte von a' und z' eingesetzt:

$$s' = \left(\frac{r'}{r}\right)^2 \cdot \frac{a}{2} \quad \ldots \ldots \ldots \quad 8)$$

Im Punkte A'' ist $r' = r_0$, folglich ist hier:

$$s'' = \left(\frac{r_0}{r}\right)^2 \cdot \frac{a}{2}.$$

Z. B. für $\frac{r_0}{r} = 0{,}3$ findet man:

$$s'' = 0{,}045\, a.$$

Ferner läßt sich die mittlere Tangentialgeschwindigkeit des Mineralkornes ausdrücken durch die Formel:

$$c' = \left(\frac{r'}{r}\right)^2 \cdot \frac{an}{120} \quad \ldots \ldots \ldots \quad 9)$$

Hieraus ist zu ersehen, daß hier die Geschwindigkeit c' nicht einen konstanten Wert hat, wie bei den ebenen Herden, sondern desto größer ist, je größer der Halbmesser r' ist, daher bei der Aufgabe den kleinsten, am Umfange den größten Wert hat. Wird $\frac{r_0}{r} = 0{,}3$ gesetzt, so wird im Punkte A'':

$$c' = 0{,}045\, \frac{an}{60}.$$

2. Es sei am Umfange $z > 1$, d. h. $\gamma_0 < p$. Es soll nun für r' derjenige Wert R berechnet werden, für den die Anfangsbeschleunigung $\Gamma_0 = p$ wäre. Dann ist nach der Gleichung 5:

$$\gamma_0 = \frac{r}{R}\Gamma_0,$$

oder den Wert von Γ_0 eingesetzt:

$$\gamma_0 = \frac{rp}{R},$$

woraus folgt:
$$R = \frac{p}{\gamma_0} r \quad \ldots \ldots \ldots \text{ 10)}$$

oder:
$$R = zr \quad \ldots \ldots \ldots \ldots \text{ 11)}$$

Die Länge des Ausschubes wäre dann im Abstand R von der stehenden Welle o nach der Gleichung 1:

$$A = \frac{R}{r} a = za \quad \ldots \ldots \ldots \text{ 12)}$$

Folglich ist in diesem Falle das tangentiale Vorschreiten des Mineralkornes nach der Gleichung 8:

$$s' = \left(\frac{r'}{R}\right)^2 \cdot \frac{A}{2}, \quad \ldots \ldots \ldots \text{ 13)}$$

oder wenn R und A durch ihre Werte ersetzt werden:

$$\underline{s' = \left(\frac{r'}{r}\right)^2 \cdot \frac{a}{2z}} \quad \ldots \ldots \ldots \text{ 14)}$$

und die mittlere Tangentialgeschwindigkeit des Mineralkornes:

$$\underline{c' = \left(\frac{r'}{r}\right)^2 \cdot \frac{an}{120\,z}} \quad \ldots \ldots \ldots \text{ 15)}$$

3. Es sei am Umfange $z < 1$, d.h. $\gamma_0 > p$. Derjenige Wert von r', für den die Anfangsbeschleunigung $\gamma_0' = p$, daher $z' = 1$ ist, sei bezeichnet durch $r' = \mathfrak{r}$. Man hat dann nach der Gleichung 5:

$$p = \frac{\mathfrak{r}}{r} \gamma_0,$$

daher:
$$\underline{\mathfrak{r} = zr} \quad \ldots \ldots \ldots \ldots \text{ 16)}$$

und für die Länge des Ausschubes im Abstande $\mathfrak{r}$ nach der Gleichung 1:

$$\mathfrak{a} = \frac{\mathfrak{r}}{r} a = za \quad \ldots \ldots \ldots \text{ 17)}$$

Wenn also $r' < \mathfrak{r}$ ist, so ist $z' > 1$, so daß man für das tangentiale Vorschreiten nach der Gleichung 8 erhält:

$$s' = \left(\frac{r'}{\mathfrak{r}}\right)^2 \cdot \frac{\mathfrak{a}}{2} \quad \ldots \ldots \ldots \text{ 18)}$$

oder wenn man $\mathfrak{r}$ und $\mathfrak{a}$ durch ihre Werte ersetzt:

$$\underline{s' = \left(\frac{r'}{r}\right)^2 \cdot \frac{a}{2z}} \quad \ldots \ldots \ldots \text{ 19)}$$

Folglich ist die mittlere Tangentialgeschwindigkeit:
$$c' = \left(\frac{r'}{r}\right)^2 \cdot \frac{an}{120\,z} \quad \ldots \ldots \ldots \quad 20)$$

Wenn nun $r' > \mathfrak{r}$ ist, so ist $z' < 1$. Es soll vorerst derjenige Wert von r' bestimmt werden, für den $z' = \dfrac{2}{\pi}$, daher die Anfangsbeschleunigung
$$\gamma_0' = \frac{p\pi}{2}$$
ist. Es sei für diesen Fall $r' = \mathfrak{r}'$; dann hat man nach der Gleichung 5:
$$\frac{p\pi}{2} = \frac{\mathfrak{r}'}{r} \gamma_0,$$

daher:
$$\mathfrak{r}' = \frac{\pi}{2} zr = 1{,}571\,zr \quad \ldots \ldots \ldots \quad 21)$$

Ist $\mathfrak{r} < r' < \mathfrak{r}'$, so gilt die Gleichung 38 des § 18, wonach
$$s' = a'\psi_3 \quad \ldots \ldots \ldots \quad 22)$$
ist; nach der Gleichung 1 ist aber:
$$a' = \frac{r'}{r} a,$$

daher:
$$s' = \frac{r'}{r} a\psi_3 \quad \ldots \ldots \ldots \quad 23)$$

Der Wert des Koeffizienten ψ_3 kann der Tabelle 20 entnommen werden, wenn der zu r' gehörige Beschleunigungskoeffizient z' bekannt ist. Es ist aber $z' = \dfrac{p}{\gamma_0'}$ und $\gamma_0' = \dfrac{r'}{r}\gamma_0$, daher:
$$z' = \frac{r}{r'} z \quad \ldots \ldots \ldots \quad 24)$$

Für die mittlere Tangentialgeschwindigkeit erhält man:
$$c' = \frac{r'}{r} \cdot \frac{an}{60} \cdot \psi_3 \quad \ldots \ldots \ldots \quad 25)$$

Ist schließlich $r' > \mathfrak{r}'$, so ist $z' < \dfrac{2}{\pi}$, so daß nach der Gleichung 35 des § 18 folgt:
$$s' = a'\left(\frac{z'\pi^2}{4} - 1\right).$$

Es ist aber:
$$a' = \frac{r'}{r} a \quad \text{und} \quad z' = \frac{r}{r'} z,$$

daher:
$$s' = a \left(\frac{z \pi^2}{4} - \frac{r'}{r} \right) \quad \ldots \ldots \ldots \quad 26)$$

Die Formel für die mittlere Tangentialgeschwindigkeit lautet dann:
$$c' = \frac{a n}{60} \left(\frac{z \pi^2}{4} - \frac{r'}{r} \right) \quad \ldots \ldots \ldots \quad 27)$$

Wir werden jetzt untersuchen, wie groß die Anfangsbeschleunigung am Umfange sein muß, wenn man zwei Mineralien von verschiedenem spezifischen Gewicht voneinander trennen will. Während die wagrechte Geschwindigkeit c bei den ebenen Herden für dasselbe Mineral konstant war, ändert sich die Tangentialgeschwindigkeit c' bei den Rundherden mit dem von der Welle o aus gemessenen Halbmesser r'.

Vom praktischen Standpunkte ist es nun sehr wichtig, daß die Differenz zwischen den Tangentialgeschwindigkeiten der spezifisch verschieden schweren Mineralien am größten dort sei, wo diese den Herd verlassen, nämlich am Umfange. Das kann nach den Betrachtungen des § 18 dann erreicht werden, wenn **am Umfange die Anfangsbeschleunigung des Herdes das 1,57-fache von der Reibungsbeschleunigung des spezifisch schwersten Mineralkornes ist**, d. h. wenn am Umfange der Beschleunigungskoeffizient des spezifisch schwersten Mineralkornes

$$z = \frac{2}{\pi} = 0{,}637$$

ist. Es seien z. B. die zwei Mineralien, die auf dem Rundherde getrennt werden sollen, Quarz ($\delta_1 = 2{,}6$) und Bleiglanz ($\delta_2 = 7{,}5$). Der Halbmesser der Trübeaufgebevorrichtung sei $r_0 = 0{,}6$ m, der äußere Halbmesser der Herdfläche $r = 2{,}0$ m. Dann ergibt sich für Bleiglanz: $z_2 = \dfrac{2}{\pi} = 0{,}637$ und für Quarz nach der Formel 46 des § 18:
$$z_1 = 0{,}70 \cdot 0{,}637 = 0{,}446.$$

Hiermit erhält man für Quarz:
$$\mathfrak{r}_1 = z_1 r = 0{,}89 \text{ m}, \qquad \mathfrak{r}_1' = 1{,}57\, \mathfrak{r}_1 = 1{,}40 \text{ m}$$

und für Bleiglanz:
$$r_2 = z_2 r = 1{,}28 \text{ m}, \qquad r_2' = 1{,}57\, r_2 = 2{,}00 \text{ m}.$$
Es ergeben sich also die folgenden **Tangentialgeschwindigkeiten**:

1. für Quarz:

$$c_1' = \frac{r'^2 \cdot an}{214}, \quad \ldots \ldots \text{ wenn } r' < 0{,}89 \text{ m ist,}$$

$$c_1' = \frac{r'an}{120}\psi_3, \quad \ldots \ldots \text{ wenn } 0{,}89 \text{ m} < r' < 1{,}40 \text{ m ist,}$$

wo der Koeffizient ψ_3 dem Werte $z_1' = \dfrac{0{,}89}{r'}$ entspricht, und

$$c_1' = \frac{an}{60}\left(1{,}107 - \frac{r'}{2}\right), \quad \ldots \ldots \text{ wenn } r' > 1{,}40 \text{ m ist.}$$

Z. B. für $r' = 2{,}0$ m ist:
$$c_1' = 0{,}107\,\frac{an}{60},$$
wie wir das schon in § 19 gesehen haben;

2. für Bleiglanz:

$$c_2' = \frac{r'^2 an}{306}, \quad \ldots \ldots \text{ wenn } r' < 1{,}28 \text{ m ist,}$$

$$c_2' = \frac{r'an}{120}\psi_3. \quad \ldots \ldots \text{ wenn } r' > 1{,}28 \text{ m ist,}$$

wo der Koeffizient ψ_3 dem Werte $z_2' = \dfrac{1{,}28}{r'}$ entspricht. Wenn wieder $r' = 2{,}0$ m gesetzt wird, so ergibt sich: $z_2' = 0{,}637$, $\psi_3 = 0{,}571$ und
$$c_2' = 0{,}571\,\frac{an}{60},$$
welche Formel aus § 19 bereits bekannt ist.

§ 23. Bestimmung der Hauptdaten der Rundherde.

Es bedeute g_0 die hydrostatische Beschleunigung des spezifisch schwersten Minerals, das getrennt werden soll. Am Umfange muß dann die Anfangsbeschleunigung des Herdes

$$\gamma_0 = ak = 1{,}57\, g_0 \varrho \quad \ldots \ldots \ldots \quad 1)$$

sein, d. h. man muß die Feder des Herdes so bemessen, daß zur Zusammendrückung von Null bis a die Kraft in Kilogramm

$$P_0 = M_0 g_0 = 1{,}57 \, g_0 \, \varrho \, M_0 \quad \ldots \ldots \quad 2)$$

erforderlich sei. M_0 bedeutet die auf den Umfang reduzierte Masse der Herdfläche und der damit verbundenen und bewegten Teile. Näherungsweise ist:

$$M_0 \sim \frac{M}{2} = \frac{G}{2g}, \quad \ldots \ldots \quad 3)$$

worin M die Masse derselben Teile und G ihr Gewicht bedeutet. Dies in die Gleichung 2 eingesetzt, ergibt:

$$P_0 = \frac{1{,}57}{2} \cdot \frac{g_0}{g} \cdot \varrho \, G \quad \ldots \ldots \quad 4)$$

oder wenn $\varrho = 0{,}2$ gesetzt wird:

$$P_0 = 0{,}157 \, G \, \frac{\delta - 1}{\delta} \quad \ldots \ldots \quad 5)$$

Für Bleiglanz ist z. B. $\dfrac{\delta - 1}{\delta} = 0{,}8666$, d. h.

$$P_0 = 0{,}1361 \, G \quad \ldots \ldots \quad 6)$$

Die Stoßzahl in der Minute läßt sich nach der Formel 5 des § 19 berechnen:

$$n = \frac{60}{\dfrac{a}{u} + 2{,}5 \sqrt{\dfrac{a}{g_0 \varrho}}} \quad \ldots \ldots \quad 7)$$

Die Tangentialgeschwindigkeiten sind in der im vorhergehenden Paragraphen behandelten Weise zu bestimmen.

Bei der Bestimmung der radialen Geschwindigkeit, d. h. der in der Fallrichtung, muß man in Betracht ziehen, daß der Trübestrom während des Weges über den Herd im Verhältnisse $r' : r_0$ sich ausbreitet und seine Geschwindigkeit daher in demselben Verhältnisse abnimmt[1]).

---

[1]) Diese Voraussetzung ist nur richtig, solange die Stärke der Trübeschicht sich nicht ändert. Nach der Bazinschen Formel (Gleichung 20, § 6) nimmt aber mit der Geschwindigkeit auch die Stärke ab, und man kann aus dieser, wenn man das obige Verhältnis der Breitezunahme berücksichtigt, die approximativen Formeln

$$w' = w \sqrt{\frac{r_0}{r'}} \quad \text{und} \quad H' = H \sqrt{\frac{r_0}{r'}}, \quad \ldots \ldots \quad a)$$

Die Herdarbeit.

Wenn also die mittlere Geschwindigkeit des Trübestromes im Punkte A'' mit w bezeichnet wird, so ist im Punkte A':

$$w' = \frac{r_0}{r'} w \qquad \qquad 8)$$

Z. B. am Umfange, wo $r' = r$ ist, hat man:

$$w' = \frac{r_0}{r} w,$$

ableiten, wo w' die mittlere Geschwindigkeit und H' die Stärke im Abstande r' von der Welle bedeutet. Es sei z. B. $r = 2$ m und $r_0 = 0{,}6$ m, dann ist am Umfange

$$w' = 0{,}55\, w \quad \text{und} \quad H' = 0{,}55\, H.$$

Den obigen Betrachtungen sind aber die Formeln

$$w' = w \frac{r_0}{r'} \quad \text{und} \quad H' = H \qquad \qquad b)$$

zugrunde gelegt worden, so daß man am Umfange, falls die Halbmesser r und r_0 dieselben bleiben, in diesem Falle hat

$$w' = 0{,}3\, w \quad \text{und} \quad H' = H.$$

In der Fallrichtung ist die Abnahme der Geschwindigkeit v' der Mineralkörner nach der Formel a) kleiner als nach unseren Berechnungen. Die von uns abgeleiteten Formeln aber stimmen mit der Erfahrung viel besser überein als diejenigen, die sich aus den Formeln a) ergeben; demnach ändert sich die Stärke der Trübeschicht nicht oder wenigstens in viel geringerem Maße als nach der Bazinschen Formel zu erwarten wäre. Die Stärkeänderung der Trübeschicht kann — mit Rücksicht auf ihren geringen Wert und die infolge der Herdstöße entstehende Wellenbildung — durch direktes Messen mit praktisch annehmbarer Genauigkeit nicht nachgewiesen werden.

Es ist noch in Erwägung zu ziehen, daß die Bazinsche Formel eine Strömung ohne Wellenbildung voraussetzt, während bei den Rundherden der immer mehr stärker werdenden Rückstöße zufolge auch die Wellenbildung fortwährend zunimmt und der Ausschlag der Wellen im Verhältnis zur Stärke der Trübeschicht ziemlich groß ist. Im Falle gleichmäßiger Wellenbildung, wie z. B. bei den ebenen Herden, wo der Rückstoß konstant ist, kann man näherungsweise auch die Bazinsche Formel anwenden, wenn man den Koeffizienten ζ entsprechend wählt. Bei den Rundherden aber, wo — wie schon erwähnt — die Wellenbildung immer mehr zunimmt, erhält man von den Formeln a) ausgehend kein mit der Erfahrung übereinstimmendes Resultat.

Es ist wahrscheinlich, daß die immer stärker werdende Wellenbildung den Trübestrom anschwellt, seine Stärkeabnahme ausgleicht und anderseits auch seine Strömungsgeschwindigkeit vermindert. In diesem Falle aber kann man der Wirklichkeit viel näher kommen, wenn man von den Formeln b) ausgeht.

oder wenn man $\frac{r_0}{r} = 0{,}3$ setzt, so wird:
$$w' = 0{,}3\,w.$$

Die radiale Geschwindigkeit des Mineralkornes vom Durchmesser d im Abstande r' von der Welle ist somit:

$$v' = w'\frac{d}{H}\left(2-\frac{d}{H}\right) - v_0\sqrt{\varrho-\sin\varepsilon} \quad \ldots \quad 9)$$

oder
$$v' = w'\frac{d}{H}\left(2-\frac{d}{H}\right) - v_0(\varrho-\sin\varepsilon), \quad \ldots \quad 10)$$

je nachdem v_0 größer oder kleiner als die kritische Geschwindigkeit ist. Die obigen Gleichungen kann man auch in folgender Form schreiben:
$$v' = w'A - B, \quad \ldots \ldots \quad 11)$$

worin
$$A = \frac{d}{H}\left(2-\frac{d}{H}\right) \quad \ldots \ldots \quad 12)$$

und
$$B = \begin{cases} v_0\sqrt{\varrho-\sin\varepsilon} \\ v_0(\varrho-\sin\varepsilon) \end{cases} \quad \ldots \ldots \quad 13)$$

gesetzt ist. Den Wert von w' in die Gleichung 11 eingesetzt, ergibt:
$$v' = \frac{r_0}{r'}wA - B.$$

Anderseits ist aber:
$$v' = \frac{dr'}{dt}.$$

Wenn die beiden Werte von v' einander gleich gesetzt werden, so wird:
$$dt = \frac{1}{B}\cdot\frac{r'dr'}{\frac{r_0wA}{B}-r'} \quad \ldots \ldots \quad 14)$$

Setzt man nun:
$$q = \frac{r_0wA}{B} = \text{konstant}, \ldots \ldots \quad 15)$$

so wird:
$$dt = \frac{1}{B}\cdot\frac{r'dr'}{q-r'} \quad \ldots \ldots \quad 16)$$

Zur Zurücklegung des Weges $(r'-r_0)$ ist daher die Zeit

$$t' = \frac{1}{B}\int_{r_0}^{r'}\frac{r'dr'}{q-r'} \quad \ldots \ldots \quad 17)$$

erforderlich. Es sei:
$$J = \int \frac{r'\,dr'}{q-r'},$$

dann ist:
$$t' = \frac{1}{B}(J' - J_0).$$

Nun ist aber:
$$\frac{r'}{q-r'} = -1 + \frac{q}{q-r'},$$

folglich:
$$J = -\int dr' - q\int \frac{d(q-r')}{q-r'}$$

oder:
$$J = -r' - q\log(q-r') + C.$$

Wir können also schreiben:
$$J' - J_0 = q\log\frac{q-r_0}{q-r'} + r_0 - r'.$$

Den Wert von q eingesetzt und dann durch B dividiert, ergibt:
$$t' = \frac{r_0}{B}\left[1 + \frac{wA}{B}\log\frac{r_0(wA-B)}{r_0wA - r'B}\right] - \frac{r'}{B}, \quad \ldots \quad 18)$$

oder wenn man die Briggschen Logarithmen einführt, so wird, da
$$\log N = 2{,}3026\,\mathrm{Log}\,N$$
ist:
$$t' = \frac{r_0}{B}\left[1 + \frac{2{,}3026\,wA}{B}\cdot\mathrm{Log}\,\frac{r_0(wA-B)}{r_0wA - r'B}\right] - \frac{r'}{B} \ldots \quad 19)$$

Wenn also das Mineralkorn vom Wasser über den Herd hinweggeführt werden soll, so muß
$$r_0wA - rB > 0$$

oder:
$$w > \frac{rB}{r_0 A} \qquad \ldots \ldots \ldots \quad 20)$$

sein. Z. B. für $\dfrac{r}{r_0} = \dfrac{10}{3}$ wäre dann:
$$w > \frac{10\,B}{3\,A}.$$

Mittels der bisher abgeleiteten Formeln können auf der Herdfläche die Bahnen der spezifisch verschieden schweren Mineralkörner konstruiert werden. Es ist aber zu bemerken, daß der tangentiale Weg des Mineralkornes sich nach der Formel
$$s = \int c\,dt$$

Bestimmung der Hauptdaten der Rundherde.

nicht berechnen läßt, da die Tangentialgeschwindigkeit c keine stetige Funktion der Zeit t ist. Wir teilen zum Zwecke der Konstruktion den Abstand $(r - r_0)$ in m gleiche Teile. Für einen solchen Teil hat man dann:

$$\Delta r = \frac{r - r_0}{m} \quad \ldots \ldots \ldots \quad 21)$$

Für $r' = r_0$ sei die Geschwindigkeit . . . c_1
„ $r' = r_0 + \Delta r$ „ „ „ . . . c_2
„ $r' = r_0 + 2\Delta r$ „ „ „ . . . c_3
. . . .
„ $r' = r_0 + m\Delta r$ „ „ „ . . . c_{m+s}

Diese Geschwindigkeiten lassen sich mittels der im vorhergehenden Paragraphen entwickelten Formeln leicht berechnen. Hierauf werden die mittleren Geschwindigkeiten

$$C_1 = \frac{c_1 + c_2}{2}, \qquad C_2 = \frac{c_2 + c_3}{2}, \ldots C_m = \frac{c_m + c_{m+1}}{2}$$

berechnet. Sind nun zur Zurücklegung der radialen Wegstrecken

$$\Delta r_1 = (r_0 + \Delta r) - r_0$$
$$\Delta r_2 = (r_0 + 2\Delta r) - (r_0 + \Delta r)$$
$$\Delta r_3 = (r_0 + 3\Delta r) - (r_0 + 2\Delta r)$$
$$\cdots\cdots\cdots\cdots\cdots\cdots\cdots\cdots$$
$$\Delta r_m = (r_0 + m\Delta r) - [r_0 + (m-1)\Delta r]$$

nach der Formel 19 die Zeitabschnitte

$$\Delta t_1, \Delta t_2, \Delta t_3, \ldots \Delta t_m$$

erforderlich, so entsprechen diesen die folgenden tangentialen Wegstrecken:

$$\Delta s_1 = C_1 \cdot \Delta t_1, \quad \Delta s_2 = C_2 \cdot \Delta t_2, \ldots \Delta s_m = C_m \cdot \Delta t_m.$$

Es ist zu bemerken, daß der in tangentialer Richtung tatsächlich zurückgelegte Weg s durch einfaches Addieren der Wegstrecken Δs noch nicht erhalten wird. Es sei nämlich dem Halbmesser r_0 der Trübeaufgebevorrichtung entsprechend a der Ausgangspunkt eines Mineralkornes (Abb. 33).

Gelangt das Mineralkorn nach der Zeit Δt_1 in den Punkt 1, so hat es in derselben Zeit entlang des Kreisbogens bb', dessen Halbmesser $(r_0 + \Delta r)$ ist, den Weg $s_1 = \Delta s_1$ zurückgelegt. Ist ferner entlang des Kreisbogens cc', dessen Halbmesser $(r_0 + 2\Delta r)$

ist, in der Zeit $(\Delta t_1 + \Delta t_2)$ der Weg $cc' = s_2$ zurückgelegt worden, so ist
$$s_2 > \Delta s_1 + \Delta s_2,$$
da das Mineralkorn sich vom Punkte 1 unter dem Einflusse des

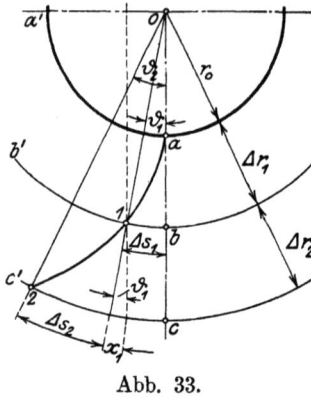

Abb. 33.

Wasserstromes nicht mehr parallel zu oc, sondern entlang des Halbmessers $o1$, der mit oc den Winkel ϑ_1 einschließt, in radialer Richtung fortbewegt; man kann daher den zurückgelegten Weg s_2 folgend ausdrücken:
$$s_2 \sim \Delta s_1 + x_1 + \Delta s_2.$$
Anderseits ist: $x_1 \sim \Delta r \cdot \vartheta_1$
und $\quad \vartheta_1 = \dfrac{\Delta s_1}{r_0 + \Delta r},$

folglich: $x_1 = \dfrac{\Delta r \cdot \Delta s_1}{r_0 + \Delta r},$

so daß man für s_2 erhält:
$$s_2 = \Delta s_1 \left(1 + \frac{\Delta r}{r_0 + \Delta r}\right) + \Delta s_2.$$

In analoger Weise ergibt sich:
$$x_2 = \frac{\Delta s_2 \cdot \Delta r}{r_0 + 2\Delta r}$$
und hiermit:
$$s_3 = \Delta s_1 \left(1 + \frac{\Delta r}{r_0 + \Delta r}\right) + \Delta s_2 \left(1 + \frac{\Delta r}{r_0 + 2\Delta r}\right) + \Delta s_3.$$

Im allgemeinen kann man also schreiben:
$$x_m = \frac{\Delta s_m \cdot \Delta r}{r_0 + m\Delta r} \quad \ldots \ldots \ldots \quad 22)$$

und:
$$s_m = \Delta s_1 \left(1 + \frac{\Delta r}{r_0 + \Delta r}\right) + \ldots$$
$$+ \Delta s_{m-1} \left(1 + \frac{\Delta r}{r_0 + (m-1)\Delta r}\right) + \Delta s_m \quad \ldots \quad 23)$$

oder:
$$s_m = \sum_{p=1}^{p=m-1} \Delta s_p \left(1 + \frac{\Delta r}{r_0 + p\Delta r}\right) + \Delta s_m \quad \ldots \ldots \quad 24)$$

Der Rundherd mit feststehender Aufgebevorrichtung. 221

Berechnet man auf diese Weise die Wege s_1, s_2, ... und trägt dann diese von den Punkten b, c, ... aus auf den Kreisbögen bb', cc', ... ab, so erhält man die Positionen 1, 2, ... die von demselben Mineralkorne während seiner Bewegung über die Herdfläche nacheinander eingenommen werden.

§ 24. Der Rundherd mit feststehender Aufgebevorrichtung.

Wir wollen nun die in den vorhergehenden zwei Paragraphen abgeleiteten Formeln zur Berechnung eines konkreten Beispiels benutzen.

Der Halbmesser der Trübeaufgebevorrichtung sei $r_0 = 0{,}6$ m, der äußere Halbmesser der Herdfläche $r = 2{,}0$ m, die Herdneigung $\varepsilon = 5^0$. Die zu trennenden Mineralien seien Quarz und Bleiglanz, ihre gemeinschaftliche Endgeschwindigkeit sei $v_0 = 0{,}05$ m, d. h. für Bleiglanz kleiner als die kritische Geschwindigkeit, für Quarz dagegen größer.

Es berechnet sich dann der Durchmesser des Quarzkornes zu:

$$d_1 = \left(\frac{50}{77}\right)^2 \cdot \frac{1}{1{,}6} = 0{,}26 \text{ mm}$$

und der des Bleiglanzeskornes zu:

$$d_2 = \sqrt{\frac{50}{545 \cdot 6{,}5}} = 0{,}12 \text{ mm}.$$

Wenn die Ausschublänge am Umfange $a = 2$ cm beträgt und der Ausschub mit der Geschwindigkeit $u = 0{,}15$ m erfolgt, so ist die Stoßzahl in der Minute:

$$n = \frac{60}{\dfrac{0{,}02}{0{,}15} + 1{,}92 \sqrt{0{,}02}} = 150.$$

Wird die Stärke der Trübeschicht zu $H = 2$ mm angenommen, so ist ihre mittlere Geschwindigkeit bei der Aufgebevorrichtung:

$$w = \frac{87 \cdot 0{,}002 \sqrt{0{,}087}}{0{,}1 + \sqrt{0{,}002}} = 0{,}35 \text{ m},$$

so daß man für das Quarzkorn nach den Gleichungen 12 und 13 des vorhergehenden Paragraphen erhält:

$$A_1 = \frac{0{,}26}{2}\left(2 - \frac{0{,}26}{2}\right) = 0{,}2431,$$

$$B_1 = 0{,}05\sqrt{0{,}2 - 0{,}087} = 0{,}0168,$$

daher nach der Gleichung 20 des vorhergehenden Paragraphen:

$$\frac{10\,B_1}{3\,A_1} = 0{,}23 \text{ m} < w.$$

In gleicher Weise findet man für das Bleiglanzkorn:

$$A_2 = \frac{0{,}12}{2}\left(2 - \frac{0{,}12}{2}\right) = 0{,}1164,$$

$$B_2 = 0{,}05\,(0{,}2 - 0{,}087) = 0{,}00564$$

und:
$$\frac{10\,B_2}{3\,A_2} = 0{,}16 \text{ m} < w.$$

Die zur Zurücklegung des radialen Weges $(r' - r_0)$ erforderliche Zeit ist nach der Formel 19 des vorhergehenden Paragraphen für das Quarzkorn:

$$t_1' = 35{,}6\left(1 + 11{,}7\,\text{Log}\,\frac{0{,}041}{0{,}051 - 0{,}0168\,r'}\right) - \frac{r'}{0{,}0168}$$

und für das Bleiglanzkorn:

$$t_2' = 106{,}4\left(1 + 16{,}6\,\text{Log}\,\frac{0{,}02106}{0{,}024464 - 0{,}00564\,r'}\right) - \frac{r'}{0{,}00564}.$$

Die nach diesen Formeln berechneten Zeiten t' und Zeitabschnitte $\Delta t'$, die dem Endpunkte r' und den Wegstrecken $\Delta r = 0{,}2$ m entsprechen, sind in der nachstehenden Tabelle 21 zusammengestellt.

Tabelle 21.

r' m	Quarz		Bleiglanz	
	t_1' Sek.	$\Delta t_1'$ Sek.	t_2' Sek.	$\Delta t_2'$ Sek.
0,8	3,8	3,8	6,2	6,2
1,0	8,8	5,0	14,0	7,8
1,2	15,4	6,6	25,2	11,2
1,4	25,4	9,1	40,5	15,3
1,6	36,5	12,0	59,0	18,5
1,8	51,3	14,8	81,8	22,8
2,0	71,0	19,7	110,0	28,2

Der Rundherd mit feststehender Aufgebevorrichtung. 223

Die zu den verschiedenen Werten des Halbmessers r' gehörigen Tangentialgeschwindigkeiten c_1' und c_2' können mittels der in § 22 unter 3 abgeleiteten Formeln berechnet werden. Aus diesen ermittelt man dann die mittleren Geschwindigkeiten C_1' und C_2'. Multipliziert man die mittleren Geschwindigkeiten mit den entsprechenden Zeitabschnitten Δt, so erhält man die Wegstrecken Δs.

Das Ergebnis dieser Berechnungen zeigt die nachstehende Tabelle 22.

Tabelle 22.

r' m	Quarz					Bleiglanz				
	z_1'	ψ	c_1' mm	C_1' mm	Δs_1 mm	z_2'	ψ	c_2' mm	C_2' mm	Δs_2 mm
0,6	1,49	0,33	4,9	—	0	2,12	0,23	3,4	—	0
0,8	1,11	0,45	9,0	7,0	26	1,59	0,31	6,2	4,8	30
1,0	0,89	0,54	13,5	11,2	56	1,27	0,39	9,7	8,0	62
1,2	0,74	0,57	17,1	15,3	101	1,06	0,47	14,1	11,9	133
1,4	0,64	0,57	19,9	18,5	168	0,91	0,53	18,5	16,3	249
1,6	0,56	0,38	15,2	17,5	209	0,80	0,56	22,4	20,4	377
1,8	0,49	0,21	9,4	12,3	182	0,70	0,57	25,6	24,0	547
2,0	0,446	0,10	5,0	7,2	142	0,637	0,57	28,5	27,0	761

Es ist nun aus dem vorhergehenden Paragraphen bekannt, daß man zur Konstruktion der von den Mineralkörnern auf der Herdfläche beschriebenen Bahnen die zurückgelegten Wege s kennen muß; um diese zu erhalten, müssen vorher die entsprechenden Werte von x nach der Formel 22 des vorhergehenden Paragraphen berechnet werden. Das Ergebnis dieser Berechnungen ist in der Tabelle 23 zusammengestellt.

Tabelle 23.

r' m	Quarz			Bleiglanz		
	Δs_1 mm	x_1 mm	s_1 mm	Δs_2 mm	x_2 mm	s_2 mm
0,8	26	0	26	30	0	30
1,0	56	6	88	62	7	99
1,2	101	11	200	133	12	244
1,4	168	17	385	249	22	515
1,6	209	24	618	377	36	928
1,8	182	26	826	547	47	1522
2,0	142	20	988	761	61	2344

Die mit den Werten dieser Tabelle konstruierten Bahnen der Bleiglanz- und Quarzkörner sind aus Abb. 34 zu ersehen. o ist die Aufgebevorrichtung, mittels welcher die Trübe auf ein Viertel des Kreisumfanges aufgetragen wird. Der Pfeil p bezeichnet die Richtung der Rückstöße. Die Bahnen der verschiedenen Mineralkörner bilden nach dem Herdumfange zu sich immer mehr erweiternde Streifen, und zwar führt der Streifen $a_1 a_2 b_1 b_2$ Bleiglanzkörner, der Streifen $a_1 a_2 c_1 c_2$ Quarzkörner. Man sieht, daß die Streifen sich zum großen Teil decken,

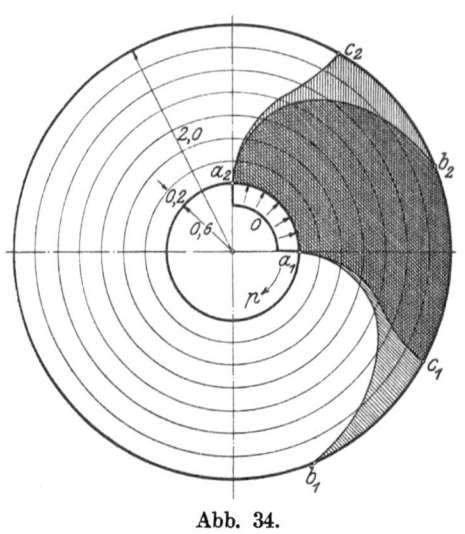

Abb. 34.

so daß reiner Bleiglanz am Herdumfange nur von b_1 bis c_1, Quarz von b_2 bis c_2 gewonnen wird, während der Teil $c_1 b_2$ des Umfanges Zwischenprodukt — bestehend aus Bleiglanz- und Quarzkörnern — liefert. Die Differenz zwischen den Wegen der Bleiglanz- und Quarzkörner am Herdumfange ist nach der Tabelle 23:

$$2,344 - 0,988 = 1,356 \text{ m},$$

diese Differenz gibt daher die Länge der Bögen $b_1 c_1$ und $b_2 c_2$. Für die untere Breite des Quarz- und Bleiglanzstreifens ergibt sich:

$$\frac{r\pi}{2} = 3,141 \text{ m},$$

folglich ist am Umfange der Zwischenproduktabfluß $c_1 b_2$

$$3,141 - 1,356 = 1,785 \text{ m}$$

und der ganze Trübeabfluß $b_1 c_2$

$$3,141 + 1,356 = 4,497 \text{ m}$$

breit. Beachtet man, daß die Herdfläche den Umfang

$$2 r \pi = 12,566 \text{ m}$$

hat, so erhält man folgende Verhältniszahlen:

1. der ganze Trübeabfluß beträgt 35,8 vH. des Herdumfanges,
2. der Schliech- und Bergeabfluß beträgt 30,8 vH. des Trübeabflusses,
3. der Zwischenproduktabfluß beträgt 38,4 vH. des Trübeabflusses.

Aus diesen Verhältniszahlen ist zu ersehen, daß dem besprochenen Rundherde zwei wesentliche Nachteile anhaften, und zwar:
1. die Herdfläche ist schlecht ausgenutzt,
2. das Zwischenprodukt bildet einen großen Teil der abfließenden Produkte.

In der Praxis findet deshalb dieser Rundherd keine Anwendung, viel mehr aber der abgeänderte Apparat, der Bartschsche Rundherd. Zum besseren Verständnis der Arbeitsweise des Bartschschen Rundherdes war aber auch eine kurze Darlegung über diesen einfachen Rundherd erforderlich.

§ 25. Der Rundherd von Bartsch.

Die Aufgebevorrichtung rotiert bei diesem Herde in der Richtung des Ausschubes, so daß dieselbe Wirkung erzielt wird, als mit einem Herde, dessen Aufgebevorrichtung feststeht und die Herdfläche nach der entgegengesetzten Seite, also in der Richtung der Stöße rotiert. In diesem Falle muß man also zu den Tangentialgeschwindigkeiten die durch die Drehung hervorgerufene Geschwindigkeit c_0' addieren, in ähnlicher Weise, als wir es beim Stein-Bilharzschen Herde gesehen haben.

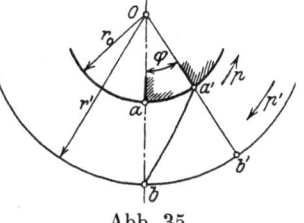

Abb. 35.

Es sei nämlich a die eine Ecke der Aufgebevorrichtung, die sich in der Richtung des Pfeiles p drehe (Abb. 35). Wir nehmen einstweilen an, daß die Herdfläche feststeht, daher keine Stöße erleidet. Während die Aufgebevorrichtung sich um den Winkel φ dreht, so daß ihre Ecke die Stellung a' einnimmt, erreicht das Mineralkorn, das im Punkte a aufgetragen wurde, unter dem Einflusse des Wasserstromes entlang des Halbmessers oa den Punkt b. Das Ergebnis ist also dasselbe, als wenn das Mineralkorn gegen die in der Stellung a' feststehende Aufgebevorrichtung den Weg $a'b$ zurückgelegt hätte, d. h. der zurückgelegte Weg des Mineralkornes entlang des Kreisbogens bb' und in der Richtung des Pfeiles p' ist gleich dem Bogen $b'b$.

Findet die Drehung um den Winkel φ gerade in einer Sekunde statt, so ist aa' nichts anderes als die Umfangsgeschwindigkeit c_0 der Aufgebevorrichtung und $b'b$ die Relativgeschwindigkeit c_0' des Mineralkornes längs des Kreisbogens mit dem Halbmesser r'. Es ist aber:
$$(b'b) = \frac{r'}{r_0} \cdot (aa'),$$

daher:
$$c_0' = \frac{r'}{r_0} c_0. \qquad \ldots \ldots \ldots \text{ 1)}$$

Bezeichnet man mit n_0 die Umdrehungszahl der Aufgebevorrichtung in der Minute, so folgt:
$$c_0 = \frac{n_0 \pi}{30} r_0, \qquad \ldots \ldots \ldots \text{ 2)}$$

daher:
$$c_0' = \frac{n_0 \pi}{39} r' \qquad \ldots \ldots \ldots \text{ 3)}$$

oder, da
$$\frac{\pi}{30} = 0{,}1047$$

ist:
$$\underline{c_0' = 0{,}1047\, n_0 r'}. \qquad \ldots \ldots \ldots \text{ 4)}$$

Werden nun gleichzeitig der Herdfläche auch Rückstöße erteilt, so ist die Relativgeschwindigkeit des Mineralkornes gegen die Aufgebevorrichtung:
$$\underline{c' = \psi \frac{r'}{r} \frac{an}{60} + 0{,}1047\, n_0 r'} \qquad \ldots \ldots \text{ 5)}$$

Zwecks Konstruktion der Bahnen der Mineralkörner teilen wir den Abstand $(r - r_0)$ wieder in m gleiche Teile; es ist dann:
$$\varDelta r = \frac{r - r_0}{m}. \qquad \ldots \ldots \ldots \text{ 6)}$$

Dann berechnen wir nach der Formel 4 die zu den Halbmessern
$$r' = r_0,$$
$$r' = r_0 + \varDelta r,$$
$$\ldots \ldots \ldots$$
$$r' = r_0 + m \varDelta r$$

gehörigen Geschwindigkeiten:
$$c_0', c_{01}'', \ldots c_{0m}'$$
und aus diesen die mittleren Geschwindigkeiten:
$$C_{01} = \frac{c_0' + c_{01}''}{2},$$
$$C_{02}' = \frac{c_{01}' + c_{02}'}{2},$$
$$\ldots \ldots \ldots$$
$$C_{0m}' = \frac{c_{0(m-1)}' + c_{0m}'}{2}.$$

Die tangentialen Wegstrecken sind dann:
$$\Delta \sigma_1 = C_{01}' \cdot \Delta t_1,$$
$$\Delta \sigma_2 = C_{02}' \cdot \Delta t_2,$$
$$\ldots \ldots \ldots$$
$$\Delta \sigma_m = C_{0m}' \cdot \Delta t_m.$$

Die Summe der Wegstrecken $\Delta \sigma$ gibt nicht den tatsächlichen, auf einen Kreisbogen reduzierten Weg σ. Wenn aber nach den Darlegungen des § 23
$$\xi_m = \frac{\Delta \sigma_m \cdot \Delta r}{r_0 + m \cdot \Delta r} \quad \ldots \ldots \quad 7)$$
ist, so erhält man:
$$\sigma_m = \sum_{p=1}^{p=m-1} \Delta \sigma_p \left(1 + \frac{\Delta r}{r_0 + p \Delta r}\right) + \Delta \sigma_m. \quad \ldots \quad 8)$$

Werden dem Herde auch Rückstöße erteilt, so ist der tangentiale Weg:
$$S_m = s_m + \sigma_m, \quad \ldots \ldots \ldots \quad 9)$$
wo der Wert von s_m mittels der Formel 24 des § 23 bestimmt werden kann.

Wenn z. B. ein Bartschscher Rundherd die gleichen Abmessungen hat wie der im vorhergehenden Paragraphen besprochene einfache Rundherd, und wenn es sich auch hier um die Verarbeitung derselben Trübe handelt, so ist, falls $n_0 = 0{,}3$ angenommen wird:
$$c_0' = 0{,}0314 \, r'.$$

228   Die Herdarbeit.

Das Ergebnis der weiteren Berechnung zeigt die nachstehende Tabelle 24.

Tabelle 24.

r' m	c_0' mm	C_0' mm	Quarz				Bleiglanz			
			$\Delta\sigma_1$ mm	ξ_1 mm	σ_1 mm	S_1 mm	$\Delta\sigma_2$ mm	ξ_2 mm	σ_2 mm	S_2 mm
0,6	18,8	—	—	—	—	—	—	—	—	—
0,8	25,1	21,9	83	0	83	119	136	0	136	166
1,0	31,4	28,2	141	21	245	333	220	34	390	489
1,2	37,7	34,5	228	28	501	701	386	44	820	1064
1,4	44,0	40,8	371	38	910	1295	624	64	1508	2023
1,6	50,2	47,1	565	53	1528	2146	871	89	2468	3396
2,8	56,5	53,3	789	70	2387	3218	1215	109	3692	5214
1,0	62,8	59,6	1174	88	3649	4637	1681	135	5508	7852

Die Bahnen der Bleiglanz- und Quarzkörner, die mit den Werten dieser Tabelle konstruiert worden sind, zeigt Abb. 36. o ist die Aufgebevorrichtung. Der Pfeil p bezeichnet die Richtung der Rückstöße, so daß die Aufgebevorrichtung entgegengesetzt zu dieser Stoßrichtung um den Herd rotiert. Wird die Trübe über den $^1/_4$ Kreisbogen $a_1 a_2$ aufgetragen, so stellt der Streifen $a_1 a_2 b_1 b_2$ die Bahn der Bleiglanzkörner, der Streifen $a_1 a_2 c_1 c_2$ die Bahn der Quarzkörner dar.

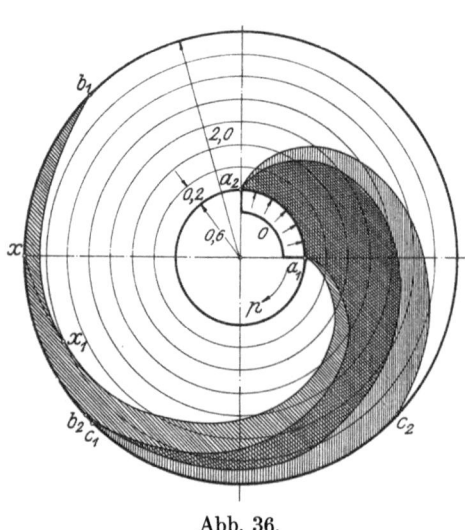

Abb. 36.

Es wird also am Herdumfange von b_1 bis b_2 Bleiglanz, von c_1 bis c_2 Quarz abfließen. Die Differenz der Wege der Bleiglanz- und Quarzkörner am Umfange ist nach der Tabelle 24:

$$7{,}852 - 4{,}637 = 3{,}215 \text{ m}.$$

Die Breite des Schliech- und Bergestreifens ist am Umfange 3,141 m, so daß am Umfange der Abstand der beiden Streifen voneinander

$$3{,}215 - 3{,}141 = 0{,}074 \text{ m}$$

beträgt, d. h. Bleiglanz und Quarz werden am Herdumfange vollkommen abgesondert gewonnen.

Man sieht, daß das Ergebnis hier um vieles günstiger ist als es im Falle des vorhergehenden Paragraphen war.

Wir wollen jetzt untersuchen, wie die minutliche Umdrehungszahl der Aufgebevorrichtung auf das Ergebnis der Konzentration einwirkt, d. h. ob es möglich ist, die Trennung durch richtige Wahl der Umdrehungszahl noch mehr zu vervollkommen.

Am Herdumfange ist die Differenz zwischen den Wegen der Berge und Erzkörner:

$$S_2 - S_1 = (s_2 - s_1) + \sum (\Delta \sigma_2 + \xi_2) - \sum (\Delta \sigma_1 + \xi_1) \quad . \quad 10)$$

Da aber

$$\sum (\Delta \sigma_2 + \xi_2) - \sum (\Delta \sigma_1 + \xi_1) \sim \sum (\Delta \sigma_2 - \Delta \sigma_1)$$

ist, so kann man näherungsweise schreiben:

$$S_2 - S_1 = (s_2 - s_1) + \sum \Delta (\sigma_2 - \sigma_1) \quad . \quad . \quad . \quad . \quad 11)$$

Wird nun in der Formel 1 $r' = r$ gesetzt, so ist die relative Umfangsgeschwindigkeit:

$$C_0 = \frac{r}{r_0} c_0, \quad . \quad . \quad . \quad . \quad . \quad . \quad . \quad . \quad 12)$$

woraus folgt: $c_0 = \frac{r_0}{r} C_0.$

Dies in die Formel 1 eingesetzt, ergibt:

$$c_0' = \frac{r'}{r} C_0 \quad . \quad . \quad . \quad . \quad . \quad . \quad . \quad 13)$$

Man hat dann für Quarz (also für das spezifisch leichtere Mineral):

$$c_0 = \frac{r_0}{r} C_0, \quad . \quad . \quad . \quad . \quad . \quad . \quad \text{wenn } r' = r_0,$$

$$c_{01} = \frac{r_0 + \Delta r}{r} C_0, \quad . \quad . \quad . \quad . \quad \text{wenn } r' = r_0 + \Delta r,$$

$$c_{02} = \frac{r_0 + 2\,\Delta r}{r} C_0, \quad \ldots \ldots \quad \text{wenn } r' = r_0 + 2\,\Delta r,$$

. . . .

$$\text{und } c_{0m} = \frac{r_0 + m \cdot \Delta r}{r} C_0, \quad \ldots \ldots \quad \text{wenn } r' = r_0 + m \cdot \Delta r \text{ ist.}$$

Die mittleren Geschwindigkeiten sind daher:

$$C_1 = \frac{2\,r_0 + \Delta r}{2\,r} C_0,$$

$$C_2 = \frac{2\,r_0 + 3\,\Delta r}{2\,r} C_0,$$

. . . .

$$C_m = \frac{2\,r_0 + (2\,m-1)\,\Delta r}{2\,r} C_0$$

und die tangentialen Wegstrecken:

$$\Delta \sigma_1 = \frac{2\,r_0 + \Delta r}{2\,r} C_0 \cdot \Delta t_1,$$

$$\Delta \sigma_2 = \frac{2\,r_0 + 3\,\Delta r}{2\,r} C_0 \cdot \Delta t_2,$$

. . . .

$$\Delta \sigma_m = \frac{2\,r_0 + (2\,m-1)\,\Delta r}{2\,r} C_0 \cdot \Delta t_m.$$

Durch Addieren dieser Wegstrecken erhält man:

$$\sum \Delta \sigma = C_0 \sum_{p=1}^{p=m} \frac{2\,r_0 + (2\,p-1)\,\Delta r}{2\,r} \cdot \Delta t_p \quad \ldots \; 14)$$

In gleicher Weise findet man für Bleiglanz (also für das spezifisch schwerere Mineral):

$$\sum \Delta \sigma' = C_0 \sum_{p=1}^{p=m} \frac{2\,r_0 + (2\,p-1)\,\Delta r}{2\,r} \cdot \Delta t_p' \quad \ldots \; 15)$$

Nach der Bezeichnung in der Formel 11 ist:

$$\sum \Delta (\sigma_2 - \sigma_1) = \sum \Delta \sigma' - \sum \Delta \sigma,$$

und dies in die Formel 11 eingesetzt, ergibt:

$$S_2 - S_1 = (s_2 - s_1) + C_0 \sum \frac{2\,r_0 + (2\,p-1) \cdot \Delta r}{2\,r} \cdot \Delta (t_p' - t_p) \; 16)$$

Da aber $s_2 - s_1 > 0$ und $t_p' - t_p > 0$ ist, so sieht man, daß die Wegdifferenz $(S_2 - S_1)$ bei jedem positiven Werte von C_0 positiv und desto größer ist, je größer C_0 ist.

Die Formel 16 kann man auch in nachstehender, für die Berechnung mehr geeigneter Form schreiben:

$$S_2 - S_1 = (s_2 - s_1) + C_0 \left[\frac{r_0}{r}(t'-t) + \frac{\Delta r}{2r} \sum (2p-1) \Delta(t_p' - t_p) \right] \quad 17)$$

Wird die Trübe über den $\dfrac{1}{q}$ Teil des Kreisumfanges aufgegeben, so ist die Streifenbreite des Bleiglanzes und Quarzes (also des spezifisch schwereren und leichteren Minerals) am Herdumfange:

$$S = \frac{2 r \pi}{q} \quad \ldots \ldots \ldots \quad 18)$$

Damit die zwei spezifisch verschieden schweren Mineralien sich am Herdumfange voneinander vollständig trennen, muß:

$$S_2 - S_1 > S \quad \ldots \ldots \ldots \quad 19)$$

sein. Aus dieser Bedingung ergibt sich, wenn man $(S_2 - S_1)$ und S durch ihre Werte ersetzt:

$$C_0 > \frac{2 r \pi - q(s_2 - s_1)}{q \left[\dfrac{r_0}{r}(t'-t) + \dfrac{\Delta r}{2r} \sum (2p-1) \cdot \Delta(t_p' - t_p) \right]} \quad 20)$$

Nun ist aber: $\qquad C_0 = \dfrac{n_0 \pi}{30} r, \quad \ldots \ldots \ldots \quad 21)$

folglich: $\qquad n_0 = \dfrac{30}{\pi} \cdot \dfrac{C_0}{r}$

oder: $\qquad n_0 = 9{,}55 \dfrac{C_0}{r} \quad \ldots \ldots \ldots \quad 22)$

Im vorliegenden Beispiele ist:

$$\sum_1^7 (2p-1) \cdot \Delta(t_p' - t_p) = 335{,}2,$$

ferner:
$$s_2 - s_1 = 1{,}356,$$
$$t' - t = 39,$$
$$m = 7,$$
$$\Delta r = 0{,}2,$$
$$q = 4,$$

so daß man erhält:
$$C_0 > \frac{12{,}566 - 4 \cdot 1{,}356}{4\,(0{,}3 \cdot 39 + 0{,}05 \cdot 335{,}2)} = 0{,}063 \text{ m}$$
und:
$$n_0 > \frac{9{,}55 \cdot 0{,}063}{2} = 0{,}30,$$

welche Werte mit der vorhergehenden Berechnung übereinstimmen.

Man darf aber die relative Umfangsgeschwindigkeit C_0 bzw. die Umdrehungszahl n_0 nicht willkürlich vergrößern, weil der äußerste Punkt b_1 des Schliechstreifens bei einem zu großen Werte von n_0 den äußersten Punkt c_2 des Bergestreifens überschreitet (Abb. 36), so daß die Streifen zum Teil ineinandergreifen werden. Dies läßt sich jedoch in gewissem Maße durch Anwendung eines entsprechend gebogenen Klarwasserrohres, das als Abbrausevorrichtung dient, verhindern. So kann man z. B. das Klarwasserrohr von a_1 bis x_1 entlang der oberen Grenze des Bleiglanzstreifens, von dort aber nach dem Punkte x führen, ohne hierdurch das Ergebnis der Konzentration nachteilig zu beeinflussen. Die äußerste Bahn der Bleiglanzkörner wird also in diesem Falle die Kurve $a_1 x_1 x$ sein. Sonstiger Zweck und Wirkung des Klarwasserstromes werden in § 33 eingehend besprochen werden.

Wir wollen nun unter Berücksichtigung des Gesagten untersuchen, wie groß praktisch der größte Wert von n_0 sein kann, d. h. bei welcher minutlichen Umdrehungszahl die vollständige Trennung der spezifisch verschieden schweren Mineralkörner voneinander erreicht werden kann.

Wenn die Aufgabe der Trübe über den $\frac{1}{q}$ Teil des Kreisumfanges erfolgt, so ist die Streifenbreite des Bleiglanzes und Quarzes am Herdumfange — wie wir oben gesehen haben — $\frac{2\,r\,\pi}{q}$; es muß daher

$$S_2 - S_1 + \frac{2\,r\,\pi}{q} < 2\,r\,\pi \quad \ldots \ldots \quad 23)$$

oder

$$S_2 - S_1 < \frac{(q-1)\,2\,r\,\pi}{q} \quad \ldots \ldots \quad 24)$$

sein. Wenn man den Wert von $(S_2 - S_1)$ aus der Gleichung 17 in diese Ungleichung einsetzt, so ergibt sich:

$$C_0 < \frac{(q-1)\,2\,r\,\pi - q\,(s_2-s_1)}{q\left[\dfrac{r_0}{r}(t'-t) + \dfrac{\Delta r}{2\,r}\sum(2\,p-1)\cdot\Delta(t_p'-t_p)\right]} \quad . \quad . \quad 25)$$

Im vorliegenden Beispiele ist:

$$C_0 < \frac{3\cdot 12{,}566 - 4\cdot 1{,}356}{4\,(0{,}3\cdot 39 + 0{,}05\cdot 335{,}2)} = 0{,}283,$$

daher:
$$n_0 < \frac{9{,}55\cdot 0{,}283}{2} = 1{,}35.$$

Die Umdrehungszahl n_0 hat keinen Einfluß auf die Leistung des Herdes; diese hängt hauptsächlich von der Breite der Aufgebevorrichtung ab. Vergrößert man z. B. unter gleichen Verhältnissen diese Breite auf das 1,5fache des ursprünglichen Wertes, so wird auch die Leistung 1,5mal größer sein.

Es sollen z. B. die größten und kleinsten Werte von C_0 und n_0 berechnet werden, wenn die Aufgabe der Trübe im obigen Beispiele über den

$$\frac{1}{q} = \frac{1{,}5}{4} = \frac{3}{8}$$

Teil des Kreisumfanges erfolgt. Man erhält dann:

$$C_0 > \frac{12{,}566 - \dfrac{8}{3}\cdot 1{,}356}{\dfrac{8}{3}(0{,}3\cdot 39 + 0{,}05\cdot 335{,}2)} = 0{,}118\ \text{m}$$

und:
$$n_0 > \frac{9{,}55\cdot 0{,}118}{2} = 0{,}56,$$

ferner:
$$C_0 < \frac{\dfrac{5}{3}\cdot 12{,}566 - \dfrac{8}{3}\cdot 1{,}356}{\dfrac{8}{3}(0{,}3\cdot 39 + 0{,}05\cdot 335{,}2)} = 0{,}228\ \text{m}$$

und:
$$n_0 < \frac{9{,}55\cdot 0{,}228}{2} = 1{,}09.$$

Im Anschluß hieran sei noch erwähnt, daß in der Praxis die Zahl der Umdrehungen n_0 in der Minute zwischen 0,3 und 1,0 schwankt[1]).

---

[1]) Höfer, H.: Taschenbuch für Bergmänner. 3. Aufl. Bd. II, S. 849. Leoben 1911.

Die Leistung des Herdes läßt sich nach den Formeln 1, 2 und 3 des § 20 berechnen, wo w die anfängliche mittlere Geschwindigkeit des Trübestromes bedeutet und die Breite der Trübeaufgebevorrichtung

$$b = \frac{2\,r_0\,\pi}{q} \qquad \ldots \ldots \ldots \quad 26)$$

ist. Im vorstehenden Beispiele ist, wenn die Trübeaufgabe über den $1/4$ Kreisbogen erfolgt, d. h. für $q = 4$:

$$b = \frac{2 \cdot 0{,}6\,\pi}{4} = 0{,}936\,\text{m},$$

ferner $H = 0{,}002$ m, $w = 0{,}35$ m, so daß man für die in der Sekunde aufzugebende Trübemenge erhält:

$$Q = 1000 \cdot 0{,}936 \cdot 0{,}002 \cdot 0{,}35 = 0{,}6552\,\text{l}$$

und für die in der Minute:

$$M = 60 \cdot 0{,}6552 = 39{,}3\,\text{l}.$$

Wenn die Dichte der Trübe $x = 1{,}5$ q/m³ ist, so berechnet sich die stündliche Leistung des Herdes zu:

$$T = 3{,}6 \cdot 0{,}6552 \cdot 1{,}5 = 3{,}44\,\text{q}.$$

Vergrößert man die Breite der Aufgebevorrichtung auf das 1,5fache des obigen Wertes, so daß die Trübe über den $3/8$ Kreisbogen aufgetragen wird, so wird die minutlich aufzugebende Trübemenge:

$$M = 1{,}5 \cdot 39{,}3 = 58{,}9\,\text{l}$$

und die stündliche Leistung des Herdes:

$$T = 1{,}5 \cdot 3{,}44 = 5{,}16\,\text{q}.$$

§ 26. Der Linkenbachsche Rundherd.

Der Linkenbachsche Rundherd ist eigentlich ein festliegender Herd, der sich von dem Bartschschen Rundherde darin unterscheidet, daß er keine Stöße erhält. Er kann also als ein Stoßrundherd angesehen werden, dessen Ausschub $a = 0$ ist.

Man kann also unter Berücksichtigung dieses Unterschiedes auf Grund der vorhergehenden Paragraphen die Wirkungsweise dieses Herdes leicht erklären und auch seine Hauptdaten bestimmen. Wir wollen hier nur kurz zeigen, wie man die kleinsten

und größten Werte der wichtigsten Größen C_0 und n_0 zu berechnen hat. Da hier
$$s_2 - s_1 = 0$$
ist, so folgt aus der Formel 20 des vorhergehenden Paragraphen:
$$C_0 > \frac{2\,r\,\pi}{q\left[\dfrac{r_0}{r}(t'-t) + \dfrac{\varDelta r}{2\,r} \sum(2\,p-1)\cdot \varDelta(t_p'-t_p)\right]} \quad \ldots \text{ 1)}$$
und aus der Formel 25:
$$C_0 < \frac{2\,(q-1)\,r\,\pi}{q\left[\dfrac{r_0}{r}(t'-t) + \dfrac{\varDelta r}{2\,r} \sum(2\,p-1)\cdot \varDelta(t_p'-t_p)\right]} \quad \ldots \text{ 2)}$$
Wenn wir nun berücksichtigen, daß
$$n_0 = 9{,}55\,\frac{C_0}{r} \quad \ldots \ldots \ldots \text{ 3)}$$
ist, so können wir auch die entsprechenden Werte von n_0 leicht berechnen.

§ 27. Kraftbedarf der Stoßherde.

Bei der Berechnung des Kraftbedarfs sind die folgenden Widerstände zu berücksichtigen:

1. Die bei der Zusammendrückung entstehende Spannung der Feder. Diese Spannung ist, wie bereits bekannt, proportional der Zusammendrückung; wenn also x die Zusammendrückung bezeichnet, so ist die Spannung:
$$P = \beta x, \quad \ldots \ldots \ldots \text{ 1)}$$
daher die entsprechende Arbeit auf dem Wege a:
$$L_1 = \beta \int_0^a x\,dx = \beta\,\frac{a^2}{2} \quad \ldots \ldots \text{ 2)}$$
Wird zur Zusammendrückung der Feder von Null bis a die Kraft P_0 in Kilogramm benötigt, so ist:
$$P_0 = \beta a$$
und
$$\beta = \frac{P_0}{a} \quad \ldots \ldots \ldots \text{ 3)}$$

Dies in die Formel 2 eingesetzt, ergibt:

$$L_1 = \frac{P_0 a}{2} \qquad \ldots \ldots \ldots \quad 4)$$

Dieser Arbeit entspricht die Leistung in P. S.:

$$N_1 = \frac{n L_1}{60 \cdot 75} \qquad \ldots \ldots \ldots \quad 5)$$

oder
$$N_1 = \frac{n P_0 a}{9000} \qquad \ldots \ldots \ldots \quad 6)$$

2. Die Reibung, die zwischen dem Daumen und Hebel auftritt. Es gilt für diese Reibung:

$$R = \mu P, \qquad \ldots \ldots \ldots \quad 7)$$

wo μ den Reibungskoeffizienten zwischen Daumen und Hebel bedeutet. Erfolgt der Ausschub mit der Geschwindigkeit u, so ist in der Reibungsrichtung die Relativgeschwindigkeit zwischen dem Daumen und Hebel (Abb. 28):

$$u_2 = u \operatorname{tg} \alpha \qquad \ldots \ldots \ldots \quad 8)$$

Anderseits ist:
$$\operatorname{tg} \alpha = \frac{1}{r_0} \sqrt{r_1^2 - r_0^2},$$

wo r_0 den Halbmesser des Angriffskreises bedeutet. Hiermit ergibt sich:

$$u_2 = \frac{u}{r_0} \sqrt{r_1^2 - r_0^2}$$

oder, da $\sqrt{r_1^2 - r_0^2} = x$ ist:

$$u_2 = \frac{u}{r_0} x \qquad \ldots \ldots \ldots \quad 9)$$

Für die Reibungsarbeit erhält man also:

$$dL = R \cdot ds = R u_2 dt \qquad \ldots \ldots \quad 10)$$

oder wenn man R und u_2 durch ihre Werte ersetzt:

$$dL = \frac{\mu \beta u}{r_0} x^2 dt \qquad \ldots \ldots \quad 11)$$

Es ist aber:
$$x = ut,$$

folglich:
$$dt = \frac{dx}{u}.$$

Hiermit wird:
$$dL = \frac{\mu\beta}{r_0} \cdot x^2 dx, \quad \ldots \ldots \ldots \text{ 12)}$$

daher:
$$L_2 = \frac{\mu\beta}{r_0} \int_0^a x^2 dx = \frac{\mu\beta a^3}{3 r_0} \quad \ldots \ldots \text{ 13)}$$

oder wenn man setzt $\beta = \dfrac{P_0}{a}$:

$$L_2 = \frac{\mu P_0 a^2}{3 r_0} \quad \ldots \ldots \ldots \text{ 14)}$$

Die entsprechende Leistung in P. S. ist:
$$N_2 = \frac{\mu n P_0 a^2}{13500\, r_0}, \quad \ldots \ldots \text{ 15)}$$

worin $\mu = 0{,}2 \div 0{,}3$ zu setzen ist.

3. Wird die Herdfläche an Ketten aufgehängt, deren Länge l m ist, so wird sie beim Ausschube a auf eine bestimmte Höhe gehoben. Bezeichnet man die Höhe mit y, so ist:
$$(l-y)^2 + a^2 = l^2,$$
woraus sich ergibt:
$$y = l - \sqrt{l^2 - a^2} \quad \ldots \ldots \ldots \text{ 16)}$$

Zum Heben, falls G in Kilogramm das Gewicht der Herdfläche ist, wird die Arbeit:
$$L_3 = G(l - \sqrt{l^2 - a^2}) \quad \ldots \ldots \text{ 17)}$$
verbraucht, so daß man für die Leistung in P. S. erhält:
$$N_3 = \frac{n G(l - \sqrt{l^2 - a^2})}{4500} \quad \ldots \ldots \text{ 18)}$$

4. Wenn die Herdfläche durch Walzen getragen wird, so sind anstatt des Widerstandes unter 3. der Widerstand der Tragwalzen und die Zapfenreibung in Rücksicht zu ziehen.

Für den Widerstand der Tragwalzen gilt[1]:
$$W_4 = w G, \quad \ldots \ldots \ldots \text{ 19)}$$
wo für den Wert des Koeffizienten
$$w = \frac{1}{20} - \frac{1}{30}$$

---

[1] Hanffstengel, G.: Die Förderung von Massengütern. 2. Aufl. Bd. I, S. 77. Berlin 1913.

einzusetzen ist. In einer Bewegungsperiode entspricht diesem Widerstande die Arbeit:
$$L_4 = 2\,a w G, \qquad \qquad 20)$$
so daß man für die Leistung in PS findet:
$$N_4 = \frac{n\,a w G}{2250} \qquad \qquad 21)$$

5. Für die Größe der Zapfenreibung gilt:
$$W_5 = \mu G, \qquad \qquad 22)$$
wo $\mu = 0{,}20$ bis $0{,}25$ ist. Bezeichnet man mit D den Walzen- und mit d den Zapfendurchmesser, so entspricht dem Wege $2\,a$ auf dem Walzenumfange der Weg
$$2\,a\frac{d}{D}$$
auf dem Zapfenumfange. Damit erhält man die Arbeit:
$$L_5 = \mu\,2\,a\frac{d}{D}\,G \qquad \qquad 23)$$
und die Leistung in P. S:
$$N_5 = \frac{\mu n\,a G}{2250} \cdot \frac{d}{D} \qquad \qquad 24)$$
In der Praxis ist:
$$\frac{d}{D} = \frac{1}{5} \div \frac{1}{7}.$$

Wir wollen nun, um die abgeleiteten Formeln zur Anwendung zu bringen, den Kraftbedarf zweier Stoßherde berechnen:

I. **Kraftbedarf des Rittingerschen Querstoßherdes.** Die Herdfläche ist an 4 Ketten aufgehängt. Es sei $G = 400$ kg, $P_0 = 109$ kg, $a = 0{,}06$ m, $n = 75$, $r_0 = 0{,}06$ m, $l = 0{,}50$ m. Nach den Formeln 6, 15 und 18 erhält man dann:

$$N_1 = \frac{75 \cdot 109 \cdot 0{,}06}{9000} = 0{,}055 \text{ P.S.},$$

$$N_2 = \frac{0{,}3 \cdot 75 \cdot 109 \cdot 0{,}0036}{13500 \cdot 0{,}06} = 0{,}011 \text{ P.S.},$$

$$N_3 = \frac{75 \cdot 400\,(0{,}5 - 0{,}496)}{4500} = 0{,}027 \text{ P.S.}$$

Die Summe dieser beträgt:
$$N = 0{,}055 + 0{,}011 + 0{,}027 = 0{,}093 \text{ P. S.}$$

Hierin ist aber der Kraftbedarf, der aufgewendet werden muß, um die in den Aufhängepunkten und infolge der Erschütterungen auftretenden Widerstände zu überwinden, noch nicht eingerechnet. Wird dieser auf etwa ein Drittel von N geschätzt, so ergibt sich für den gesamten Kraftbedarf:

$$N' = \frac{4}{3} N = 0{,}126 \text{ P.S.} \sim \frac{1}{8} \text{P.S.}$$

II. Kraftbedarf des Bartschschen Stoßrundherdes. Es sei $G = 1200$ kg, $P_0 = 0{,}136 \cdot 1200 = 164$ kg, $n = 150$, $a = 0{,}02$ m, $r_0 = 0{,}06$ m, $D = 0{,}16$ m, $d : D = 1 : 5$. Mit diesen Werten wird nach den Formeln 6, 15, 21 und 24 erhalten:

$$N_1 = \frac{150 \cdot 164 \cdot 0{,}02}{9000} = 0{,}055 \text{ P.S.},$$

$$N_2 = \frac{0{,}3 \cdot 150 \cdot 164 \cdot 0{,}0004}{13500 \cdot 0{,}06} = 0{,}004 \text{ P.S.},$$

$$N_4 = \frac{150 \cdot 0{,}02 \cdot 1200}{20 \cdot 2250} = 0{,}080 \text{ P.S.},$$

$$N_5 = \frac{0{,}25 \cdot 150 \cdot 0{,}02 \cdot 1200}{5 \cdot 2250} = 0{,}080 \text{ P.S.}$$

Die Summe dieser ist:

$$N = 0{,}055 + 0{,}004 + 0{,}080 + 0{,}080 = 0{,}219 \text{ P.S.}$$

Hierin ist aber der zum Antrieb der rotierenden Herdgarnitur — nämlich der Aufgebevorrichtung, der spiralförmig gebogenen Klarwasserbrause und der Produktenrinne — erforderliche Kraftbedarf noch nicht eingerechnet. Da aber dieser mit Rücksicht auf den praktischen Wert von n_0 sehr gering ist, so kann man den gesamten Kraftbedarf des Bartschschen Stoßrundherdes mit

$$N' \sim 0{,}25 \text{ P.S.} = \frac{1}{4} \text{ P.S.}$$

angeben.

§ 28. Die Schnellstoßherde.

Die Maschinenbauanstalt Humboldt in Kalk bei Köln hat im Jahre 1907 eine neue Herdtype, den sogenannten Schnellstoßherd, auf den Markt gebracht. Dieser Herd ist, dem Ferrarisschen Schüttelherde ähnlich, auf schrägstehenden Federn verlagert und wird durch Exzenter und Schubstange in Bewegung versetzt. Seine Wirkungsweise weicht jedoch von derjenigen der Schüttelherde wie auch von derjenigen der bisher behandelten Stoßherde wesentlich ab.

Bei dem Schnellstoßherde sind nämlich in die Schubstange zwei Spiralfedern eingeschaltet, die bei dem Vorschub zusammengepreßt werden. Dies hat zur Folge, daß die rückläufige Bewegung des Herdes unter der Wirkung dieser Federn mit erheblich größerer Geschwindigkeit stattfindet als der Vorschub. Die Antriebswelle macht etwa 360 Umdrehungen in der Minute. Dem Wesen nach ist also die Wirkungsweise dieser Herde derjenigen der Propellerrinne von Marcus ähnlich.

Die auf dem Herde befindlichen Mineralkörner bewegen sich nämlich während des Vorschubes mit der Herdfläche zusammen langsam vorwärts. Nach Beendigung des Vorschubes aber wird die Herdfläche rasch zurückgezogen, so daß die Mineralkörner, da ihre Trägheit die Reibung überwindet, auf der Herdfläche vorwärtsgleiten. Auf diese Weise durchlaufen die Mineralkörner in der einen Richtung einen größeren Weg als in der anderen, so daß als Endergebnis eine einseitig verschiebende Wirkung eintritt.

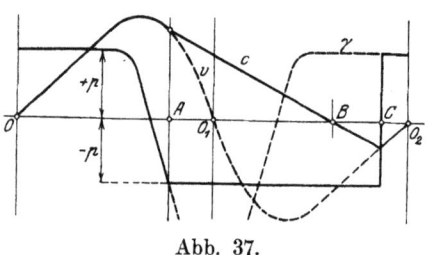

Abb. 37.

Wir werden die Theorie dieser Herde übergehen. Denn auf rein theoretischem Wege praktisch problematische Formeln abzuleiten, würde mit dem praktischen Zwecke dieses Werkes in Widerspruch stehen, da uns über diese Herde, besonders was die Wirkungsweise betrifft, noch keine hinreichende praktische Angaben zur Verfügung stehen.

Eben deshalb werden wir hier die näheren Bedingungen für die Wirkungsweise dieser Herde nur im allgemeinen behandeln. Am übersichtlichsten können die Verhältnisse mittels des aus Abb. 37 ersichtlichen schematischen Diagrammes dargestellt werden, wo p die Reibungsbeschleunigung des Mineralkornes, γ die Beschleunigung der Herdfläche, c die Geschwindigkeit des Mineralkornes und v die Geschwindigkeit der Herdfläche bedeutet.

Um ein entsprechendes Resultat zu erzielen, ist erforderlich, daß die Mineralkörner während des Vorschubes stark und womöglich lange beschleunigt werden. Die größte Beschleunigung, die irgendein Mineralkorn erreichen kann, ist gleich — wie wir wissen — seiner Reibungsbeschleunigung. Wird die Herdfläche stärker beschleunigt, so tritt eine Gleitung ein. Theoretisch ist es am zweckmäßigsten, wenn der Vorschub mit gleichmäßig beschleunigter Bewegung stattfindet, die erst kurz vor dem Hubende stark verzögert wird. Aus dem Diagramm ist ersichtlich, daß das Mineralkorn und die Herdfläche sich bis zum Punkte A zusammen bewegen und das Mineralkorn von diesem Punkte an vorwärtsgleitet. Während die Geschwindigkeit der Herdfläche infolge der großen negativen Beschleunigung stark abnimmt, bewegt das Mineralkorn sich mit der konstanten Beschleunigung $-p$ vorwärts. Bei C wird die Geschwindigkeit des Mineralkornes wieder gleich der Herdgeschwindigkeit, und von hier aus bewegen sich beide Körper zusammen weiter. Wir haben im Diagramm angenommen, daß der Punkt C vor dem Totpunkte O_2 liegt. Dann hat das Mineralkorn zwischen B und O_2 eine negative Geschwindigkeit, es bewegt sich daher eine kleine Weile nach rückwärts. Theoretisch wäre es vorteilhafter, wenn die Punkte B und C mit dem Totpunkte O_2 zusammenfielen; es ist aber praktisch sehr wichtig, daß das Mineralkorn nicht nach dem Totpunkte O_2 zur Ruhe kommt, weil man sonst die Beschleunigungsperiode nicht gut ausnutzen könnte. Kann dem Mineralkorne mit der benutzten Antriebsvorrichtung eine hinreichende Beschleunigung nicht erteilt werden, so muß man, um zu verhindern, daß das Mineralkorn nach rückwärts einen großen Weg zurücklegt, die Zeitdauer des Rückschubes abkürzen. Ist die Beschleunigung der Herdfläche während des Vor- und Rückschubes bekannt, so kann man auf Grund der vorhergehenden Betrachtungen das Vorschreiten des Mineralkornes für einen ganzen Hub berechnen.

Bemerkenswert ist es, daß die Schnellstoßherde besonders für die feineren Trübesorten gebaut worden sind, sich aber erfahrungsgemäß für die Verarbeitung der feinsten Schlämme nicht eignen.

b) Die Schüttelherde.
§ 29. Grundgleichungen der Schüttelherde.

Die Arbeitsfläche der Schüttelherde ist auf schrägen und federnden Stützen verlagert und wird durch Kurbel (Exzenter) und Schubstange in schüttelnde Querbewegung versetzt. Infolge dieser eigenartigen Bewegung der Herdfläche ändert sich der Normaldruck, den die Mineralkörner auf die Herdfläche ausüben, und zugleich auch die Reibung fortwährend.

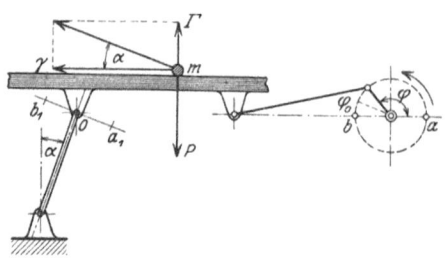

Abb. 38.

Bezeichnet man mit r den Kurbelhalbmesser, mit C die Umfangsgeschwindigkeit der Kurbel (des Exzenters, Abb. 38), so ist die wagrechte Komponente der Normalbeschleunigung $\dfrac{C^2}{r}$:

$$\gamma = \frac{C^2}{r} \cos \varphi, \quad \ldots \ldots \ldots \text{1)}$$

worin φ den Kurbelwinkel bedeutet. Dies wird zugleich die wagrechte Beschleunigung der Herdfläche sein. Es sei ferner α der Winkel, den die schräge und federnde Stütze mit der Vertikalen bildet.

Dann wird der Punkt o während der Bewegung die Gerade $a_1 b_1$, die gegen die Wagrechte um den Winkel α geneigt ist, beschreiben und jeder einzelne Punkt der Herdfläche parallel dieser Geraden sich bewegen, und die vertikale Beschleunigung der Herdfläche wird sein:

$$\varGamma = \frac{C^2}{r} \cos \varphi \cdot \operatorname{tg} \alpha \quad \ldots \ldots \ldots \text{2)}$$

Der Normaldruck eines Mineralkornes von der Masse m und hydrostatischen Beschleunigung g_0 gegen die Herdfläche ist daher:

$$P = m(g_0 + \varGamma) \quad \ldots \ldots \ldots \text{3)}$$

oder wenn man für $\varGamma$ den vorher bestimmten Wert einsetzt:

$$P = m\left(g + \frac{C^2}{r} \cos \varphi \cdot \operatorname{tg} \alpha\right) \quad \ldots \ldots \text{4)}$$

Grundgleichungen der Schüttelherde. 243

Es sei
$$\gamma_0 = \frac{C^2}{r} \quad \ldots \ldots \ldots \quad 5)$$

die Anfangsbeschleunigung der Herdfläche, dann ist:
$$P = m(g_0 + \gamma_0 \cos \varphi \cdot \operatorname{tg} \alpha) \ldots \ldots \quad 6)$$

Dem Normaldruck entspricht die Reibung:
$$R = m\varrho(g_0 + \gamma_0 \cos \varphi \cdot \operatorname{tg} \alpha), \ldots \ldots \quad 7)$$

so daß man für die Reibungsbeschleunigung erhält:
$$p = \frac{R}{m} = \varrho(g_0 + \gamma_0 \cos \varphi \cdot \operatorname{tg} \alpha) \ldots \ldots \quad 8)$$

Man sieht, daß diese Beschleunigung veränderlich ist, im Gegensatz zu den Stoßherden, wo sie konstant war. Und zwar hat diese Beschleunigung einen positiven Wert, d. h. sie wirkt beschleunigend auf das Mineralkorn, solange seine Geschwindigkeit kleiner als die Herdgeschwindigkeit ist, und einen negativen Wert, d. h. sie verzögert das Mineralkorn, wenn seine Geschwindigkeit größer als die Herdgeschwindigkeit ist. Die Beschleunigung der Herdfläche selbst kommt nur dann in Betracht, wenn ihre Geschwindigkeit mit der Geschwindigkeit des Mineralkornes übereinstimmt und ihre Beschleunigung gleich oder kleiner als die Reibungsbeschleunigung ist.

Ist also die Horizontalbeschleunigung der Herdfläche gleich oder kleiner als die Reibungsbeschleunigung, so hält das Mineralkorn sich auf der Herdfläche relativ fest und folgt ihrer Bewegung. Die Horizontalbeschleunigung der Herdfläche ist am größten für $\varphi = 0$, es muß daher wenigstens die Anfangsbeschleunigung größer als die Reibungsbeschleunigung sein, d. h.
$$\gamma_0 > \varrho(g_0 + \gamma_0 \operatorname{tg} \alpha),$$

woraus sich ergibt:
$$\frac{\varrho g_0}{\gamma_0} < 1 - \varrho \operatorname{tg} \alpha \quad \ldots \ldots \ldots \quad 9)$$

Es ist aber
$$z = \frac{\varrho g_0}{\gamma_0} \quad \ldots \ldots \ldots \quad 10)$$

der Beschleunigungskoeffizient, so daß
$$z < 1 - \varrho \operatorname{tg} \alpha \quad \ldots \ldots \ldots \quad 11)$$

sein muß. Wählt man $\varrho = 0{,}2$, so ergibt sich

für $\alpha = 0^0$ . . . . $z < 1$
,, $\alpha = 16^0$ . . . . $z < 0{,}943$
,, $\alpha = 18^0$ . . . . $z < 0{,}935$
,, $\alpha = 20^0$ . . . . $z < 0{,}927$.

Anderseits darf der Normaldruck P nicht negativ werden, weil dann das Mineralkorn auf der Herdfläche springt. Am kleinsten ist der Normaldruck für $\varphi = \pi$, und aus der Bedingung

$$P > 0$$

folgt dann:
$$g_0 - \gamma_0 \operatorname{tg} \alpha > 0, \quad \ldots \ldots \ldots \quad 12)$$

woraus man erhält:
$$z > \varrho \cdot \operatorname{tg} \alpha \quad \ldots \ldots \ldots \quad 13)$$

Wählt man abermals $\varrho = 0{,}2$, so findet man

für $\alpha = 0^0$ . . . . $z > 0$
,, $\alpha = 16^0$ . . . . $z > 0{,}057$
,, $\alpha = 18^0$ . . . . $z > 0{,}065$
,, $\alpha = 20^0$ . . . . $z > 0{,}073$.

Das Mineralkorn bewegt sich mit der Beschleunigung p so lange, bis seine Geschwindigkeit gleich der Herdgeschwindigkeit wird. Für die Horizontalgeschwindigkeit des Mineralkornes gilt:

$$c = \int p\, dt \quad \ldots \ldots \ldots \quad 14)$$

oder, da $C\, dt = r\, d\varphi$

ist:
$$c = \frac{r}{C} \int_0^\varphi p\, d\varphi = \frac{r}{C} (\varrho g_0 \varphi + \varrho \gamma_0 \sin \varphi \cdot \operatorname{tg} \alpha) \quad \ldots \quad 15)$$

Anderseits ist nach Gleichung 5:

$$\frac{r}{C} = \frac{C}{\gamma_0},$$

so daß man für die Horizontalgeschwindigkeit des Mineralkornes erhält:

$$\underline{c = C(z\varphi + \varrho \operatorname{tg} \alpha \cdot \sin \varphi)} \quad \ldots \ldots \quad 16)$$

Die Horizontalgeschwindigkeit der Herdfläche ist:

$$\underline{v = C \sin \varphi} \quad \ldots \ldots \ldots \quad 17)$$

Grundgleichungen der Schüttelherde. 245

Für $c = v$ sei der Kurbelwinkel $\varphi = \varphi_0$; dann folgt aus den Gleichungen 16 und 17:

$$z\varphi_0 = \sin\varphi_0(1 - \varrho\,\mathrm{tg}\,\alpha),$$

und daraus ergibt sich:

$$z = \frac{\sin\varphi_0(1 - \varrho\,\mathrm{tg}\,\alpha)}{\varphi_0} \quad \ldots \ldots \quad 18)$$

Ist φ_0 gegeben, so kann man den Wert von z nach dieser Formel berechnen; zu bemerken ist nur, daß

$$\frac{\pi}{2} < \varphi_0 < \pi$$

sein muß. Die Ergebnisse der Berechnung sind in der Tabelle 25 zusammengestellt.

Tabelle 25.

φ_0	arc φ_0	$-\cos\varphi_0$	$\alpha = 0°$	$\alpha = 16°$	$\alpha = 18°$	$\alpha = 20°$
			Beschleunigungskoeffizient z			
90°	1,571	0,0000	0,6366	0,6003	0,5952	0,5901
95°	1,658	0,0872	0,6008	0,5666	0,5618	0,5570
100°	1,745	0,1736	0,5643	0,5322	0,5276	0,5232
105°	1,833	0,2588	0,5269	0,4969	0,4927	0,4885
110°	1,920	0,3420	0,4894	0,4615	0,4576	0,4537
115°	2,007	0,4226	0,4515	0,4258	0,4222	0,4186
120°	2,094	0,5000	0,4135	0,3900	0,3867	0,3834
125°	2,182	0,5736	0,3754	0,3540	0,3510	0,3480
130°	2,269	0,6428	0,3376	0,3183	0,3156	0,3130
135°	2,356	0,7071	0,3001	0,2830	0,2806	0,2782
140°	2,443	0,7660	0,2631	0,2481	0,2460	0,2439
145°	2,531	0,8191	0,2266	0,2137	0,2118	0,2100
150°	2,618	0,8660	0,1909	0,1801	0,1786	0,1770
155°	2,705	0,9063	0,1562	0,1473	0,1461	0,1448
160°	2,792	0,9397	0,1225	0,1155	0,1145	0,1135
165°	2,880	0,9659	0,0899	0,0847	0,0840	0,0833
170°	2,967	0,9848	0,0585	0,0552	0,0547	0,0542
175°	3,054	0,9962	0,0285	0,0269	0,0267	0,0265
180°	3,141	1,0000	0,0000	0,0000	0,0000	0,0000

Will man nun, daß das Mineralkorn sich von φ_0 mit der negativen Beschleunigung p weiterbewege, so muß der absolute Wert der Herdbeschleunigung bei dem Kurbelwinkel φ_0 größer als die Reibungsbeschleunigung sein. Die Funktion cos hat aber im II. Quadranten ein negatives Vorzeichen, folglich ist der absolute

Wert der Herdbeschleunigung:
$$|\gamma| = -\gamma,$$
es muß also $\quad -\gamma_0 \cos \varphi > g_0 \varrho + \gamma_0 \varrho \cos \varphi \cdot \operatorname{tg} \alpha \ldots \ldots$ 19)
sein, woraus folgt:
$$-\cos \varphi_0 > \frac{z}{1 + \varrho \operatorname{tg} \alpha} \ldots \ldots \ldots 20)$$
Man kann diese Bedingung, da
$$1 + \varrho \operatorname{tg} \alpha \gtreqless 1$$
ist, auch folgend schreiben:
$$z < -\cos \varphi_0 \ldots \ldots \ldots 21)$$
Wenn man in der Tabelle 25 die zusammengehörigen Werte von z und $-\cos \varphi_0$ vergleicht, so sieht man, daß im allgemeinen diese Bedingung dann erfüllt wird, wenn
$$z < 0{,}4 \quad \text{oder} \quad \varphi_0 > 120^0 = 2{,}094 \text{ ist.}$$

In der Praxis ist vielmehr die Kenntnis des Kurbelwinkels φ_0 erforderlich, der zu gegebenem z gehört. Da aber die Gleichung 18 unmittelbar nach φ_0 nicht lösbar ist, so kann man diese Aufgabe nur durch Interpolation unter Zuhilfenahme der Tabelle 25 lösen. Auf diese Weise erhält man die nachstehende Tabelle.

Tabelle 26.

z	$\alpha = 0^0$		$\alpha = 16^0$		$\alpha = 18^0$		$\alpha = 20^0$	
	φ^0	$-\varDelta$	φ^0	$-\varDelta$	φ^0	$-\varDelta$	φ^0	$-\varDelta$
0,05	2,990	27,4	2,983	29,2	2,982	29,4	2,980	29,6
0,10	2,853	26,4	2,837	27,8	2,835	28,0	2,832	28,2
0,15	2,721	25,0	2,698	26,2	2,695	26,6	2,691	26,8
0,20	2,596	24,2	2,567	25,8	2,562	25,8	2,557	25,8
0,25	2,475	23,8	2,438	25,4	2,433	25,2	2,428	25,2
0,30	2,356	23,0	2,311	23,8	2,307	24,6	2,302	25,0
0,35	2,241	23,0	2,192	23,6	2,184	24,4	2,177	24,8
0,40	2,126	—	2,074	—	2,062	—	2,053	—

Die Spalten unter $-\varDelta$ enthalten die auf das Hundertstel von z entfallenden negativen Änderungen von φ_0 in Einheiten der dritten Dezimalstelle ausgedrückt. Es sei z. B. $z = 0{,}175$ und $\alpha = 20^0$, dann hat man nach der Tabelle 26

für $z' = 0{,}15 \ldots \ldots \ldots \varphi_0' = 2{,}691$, ferner ist $z-z'=\dfrac{2,5}{100}$, daher $-26,8\cdot 2,5 \ . \quad = -67$

so daß $\varphi_0 = 2,691 - 0,067 = 2,624$ wird.

Bei $\varphi = \varphi_0$ sei die Horizontalgeschwindigkeit des Mineralkornes $c = c_0$, dann hat man, wenn $\varphi > \varphi_0$ ist:

$$c = c_0 - \frac{r}{C}\int_{\varphi_0}^{\varphi} p\, d\varphi = c_0 - \frac{r}{C}\int_0^{\varphi} p\, d\varphi + \frac{r}{C}\int_0^{\varphi_0} p\, d\varphi \quad . \quad . \quad 22)$$

Da aber $\qquad \dfrac{r}{C}\displaystyle\int_0^{\varphi_0} p\, d\varphi = c_0$

ist, so hat man weiter:

$$c = 2\, c_0 - \frac{r}{C}\int_0^{\varphi} p\, d\varphi \quad \ldots \ldots \quad 23)$$

oder wenn man den Wert von p einsetzt und integriert:

$$c = 2\, c_0 - C\, (z\varphi + \varrho\, \text{tg}\, \alpha \cdot \sin \varphi) \quad \ldots \ldots \quad 24)$$

Ersetzt man c_0 durch seinen Wert aus der Gleichung 16, so folgt:

$$c = C\, [z\, (2\, \varphi_0 - \varphi) + \varrho\, \text{tg}\, \alpha\, (2 \sin \varphi_0 - \sin \varphi)] \quad . \quad . \quad 25)$$

Untersuchen wir nun, wie groß der Weg ist, den das Mineralkorn während einer Umdrehung auf der Herdfläche zurücklegt.

Wenn die Kurbel den Winkel von $\varphi = 0$ bis $\varphi = \varphi_0$ durchläuft, so ist der durch das Mineralkorn zurückgelegte Weg:

$$s_1 = \frac{r}{C}\int_0^{\varphi_0} c\, d\varphi = r\int_0^{\varphi_0} (z\varphi\, d\varphi + \varrho\, \text{tg}\, \alpha \cdot \sin \varphi \cdot d\varphi) \quad . \quad . \quad 26)$$

oder die Integration ausgeführt:

$$s_1 = \frac{r z \varphi_0^2}{2} + \varrho\, \text{tg}\, \alpha\, (1 - \cos \varphi_0) \quad \ldots \ldots \quad 27)$$

In analoger Weise ergibt sich der zurückgesetzte Weg für den Kurbelwinkel von $\varphi = \varphi_0$ bis $\varphi = 2\pi$; dann ist nämlich:

$$s_2 = \frac{r}{C}\int_{\varphi_0}^{2\pi} c\, d\varphi = 2\, r\, (z\varphi_0 + \varrho\, \text{tg}\, \alpha \cdot \sin \varphi_0)\int_{\varphi_0}^{2\pi} d\varphi -$$

$$r\int_{\varphi_0}^{2\pi} (z\varphi \cdot d\varphi + \varrho\, \text{tg}\, \alpha \cdot \sin \varphi \cdot d\varphi) \quad \ldots \ldots \quad 28)$$

oder wenn man integriert:

$$s_2 = 2r(z\varphi_0 + \varrho \operatorname{tg}\alpha \cdot \sin\varphi_0)(2\pi - \varphi_0) - rz\left(\frac{4\pi^2}{2} - \frac{\varphi_0^2}{2}\right) +$$

$$\varrho \operatorname{tg}\alpha(1 - \cos\varphi_0) \quad \ldots \ldots \quad 29)$$

Da der zurückgelegte Weg der Herdfläche während einer ganzen Kurbelumdrehung Null ist, so gibt die Summe

$$s = s_1 + s_2 \quad \ldots \ldots \ldots \quad 30)$$

den Vorschub des Mineralkornes für ein Spiel an. Setzt man die Werte der Wege s_1 und s_2 ein, so ergibt sich nach Umformung:

$$s = 2r\left[2\pi \sin\varphi_0 + \varrho \operatorname{tg}\alpha(1 - \cos\varphi_0 - \varphi_0 \sin\varphi_0) - z\left(\pi^2 + \frac{\varphi_0^2}{2}\right)\right] \quad 31)$$

Wir setzen jetzt der Einfachheit halber:

$$\psi = 2\pi \sin\varphi_0 + \varrho \operatorname{tg}\alpha(1 - \cos\varphi_0 - \varphi_0 \sin\varphi_0) - z\left(\pi^2 + \frac{\varphi_0^2}{2}\right) \quad 32)$$

und können dann schreiben:

$$s = 2r\psi \quad \ldots \ldots \ldots \quad 33)$$

Aus der Formel 32 kann man ersehen, daß, wenn ϱ und α konstant sind, ψ nur eine Funktion von z ist, weil der zu gegebenem z gehörige Wert von φ_0 mittels der Tabelle 26 leicht bestimmt werden kann. Wählt man $\varrho = 0{,}2$ und berechnet man nach der Formel 32 die verschiedenen Werte von ψ, so kann man folgende Tabelle aufstellen:

Tabelle 27.

z	$\alpha = 0°$		$\alpha = 16°$		$\alpha = 18°$		$\alpha = 20°$	
	ψ	Δ	ψ	Δ	ψ	Δ	ψ	Δ
0,05	0,230	$+$ 32,2	0,355	$+$ 41,6	0,384	$+$ 41,4	0,414	$+$ 40,4
0,10	0,391	28,6	0,563	28,6	0,591	27,8	0,616	30,4
0,15	0,534	16,6	0,706	21,4	0,730	21,4	0,768	20,4
0,20	0,617	7,2	0,813	10,6	0,837	10,2	0,870	9,4
0,25	0,653	$-$ 1,0	0,866	0,8	0,888	2,6	0,915	2,0
0,30	0,648	10,4	0,870	$-$ 14,0	0,901	$-$ 12,6	0,925	$-$ 11,8
0,35	0,596	22,8	0,800	23,8	0,838	23,4	0,866	23,0
0,40	0,482	—	0,681	—	0,721	—	0,751	—

Die Spalten unter Δ geben die auf das Hundertstel von z entfallenden Änderungen von ψ in Einheiten der dritten Dezimalstelle ausgedrückt. Man sieht, daß Δ anfangs positiv ist, d. h. ψ

Grundgleichungen der Schüttelherde. 249

wächst mit zunehmendem z, später aber negativ wird, d. h. ψ nimmt mit wachsendem z ab. Es sei z. B. $z = 0{,}175$ und $\alpha = 20^0$, dann ist nach der Tabelle 27

für $z' = 0{,}15$ . . . . $\psi' = 0{,}768$,

ferner $z - z' = \dfrac{2{,}5}{100}$, daher $2{,}5 \cdot 20{,}4 \ldots = +51$,

so daß $\psi = 0{,}768 + 0{,}051 = 0{,}819$ wird.

Die Änderung des Koeffizienten ψ, und zwar von $z = 0{,}05$ bis $z = 0{,}40$, ist mit den Werten der Tabelle 27 in Abb. 39 graphisch dargestellt. Neben die einzelnen Kurven sind die Größen des Winkels α in Graden hingeschrieben.

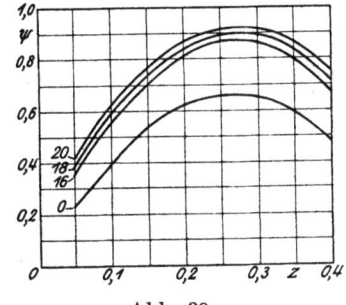

Abb. 39.

Ist z bekannt, so läßt sich auch die Umdrehungszahl in der Minute n berechnen. Aus den Gleichungen 5 und 10 folgt nämlich:

$$C^2 = \frac{\varrho\, g_0\, r}{z}; \qquad \ldots \ldots \ldots \quad 34)$$

da aber

$$C = \frac{n\,\pi}{30}\, r \qquad \ldots \ldots \ldots \quad 35)$$

ist, so hat man:

$$n^2 \left(\frac{\pi}{30}\right)^2 r = \frac{\varrho\, g_0}{z},$$

woraus sich ergibt:

$$n = \frac{30}{\pi} \sqrt{\frac{\varrho\, g_0}{z\, r}} \qquad \ldots \ldots \ldots \quad 36)$$

Die Formel kann, da $\dfrac{30}{\pi} = 9{,}55$ ist, auch wie folgt geschrieben werden:

$$n = 9{,}55 \sqrt{\frac{\varrho\, g_0}{z\, r}} \qquad \ldots \ldots \ldots \quad 37)$$

Somit wird die mittlere Horizontalgeschwindigkeit des Mineralkornes:

$$c = \frac{2\, r\, n\, \psi}{60} \qquad \ldots \ldots \ldots \quad 38)$$

oder

$$c = \frac{r\, n\, \psi}{30}. \qquad \ldots \ldots \ldots \quad 39)$$

Aus der Tabelle 27 und Abb. 39 kann man ersehen, daß im allgemeinen ψ desto größer ist, je größer der Wert des Winkels α ist. In der Praxis liegt der Wert von α meistens zwischen 16^0 und 20^0.

Wir wollen schließlich noch die Bedingung untersuchen, unter welcher zwei Mineralien, deren spezifische Gewichte verschieden sind, mit praktisch bestem Erfolge getrennt werden können. Der Beschleunigungskoeffizient des spezifisch schwereren Mineralkornes sei z', die hydrostatische Beschleunigung g_0', für das spezifisch leichtere Mineralkorn seien dieselben z und g_0. Dann folgt nach der Gleichung 46 des § 18:

$$z = \frac{g_0}{g_0'} z' . \qquad \qquad 40)$$

Wir sehen ferner aus Abb. 39, daß ψ zwischen $z = 0{,}05$ und $z = 0{,}15$ annähernd proportional zu z wächst, so daß man innerhalb dieser Grenzen schreiben kann:

$$\psi \sim az + b, \qquad \qquad 41)$$

worin a und b konstante Größen bedeuten. Folglich wird für das spezifisch schwerere Mineralkorn:

$$\psi' = az' + b,$$

für das spezifisch leichtere Mineralkorn nach Gleichung 40:

$$\psi = az' \frac{g_0}{g_0'} + b,$$

und man erhält dann für die Horizontalgeschwindigkeiten nach Gleichung 39:

$$c' = \frac{rn}{30}(az' + b) \qquad \qquad 42)$$

und

$$c = \frac{rn}{30}\left(az' \frac{g_0}{g_0'} + b\right). \qquad \qquad 43)$$

Die Differenz aus diesen Geschwindigkeiten

$$c' - c = \frac{rn\,az'}{30}\left(1 - \frac{g_0}{g_0'}\right) \qquad \qquad 44)$$

ist desto größer, je größer z' ist. Die durch die Formel 41 ausgedrückte Proportionalität gilt aber nur bis $z' = 0{,}15$, so daß man praktisch die größte Geschwindigkeitsdifferenz dann erhält, wenn der Beschleunigungskoeffizient des spezifisch schwereren Mineralkornes $z' = 0{,}15$ ist. Mit anderen Worten lautet dies folgend: Eine vollständige Trennung kann dann erzielt werden, wenn die Anfangsbeschleunigung des Herdes gleich ist dem 6,67fachen von der Reibungsbeschleunigung des spezifisch schwereren Mineralkornes.

Aus der Gleichung 39 folgt, daß die Horizontalgeschwindigkeit c bei gegebenem z desto größer ist, je größer das Produkt $r\,n$ ist. Ersetzt man n durch seinen Wert aus der Gleichung 37, so wird:

$$r\,n = 9{,}55 \sqrt{\frac{\varrho\, g_0\, r}{z}}. \qquad \ldots \ldots \quad 45)$$

Wir sehen also, daß man im allgemeinen die Geschwindigkeit c durch Vergrößerung des Kurbel- (Exzenter-) Halbmessers erhöhen kann.

§ 30. Bestimmung der Hauptdaten der Schüttelherde.

Der Beschleunigungskoeffizient des zu trennenden spezifisch schwersten Minerals sei z', seine Anfangsbeschleunigung im Wasser g_0', ferner seien dieselben für das spezifisch leichtere Mineral z und g_0. Dann muß nach den Erörterungen des vorhergehenden Paragraphen

$$z' = 0{,}15 \quad \ldots \ldots \ldots \ldots \quad 1)$$

sein. Für das spezifisch leichtere Mineral ist dann:

$$z = 0{,}15\, \frac{g_0}{g_0'}. \qquad \ldots \ldots \ldots \quad 2)$$

Wenn z. B. diese zwei Mineralien Bleiglanz und Quarz wären, so würde man erhalten für Quarz:

$$z = \frac{0{,}15 \cdot 5{,}987}{8{,}495} = 0{,}106,$$

für Zinkblende ($\delta = 4{,}0$):

$$z = \frac{0{,}15 \cdot 6{,}907}{8{,}495} = 0{,}122$$

und für Schwefelkies ($\delta = 5{,}0$):

$$z = \frac{0{,}15 \cdot 7{,}608}{8{,}495} = 0{,}134.$$

Die **Umdrehungszahl** in der Minute ist ausgedrückt durch die Formel:

$$n = 9{,}55 \sqrt{\frac{\varrho\, g_0'}{z'\, r}} \quad \ldots \ldots \quad 3)$$

Setzt man hierin $\varrho = 0{,}2$ und $z' = 0{,}15$, so wird:

$$n = 11{,}04 \sqrt{\frac{g_0'}{r}} \quad \ldots \ldots \quad 4)$$

Das schwerste Mineral sei wieder Bleiglanz, dann ist $g_0' = 8{,}495$, und hiermit wird:

$$n = 11{,}04 \sqrt{\frac{8{,}495}{r}} = \frac{32{,}2}{\sqrt{r}} \quad \ldots \ldots \quad 5)$$

Zur Berechnung der mittleren **Horizontalgeschwindigkeit** des Mineralkornes hat man die Formel 38 des vorhergehenden Paragraphen:

$$c = \frac{n\, r\, \psi}{30} \quad \ldots \ldots \quad 6)$$

Ersetzt man n durch seinen Wert aus der Gleichung 5, so kann man auch schreiben:

$$c = 1{,}07\, \psi \sqrt{r}. \quad \ldots \ldots \quad 7)$$

Bei den obigen Werten des Beschleunigungskoeffizienten z und bei $\alpha = 18^0$ ist

für Bleiglanz . . . . $\psi = 0{,}730$
„ Schwefelkies . . . . . . $\psi = 0{,}685$
„ Zinkblende . . . . $\psi = 0{,}652$
„ Quarz . . . . $\psi = 0{,}608$

so daß man in diesem Falle folgende Horizontalgeschwindigkeiten erhält:

für Bleiglanz . . . . $c = 0{,}781 \sqrt{r}$
„ Schwefelkies . . . . . $c = 0{,}733 \sqrt{r}$
„ Zinkblende . . . . . . $c = 0{,}698 \sqrt{r}$
„ Quarz . . . . $c = 0{,}650 \sqrt{r}$.

Es bedeute c' die Horizontalgeschwindigkeit des spezifisch schwereren, c die des spezifisch leichteren Mineralkornes, dann ist die Geschwindigkeitsdifferenz, falls man die Gleichung 7 benutzt:

$$c' - c = (\psi' - \psi)\, 1{,}07 \sqrt{r}. \quad \ldots \ldots \quad 8)$$

Bestimmung der Hauptdaten der Schüttelherde. 253

Man sieht also, daß mit wachsendem r nicht nur die Geschwindigkeiten, sondern auch die Geschwindigkeitsdifferenzen zunehmen.

In der Fallrichtung kann man die Geschwindigkeiten der spezifisch verschieden schweren Mineralkörner und die Stromgeschwindigkeit nach den Formeln 9, 11 und 13 des § 19 berechnen.

Beispiel. Die zu trennenden Mineralien seien: Quarz, Schwefelkies und Bleiglanz. Wird ihre Endgeschwindigkeit zu
$$v_0 = 0{,}098 \text{ m}$$
angenommen, so ist der Durchmesser

der Quarzkörner .... $d_1 = 1{,}00$ mm
,, Schwefelkieskörner . $d_2 = 0{,}40$,,
,, Bleiglanzkörner . . . $d_3 = 0{,}25$,,

Ferner sei der Neigungswinkel der Herdfläche $\varepsilon = 5^0$, die Stärke der Trübeschicht $H = 2$ mm $= 0{,}002$ m, dann ist die mittlere Geschwindigkeit des Trübestromes nach der Formel 13 des § 19: $\qquad w = 0{,}35$ m
und nach der Formel 11 desselben Paragraphen die Geschwindigkeit in der Fallrichtung:

des Quarzes . . . . $v_1 = 0{,}229$ m
,, Schwefelkieses . . . . . $v_2 = 0{,}093$ m
,, Bleiglanzes. . . . . . . $v_3 = 0{,}049$ m.

Wird $r = 0{,}01$ m gesetzt, so berechnet sich die Umdrehungszahl in der Minute zu
$$n = \frac{32{,}2}{\sqrt{0{,}01}} = 322,$$
ferner erhält man, vorausgesetzt, daß $\alpha = 18^0$ gewählt wird, für die mittlere Horizontalgeschwindigkeit

des Quarzes . . . . $c_1 = 0{,}065$ m
,, Schwefelkieses . . . . . $c_2 = 0{,}073$ m
,, Bleiglanzes. . . . . . . $c_3 = 0{,}078$ m.

In Abb. 40 sind die mit den oben berechneten Werten konstruierten Bahnen der verschiedenen Mineralkörner ersichtlich, wo die Breite der Herdfläche $AB = 3{,}0$ m, die Länge $AC = 1{,}5$ m und die Breite der Aufgebevorrichtung $a_1 a_2 = 0{,}5$ m ist.

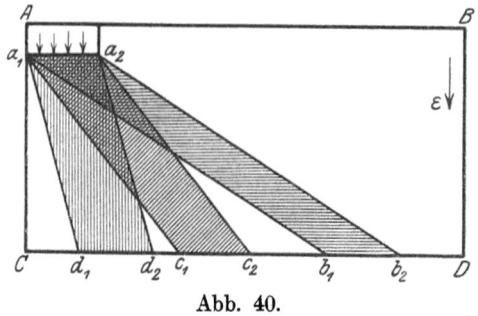
Abb. 40.

Der Streifen $a_1a_2b_1b_2$ stellt die Bahn der Bleiglanz-, der Streifen $a_1a_2c_1c_2$ die der Schwefelkies- und der Streifen $a_1a_2d_1d_2$ die der Quarzkörner dar. Der Pfeil ε bezeichnet die Richtung der Herdneigung.

§ 31. Der Ferrarisherd.

Beim Ferrarisherde ist die Herdfläche, wie überhaupt bei den Schüttelherden, mit Rillen versehen, die in der Querrichtung, d. h. parallel der längeren Herdseite verlaufen und die kleinen, aber spezifisch schweren Erzkörner zum Teil zurückhalten, während die größeren, aber spezifisch leichteren Bergekörner leicht über die Rillen hinweggespült werden. Durch Anwendung der Rillen wird der Reibungskoeffizient größer als bei den Herden mit ebener Fläche, sein Wert ist aber nicht konstant, sondern in der Richtung der Neigung, d. h. senkrecht zu den Rillen, größer als in der Richtung der Rillen.

Eine genaue Berechnung ist diesbezüglich nicht möglich, da es an entsprechenden experimentellen Angaben fehlt. Um aber uns einen Begriff von der Wirkung der Zunahme des Reibungskoeffizienten machen zu können, seien zwecks Vergleich anstatt der bisher benutzten Werte $\varrho = 0{,}2$ und $\zeta = 0{,}1$ die Werte $\varrho = 0{,}3$ und $\zeta = 0{,}15$ angenommen. Wenn wir den Zusammenhang zwischen den Größen z, φ_0 und ψ nach dem in § 29 angewendeten Verfahren untersuchen, so finden wir bei $\varrho = 0{,}3$, daß

$0{,}4 > z > 0{,}097$

sein soll, vorausgesetzt, daß $\alpha = 18^0$ ist. Mit denselben Werten von ϱ und α gerechnet, ergibt sich folgende Zusammenstellung:

Tabelle 28.

z	φ_0	$-\varDelta$	ψ	$\varDelta$
0,10	2,827	28,4	0,662	$+$ 32,4
0,15	2,685	27,0	0,824	18,2
0,20	2,550	26,4	0,915	12,0
0,25	2,418	25,6	0,975	0,4
0,30	2,290	25,2	0,977	$-$ 12,4
0,35	2,164	25,2	0,915	24,8
0,40	2,038	—	0,791	

Die Spalten unter Δ geben die auf das Hundertstel von z entfallenden Änderungen der Größen φ_0 und ψ in Einheiten der dritten Dezimalstelle ausgedrückt. Aus dieser Tabelle kann man ersehen, daß ψ anfangs mit zunehmendem z wächst, später aber abnimmt. Den größten Wert erreicht ψ bei $z = 0{,}30$.

Es ist aber aus Gründen, die wir bereits in § 29 angegeben haben, zweckmäßig, den Wert von z so zu wählen, daß der Beschleunigungskoeffizient des spezifisch schwersten Minerals

$$z' = 0{,}15 \ldots \ldots \ldots \ldots \quad 1)$$

sei. Die minutliche Umdrehungszahl läßt sich nach der Formel

$$n = 9{,}55 \sqrt{\frac{\varrho\, g_0'}{z'\, r}} \quad \ldots \ldots \ldots \quad 2)$$

berechnen, die, falls man die Werte $\varrho = 0{,}3$ und $z' = 0{,}15$ einsetzt, auch folgend geschrieben werden kann:

$$n = 13{,}5 \sqrt{\frac{g_0'}{r}} \ldots \ldots \ldots \ldots \quad 3)$$

Für Bleiglanz ist $g_0' = 8{,}495$. Wenn also das zu trennende spezifisch schwerste Mineral Bleiglanz wäre, so würde man für die minutliche Umdrehungszahl erhalten:

$$n = \frac{39{,}4}{\sqrt{r}} \quad \ldots \ldots \ldots \quad 4)$$

Die Berechnung der Horizontalgeschwindigkeiten und der Geschwindigkeiten in der Fallrichtung erfolgt in gleicher Weise wie im vorhergehenden Paragraphen. Nehmen wir z. B. an, daß folgende Mineralien: Quarz, Schwefelkies und Bleiglanz zu trennen wären, deren Endgeschwindigkeit $v_0 = 0{,}098$ m ist. Mit den Werten $\varepsilon = 5^0$, $H = 2$ mm und $\zeta = 0{,}15$ ergibt sich dann die mittlere Geschwindigkeit des Trübestromes nach der Formel 13 des § 19:

$$w = \frac{87 \cdot 0{,}002 \sqrt{0{,}087}}{0{,}15 + \sqrt{0{,}002}} = 0{,}264 \text{ m}$$

und nach der Formel 11 des § 19 die Geschwindigkeit in der Fallrichtung

des Quarzes . . . . $v_1 = 0{,}153$ m
„ Schwefelkieses . . . . . $v_2 = 0{,}050$ m
„ Bleiglanzes . . . . $v_3 = 0{,}017$ m.

Ist $r = 0{,}01$ m, so wird die minutliche Umdrehungszahl

$$n = \frac{39{,}4}{\sqrt{0{,}01}} = 394$$

und die Horizontalgeschwindigkeit:

$$c = \frac{n r \psi}{30} = \frac{394 \cdot 0{,}01}{30}\, \psi = 0{,}131\, \psi,$$

d. h. für Quarz . . . . . $c_1 = 0{,}131 \cdot 0{,}681 = 0{,}089$ m
,, Schwefelkies . . $c_2 = 0{,}131 \cdot 0{,}772 = 0{,}101$ m
,, Bleiglanz . . . . $c_3 = 0{,}131 \cdot 0{,}824 = 0{,}108$ m.

Die Bahnen der verschiedenen Mineralkörner, mit den oben berechneten Werten konstruiert, sind in Abb. 41 ersichtlich. Die Herdfläche ist hier $AB = 3{,}5$ m breit und $AC = 1{,}5$ m lang, die

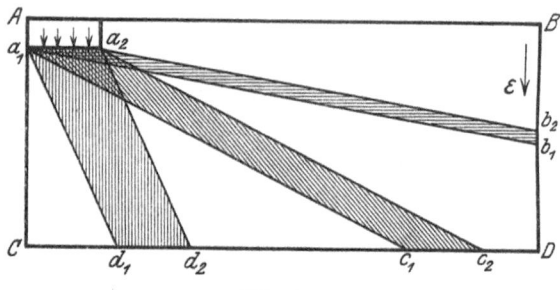

Abb. 41.

Breite der Aufgebevorrichtung ist $a_1 a_2 = 0{,}5$ m. Der Pfeil ε bezeichnet die Richtung der Herdneigung. Die Bahnen der Bleiglanz-, Schwefelkies- und Quarzkörner sind durch die Streifen $a_1 a_2 b_1 b_2$, $a_1 a_2 c_1 c_2$ und $a_1 a_2 d_1 d_2$ dargestellt.

Vergleicht man diese Abbildung mit Abb. 40, so sieht man, daß die Trennung beim Ferrarisherd viel vollkommener ist als die in Abb. 40. Diese Tatsache ermöglicht nicht nur eine vollkommenere Trennung des Korngemenges, sondern auch eine Vergrößerung der Breite der Aufgebevorrichtung, wodurch hinwiederum die Leistungsfähigkeit des Herdes erhöht werden kann.

Schließlich sei hier wiederholt hervorgehoben, daß die im obigen Beispiele angenommenen Werte von ϱ und ζ nicht als praktisch entsprechende anzusehen sind, da es an experimentellen Angaben — wie schon erwähnt — fehlt. Hier wollten wir nur den Beweis dafür liefern, daß die Herdarbeit durch Vergrößerung der Reibung vervollkommnet werden kann. Auf die Wirkung des Läuterwassers, das auch bei den Schüttelherden Anwendung findet, wird in § 33 näher eingegangen werden.

§ 32. Kraftbedarf der Schüttelherde.

Bei der Berechnung des Kraftbedarfs der Schüttelherde sind zu berücksichtigen: die Reibung zwischen der Herdfläche und den Mineralkörnern und der Trägheitswiderstand der bewegten Massen. Wir werden sehen, daß der Reibungswiderstand im Verhältnis zum Trägheitswiderstand sehr klein ist, so daß man praktisch den ersteren vernachlässigen kann.

1. Im allgemeinen läßt sich die Reibungsarbeit durch die Formel
$$dA = P\varrho\,(d\sigma - ds) \quad \ldots \ldots \quad 1)$$
ausdrücken, worin $d\sigma$ den Weg der Herdfläche, ds den Weg des Mineralkornes und P den Normaldruck bedeuten. Da aber $d\sigma = v\,dt$, $ds = c\,dt$ und $C\,dt = r\,d\varphi$ ist, so kann man schreiben:
$$A = \frac{r\varrho}{C}\left[\int Pv\cdot d\varphi - \int Pc\cdot d\varphi\right] \quad \ldots \ldots \quad 2)$$

Die Lösung der Integrale unter 2 erfordert ein weitläufiges Verfahren. Man erhält aber ein praktisch entsprechendes Resultat, wenn man berücksichtigt, daß die absoluten Werte der Flächen, die von den Kurven Pv, Pc und der Abszissenachse, und zwar zwischen $\varphi = 0 \div \pi$ und $\varphi = \pi \div 2\pi$, begrenzt werden, einander nahezu gleich sind (Abb. 42); während aber der Wert der von der Kurve Pc eingeschlossenen Fläche immer positiv ist, hat die der Kurve Pv entsprechende Fläche zwischen $\varphi = 0 \div \pi$ ein positives, zwischen $\varphi = \pi \div 2\pi$ dagegen ein negatives Vorzeichen. Mit Rücksicht darauf kann man die Reibungsarbeit während einer Umdrehung annähernd ausdrücken durch:

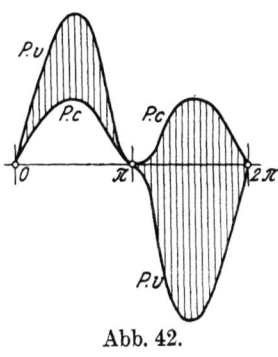

Abb. 42.

$$A_1 = \frac{2r\varrho}{C}\int_0^\pi Pv\cdot d\varphi \quad \ldots \ldots \quad 3)$$

Da $$v = C \sin \varphi$$
und $$P = m\gamma_0 (z + \cos \varphi \cdot \operatorname{tg} \alpha)$$
ist, folgt:
$$A_1 = 2r\varrho m\gamma_0 \int_0^\pi (z \sin\varphi \cdot d\varphi + \operatorname{tg} \alpha \cdot \sin \varphi \cdot \cos \varphi \cdot d\varphi) \quad \ldots \quad 4)$$
Beachtet man nun, daß
$$\sin \varphi \cdot \cos \varphi = \frac{\sin 2\varphi}{2}$$
ist, so ergibt sich:
$$A_1 = 2r\varrho m\gamma_0 \int_0^\pi \left(z \sin \varphi \cdot d\varphi + \frac{\operatorname{tg} \alpha}{4} \cdot \sin 2\varphi \cdot d\,2\varphi \right)$$
$$= 2r\varrho m\gamma_0 \left[-z \cos \varphi - \frac{\operatorname{tg} \alpha}{4} \cdot \cos 2\varphi \right]_0^\pi$$
$$= 4r\varrho m\gamma_0 z.$$
Da $\gamma_0 z = g_0$ ist, findet man schließlich:
$$A_1 = 4r\varrho mg_0 \quad \ldots \ldots \quad 5)$$
Diese Formel, worin mg_0 das im Wasser gemessene Gewicht eines Mineralkornes bedeutet, gilt nur für ein einziges Mineralkorn. Wird das im Wasser gemessene Gewicht sämtlicher Mineralkörner, die sich gleichzeitig auf der Herdfläche befinden, mit
$$\sum mg_0 = Q_0$$
bezeichnet, so ist die ganze Reibungsarbeit während einer Umdrehung:
$$A_1 = 4r\varrho \sum mg_0 = 4r\varrho Q_0 \quad \ldots \ldots \quad 6)$$
in mkg. Die entsprechende Leistung in P.S. ist:
$$N_1 = \frac{nA_1}{60 \cdot 75} \quad \ldots \ldots \quad 7)$$
oder wenn man A_1 durch seinen Wert ersetzt:
$$N_1 = \frac{nr\varrho Q_0}{1125} \quad \ldots \ldots \quad 8)$$

2. Bezeichnet M die Masse der Herdfläche und der mit dieser zusammen bewegten Teile, so ist die Beschleunigungsarbeit im ersten Viertel einer Umdrehung:
$$A_2 = \frac{MC^2}{2} \quad \ldots \ldots \quad 9)$$

Theoretisch sollte diese Arbeit im nachfolgenden Viertel wiedergewonnen werden, nach praktischen Angaben[1]) aber geht sie verloren, respektive sie wird zum Teil zur Überwindung der Zapfenreibung, zum Teil zum Hervorrufen der Schwingungen des Herdgerüstes aufgebraucht. Da

$$C = \frac{n\pi}{30} r$$

ist, kann man auch schreiben:

$$A_2 = \frac{M n^2 r^2 \pi^2}{1800} \quad \ldots \ldots \ldots \text{ 10)}$$

Wenn G das Gewicht in Kilogramm der Masse M bezeichnet, so ist die sekundliche Arbeit:

$$L_2 = \frac{2 A_2 n}{60} \quad \ldots \ldots \ldots \text{ 11)}$$

und die entsprechende Leistung in P. S.:

$$N_2 = \frac{2 A_2 n}{60 \cdot 75} \quad \ldots \ldots \ldots \text{ 12)}$$

oder

$$N_2 = \frac{G \cdot n^3 r^2}{4\,026\,000} \quad \ldots \ldots \ldots \text{ 13)}$$

Beispiel. Die Breite der Herdfläche sei 3,5 m, die Länge — in der Richtung der Neigung gemessen — 1,5 m, die Breite der Aufgebevorrichtung 0,6 m, ferner sei noch angenommen:

$G = 400$ kg, $n = 394$, $r = 0,01$ m, $\varrho = 0,3$.

Wenn die Stärke der Trübeschicht 2 mm = 0,02 dm beträgt, so befinden sich auf der Herdfläche

$$6 \cdot 15 \cdot 0{,}02 = 1{,}8$$

Liter Trübe. Wenn die Dichte der Trübe $x = 2,5$ ist, d. h. wenn in 10 l Trübe 2,5 kg feste Bestandteile enthalten sind, so ist das absolute Gewicht sämtlicher Mineralkörner, die sich gleichzeitig auf der Herdfläche befinden:

$$Q = 1{,}8 \cdot 0{,}25 = 0{,}45 \text{ kg}.$$

Besteht das Korngemenge in gleichem Gewichtsverhältnisse aus Bleiglanz und Quarz, so ist im Wasser das Gewicht der Quarzkörner:

$$Q_0' = \frac{0{,}45}{2} \cdot \frac{1{,}6}{2{,}6} = 0{,}14 \text{ kg},$$

---

[1]) Hanffstengel, G.: Die Förderung von Massengütern. 2. Aufl. Bd. I, S. 251. Berlin 1913.

das der Bleiglanzkörner:
$$Q_0'' = \frac{0{,}45}{2} \cdot \frac{6{,}5}{7{,}5} = 0{,}19 \text{ kg}$$
und das Gesamtgewicht:
$$\sum m g_0 = Q_0 = 0{,}14 + 0{,}19 = 0{,}33 \text{ kg}.$$
Folglich erhält man für die Reibungsarbeit nach der Formel 8:
$$N_1 = \frac{394 \cdot 0{,}01 \cdot 0{,}3 \cdot 0{,}33}{1125} = 0{,}00035 \text{ P. S.}$$
Für die Beschleunigungsarbeit findet man nach der Formel 13:
$$N_2 = \frac{400 \cdot 61\,162\,984 \cdot 0{,}0001}{4\,026\,000} = 0{,}6 \text{ P. S.}$$
Dies ist zugleich der gesamte Kraftbedarf des Herdes.

c) Zusammenfassung und Folgerungen.

§ 33. Die Verwendbarkeit der verschiedenen Herde. Kritische Betrachtungen über die nasse Aufbereitung der Bergerze.

Wie aus der Praxis bekannt, eignen sich die Herde verschiedener Bauart nicht in gleichem Maße für die Verarbeitung verschieden feiner Trübesorten; anderseits läßt sich eine gewisse Gesetzmäßigkeit zwischen den Hauptdaten ein und desselben Herdes feststellen, je nachdem man auf diesem eine röschere oder feinere Trübesorte verarbeiten will. So muß man z. B. der Herdfläche, wenn eine feinere Trübesorte verarbeitet wird, eine kleinere Neigung geben, als im Falle einer röscheren Trübesorte. Bei den Stoßherden ist der Ausschub desto kleiner und die minutliche Stoßzahl desto größer, je feiner die zu verarbeitende Trübesorte ist. Gleicher Zusammenhang läßt sich auch bei den Schüttelherden feststellen. Wir haben uns bisher bei der Besprechung der Wirkungsweise der einzelnen Herde über die Erörterung dieser Fragen nicht ausgelassen, weil es viel übersichtlicher ist, alle diese Fragen, nachdem die Grundsätze der Wirkungsweise der wichtigsten Herdtypen schon bekannt sind, zusammen zu behandeln.

Diese Fragen sind mit dem Sortieren der Trübe vor der Herdarbeit aufs engste verknüpft.

In einer nach der Gleichfälligkeit sortierten Trübe verhalten sich nach Rittinger die Durchmesser spezifisch verschieden schwerer Mineralkörner umgekehrt wie die um die Einheit verminderten spezifischen Gewichte, oder mathematisch ausgedrückt:

$$\frac{d}{d'} = \frac{\delta'-1}{\delta-1} \quad \ldots \ldots \ldots \quad 1)$$

Offenbar stehen hier Theorie und Praxis im Widerspruch, denn wenn im allgemeinen dieser Satz richtig wäre, so könnte man auf jedem Herde jede Trübesorte mit gleichem Erfolg verarbeiten, weil ja die Konstitution der verschieden feinen Trübesorten dieselbe und zwischen diesen relativ kein Unterschied wäre. Dieser Satz gilt aber, wie wir in § 3 erwiesen haben, nur dann, wenn die Endgeschwindigkeit der Mineralkörner größer ist als eine bestimmte, von dem spezifischen Gewicht des Mineralkornes abhängige kritische Geschwindigkeit. Diese kritische Geschwindigkeit läßt sich nach der Formel berechnen, die wir mit Benützung der experimentellen Angaben von Richards und Eastman abgeleitet haben:

$$V_0 = 31 \sqrt[3]{\delta-1}, \quad \ldots \ldots \ldots \quad 2)$$

wo δ das spezifische Gewicht des betreffenden Minerals bedeutet und V_0 in Millimeter erhalten wird.

Ferner ist auch der Umstand in Rücksicht zu ziehen, daß nämlich die Endgeschwindigkeit ein und derselben Trübesorte in bestimmten Grenzen schwankt.

Wir wollen nun ein konkretes Beispiel sehen, um ein klares Bild über das Resultat zu gewinnen, das bei dem Sortieren mit den bisher benutzten Verfahren erreicht werden kann. Es sei die Endgeschwindigkeit

der 1. Trübesorte größer als 0,12 m,
,, 2. ,, zwischen 0,12 und 0,06 m,
,, 3. ,, ,, 0,06 ,, 0,03 m,
,, 4. ,, kleiner als 0,03 m.

Wir nehmen an, daß die Trübe als feste Bestandteile nur Bleiglanz- und Quarzkörner enthält. Wenn wir nun beachten, daß die kritische Geschwindigkeit des Bleiglanzes etwa 0,06 m und die des Quarzes etwa 0,03 m ist, so können wir die kleinsten und die größten Durchmesser der Mineralkörner in den obigen vier Trübesorten bestimmen. Der Zusammenhang zwischen der Endgeschwindigkeit und dem Durchmesser, vorausgesetzt, daß die

Endgeschwindigkeit größer als die kritische Geschwindigkeit ist, läßt sich durch die Rittingersche Formel ausdrücken:

$$v_0 = 77 \sqrt{d(\delta-1)}, \quad \ldots \ldots \ldots 3)$$

wo sowohl v_0 wie d in Millimeter gegeben sind. Es ergibt sich aus dieser Formel der Durchmesser:

$$d = \frac{v_0^2}{5929(\delta-1)} \quad \ldots \ldots \ldots 4)$$

Wenn aber die Endgeschwindigkeit gleich oder kleiner als die kritische Geschwindigkeit ist, so ist der Zusammenhang durch die Stokessche Formel gegeben:

$$v_0 = 545(\delta-1)d^2, \quad \ldots \ldots \ldots 5)$$

wo v_0 und d gleichfalls in Millimeter auszudrücken sind. Aus dieser Formel erhalten wir den Durchmesser:

$$d = \sqrt{\frac{v_0}{545(\delta-1)}} \quad \ldots \ldots \ldots 6)$$

In der 1. Trübesorte ist also nach diesen Formeln der Durchmesser des kleinsten Quarzkornes:

$$d_1 = \frac{14400}{5929 \cdot 1{,}6} = 1{,}518 \text{ mm},$$

der Durchmesser des kleinsten Bleiglanzkornes aber:

$$d_1' = \frac{14400}{5929 \cdot 6{,}5} = 0{,}379 \text{ mm}.$$

Die gleichen Durchmesser haben in der nächstfolgenden 2. Trübesorte die größten Quarz- und Bleiglanzkörner. In dieser Trübesorte ist der Durchmesser des kleinsten Quarzkornes:

$$d_2 = \frac{3600}{5929 \cdot 1{,}6} = 0{,}379 \text{ mm}$$

und der des kleinsten Bleiglanzkornes:

$$d_2' = \sqrt{\frac{60}{545 \cdot 6{,}5}} = 0{,}130 \text{ mm}.$$

In der 3. Trübesorte hat das kleinste Quarzkorn den Durchmesser:

$$d_3 = \sqrt{\frac{30}{545 \cdot 1{,}6}} = 0{,}185 \text{ mm},$$

während der Durchmesser des kleinsten Bleiglanzkornes

$$d_3' = \sqrt{\frac{30}{545 \cdot 6{,}5}} = 0{,}092 \text{ mm}$$

ist. Wenn wir nun annehmen, daß in der Trübe, die den Pochtrog verläßt, der Durchmesser des größten Mineralkornes 2 mm ist, so erhalten wir für die Endgeschwindigkeit des gröbsten Bleiglanzkornes:

$$v_0 = 77 \sqrt{2 \cdot 6{,}5} = 277 \text{ mm}.$$

In der nachstehenden Tabelle 29 sind die oben berechneten Werte zusammengestellt. Es bedeuten in dieser d und D, bzw. d' und D' den kleinsten und größten Quarzkorn- bzw. den kleinsten und größten Bleiglanzkorndurchmesser in ein und derselben Trübesorte.

Tabelle 29.

Trübe-sorte	v_0 mm	Quarz		Bleiglanz		$\frac{D}{D'}$	$\frac{d}{d'}$
		D mm	d mm	D' mm	d' mm		
1.	277—120	2,0	1,518	2,0	0,379	1,00	4,00
2.	120—60	1,518	0,397	0,379	0,130	4,00	2,91
3.	60—30	0,379	0,185	0,130	0,092	2,91	2,01
4.	30—0	0,185	0	0,092	0	2,01	1,00

In derselben Trübesorte sind die Extremwerte des Quotienten aus den Quarzkorn- und Bleiglanzkorndurchmessern D/d' und d/D', d. h. die Quotienten aus den Durchmessern des größten Quarz- und kleinsten Bleiglanzkornes und des kleinsten Quarz- und größten Bleiglanzkornes. So daß das geometrische Mittel dieser Extremwerte ist:

$$k = \sqrt{\frac{d}{D'} \cdot \frac{D}{d'}} = \sqrt{\frac{D}{D'} \cdot \frac{d}{d'}} \quad \ldots \ldots \quad 7)$$

Setzt man die entsprechenden Quotienten in diese Formel ein, so findet man, daß

in der 1. Trübesorte . . $k_1 = \sqrt{1 \cdot 4} = 2{,}0$,
,, ,, 2. ,, . . . $k_2 = \sqrt{4 \cdot 2{,}91} = 3{,}41$,
,, ,, 3. ,, . . . $k_3 = \sqrt{2{,}91 \cdot 2{,}01} = 2{,}41$ und
,, ,, 4. ,, . . . $k_4 = \sqrt{2{,}01 \cdot 1} = 1{,}42$

ist, während dieser Mittelwert für jede Trübesorte

$$k = \sqrt{4 \cdot 4} = 4$$

sein würde, wenn diese nach der Formel 1 sortiert wären.

Schon aus diesen Zahlenwerten kann man sehen, daß das vorhergehende Sortieren viel unvollkommener ist, als man es allgemein annimmt. In Wirklichkeit jedoch läßt sich mit den bei uns angewendeten Sortierungsapparaten nicht einmal dieses Resultat erzielen. Wir haben schon in § 15 erwiesen, daß beim Sortieren in Spitzkästen etwa 70 vH. des Schlammes, der eigentlich die 4. Trübesorte bilden sollte, in den ersten drei Spitzkästen zum Niederschlag kommen. Gleicherweise kann man auf Grund der Angaben desselben Paragraphen und des § 9 nachweisen, daß beim Sortieren in Spitzlutten ungefähr 45 vH. des Schlammes in den ersten drei — also röschen — Trübesorten zur Ablagerung gelangen. Die Ursachen dieses unvollkommenen Sortierens sind bereits in § 9 besprochen worden. Hier wollen wir nur bemerken, daß anscheinend die Spitzlutten nach den Angaben vollkommener sortieren als die Spitzkästen. Der Grund davon liegt darin, daß einerseits aus den Spitzlutten 2,5mal mehr Schlamm abfließt als aus den Spitzkästen, und anderseits, daß die Spitzkästen nach Rittinger fehlerhaft bemessen werden. Nach Rittinger[1]) hat nämlich der erste Spitzkasten 1,8 m Länge und jeder der folgenden muß um 1 m länger sein als der vorhergehende. Außerdem muß die Breite jedes folgenden Spitzkastens um das Doppelte sich vergrößern. Nach der Formel 7 des § 9 wird ein Mineralkorn von der Endgeschwindigkeit v_0 durch einen H m tiefen Wasserstrom, dessen mittlere Geschwindigkeit w m ist, auf die wagrechte Entfernung

$$Y = \frac{wH}{v_0} \quad \ldots \ldots \ldots \ldots \quad 8)$$

mitgerissen.

Wenn wir annehmen, daß die aufeinander folgenden Spitzkästen gleiche Breite haben, dann sind w und H konstant, und in der Formel 8 ist nur v_0 veränderlich. Die Länge des ersten Spitzkastens sei y_1, des zweiten y_2, des dritten y_3; ferner sei die kleinste Endgeschwindigkeit im ersten Spitzkasten v_0, im zweiten $v_0' = v_0/2$

---

[1]) Rittinger, P. R.: Lehrbuch der Aufbereitungskunde. S. 327. Berlin 1867.

Die Verwendbarkeit der verschiedenen Herde. 265

und im dritten $v_0'' = v_0/4$, die man in der Praxis zu erreichen bestrebt ist, dann muß nach der Formel 8:
$$y_1 : (y_1 + y_2) : (y_1 + y_2 + y_3) = \frac{wH}{v_0} : \frac{2wH}{v_0} : \frac{4wH}{v_0}$$
sein, d. h.: $\quad y_1 : (y_1 + y_2) : (y_1 + y_2 + y_3) = 1 : 2 : 4$,
woraus sich die Proportion ergibt:
$$y_1 : y_2 : y_3 = 1 : 1 : 2 \quad \ldots \ldots \quad 9)$$

Man ersieht hieraus, daß, wenn man die obigen Sorten bilden will und die aufeinanderfolgenden Spitzkästen gleiche Breite haben, die Länge des zweiten Spitzkastens gleich der des ersten, die des dritten aber das Doppelte der ersten Spitzkastenlänge sein muß. Hieraus folgt hinwiederum, daß, wenn man die Breite der aufeinanderfolgenden Spitzkästen vergrößert, d. h. die mittlere Geschwindigkeit des Trübestromes w allmählich verringert, der zweite Spitzkasten noch kürzer als der erste und geradeso auch der dritte kürzer als die zweifache Länge des ersten sein soll.

Auf die Angaben der Tabelle 29 und die verschiedenen Werte von k zurückkehrend, sehen wir, daß die 2. Trübesorte am vollkommensten und die 4., also die feinste, am unvollkommensten sortiert ist.

Da in der 1. Trübesorte die Quarzkörner von 2,0 bis 1,52 mm Durchmesser und die Bleiglanzkörner von 2,0 bis 0,38 mm Durchmesser angesammelt sind, so ist die 1. Trübesorte reicher, folglich müssen die übrigen an Bleiglanz (im allgemeinen an Erz) ärmer sein als die aus dem Pochtrog ausgetragene Trübe.

Wir sehen also, daß man bei der Berechnung des Ausbringens eines Herdes ein unrichtiges Resultat erhält, wenn man den durchschnittlichen Metallgehalt der Trübe, die den Pochtrog verläßt, berücksichtigt, und zwar erhält man bei röschen Herden ein ungünstigeres, bei zähen Herden ein günstigeres Resultat. Es bestehe z. B. das anzureichernde Roherz aus Bleiglanz und Quarz, der durchschnittliche Metallgehalt der aus dem Pochtrog ausgetragenen Trübe sei $a = 10$ vH. Pb, der Metallgehalt des Bleischlieches $b = 50$ vH. Pb und der Metallgehalt der abfließenden Berge $c = 5$ vH. Pb, dann ist das Metallausbringen nach der Formel 3 der „Einleitung":
$$k = \frac{100\, b\, (a-c)}{a\, (b-c)} \text{ vH.} \quad \ldots \ldots \quad 10)$$

oder im vorliegenden Beispiele:
$$k = \frac{100 \cdot 50 \cdot 5}{10 \cdot 45} = 55{,}5 \text{ vH.}$$

Nehmen wir nun an, daß der Metallgehalt der 1. Trübesorte durch vorhergehendes Sortieren auf $a_1 = 12$ vH. erhöht wird, dann ist das Metallausbringen, wenn b und c dieselben Werte wie oben haben:
$$k_1 = \frac{100 \cdot 50 \cdot 7}{12 \cdot 45} = 64{,}8 \text{ vH.}$$

Sind in der 1. Trübesorte 40 vH. von den festen Bestandteilen der aus dem Pochtrog ausgetragenen Trübe zum Niederschlag gekommen, so ist der durchschnittliche Metallgehalt a_2 der übrigen 60 vH. aus der Gleichung
$$100 \cdot 10 = 40 \cdot 12 + 60 \cdot a_2:$$
$$a_2 = \frac{1000 - 480}{60} = 8{,}66 \text{ vH.}$$

und das Ausbringen, wenn b und c ihre obigen Werte behalten:
$$k_2 = \frac{100 \cdot 50 \cdot 3{,}66}{8{,}66 \cdot 45} = 47{,}0 \text{ vH.}$$

Daher genügt es nicht, wenn man bei der Feststellung des tatsächlichen Metallausbringens den durchschnittlichen Metallgehalt der Trübe, die den Pochtrog verläßt, ermittelt, sondern dieser ist für jede Trübesorte, bevor sie auf den Herd fließt, separat festzustellen.

Aus diesen Betrachtungen geht hervor, daß die Anreicherung der 1. Trübesorte, trotzdem diese verhältnismäßig gröber sortiert ist als die 2. und 3. Sorte, keine besondere Schwierigkeiten bietet, weil ja diese schon durch das vorhergehende Sortieren in gewissem Maße konzentriert worden ist.

Anderseits aber ist, eben mit Rücksicht auf den größeren Metallgehalt, besondere Sorgfalt auf ihre Anreicherung zu verwenden, weil hier derselbe prozentuale Metallverlust einen verhältnismäßig größeren Verlust verursacht als bei den feineren Trübesorten. Wenn z. B. der Metallgehalt der feineren Trübesorten wieder 8,66 vH. ist und die Aufbereitungsverluste zu 40 vH. angenommen werden, so beträgt der tatsächliche Metallverlust bei der Verarbeitung von 1 t trockenem Erz:
$$\frac{86{,}6 \cdot 40}{100} = 34{,}6 \text{ kg,}$$

während bei der 1. Trübesorte, deren Metallgehalt 12 vH. ist, der tatsächliche Metallverlust auf 1 t

$$\frac{120 \cdot 40}{100} = 48 \text{ kg}$$

beträgt, falls die Aufbereitungsverluste dieselben wie oben sind.

Die Verarbeitung der feineren Trübesorten ist besonders aus zwei Gründen erschwert.

1. Je feiner eine Trübesorte — abgesehen von der ersten — ist, desto gröber ist sie sortiert.

2. Der Metallgehalt der feineren Trübesorten ist meistens kleiner als der durchschnittliche Metallgehalt der aus dem Pochtrog ausgetragenen Trübe, weshalb diese, um Schlieche von entsprechender Zusammensetzung zu erzielen, stärker konzentriert werden müssen als die 1. Trübesorte, was aber, wie wir schon in der „Einleitung" darauf hingewiesen haben, mit größeren Metallverlusten verbunden ist.

Wenn z. B. der Metallgehalt der 1. Trübesorte wieder 12 vH., der feineren Trübesorten 8,66 vH. ist und wir Schliech mit 50 vH. Metallgehalt erzeugen wollen, so wird der Anreicherungsgrad nach der Formel 2 der „Einleitung" im ersten Falle

$$C_1 = \frac{50}{12} = 4{,}16,$$

im zweiten Falle aber

$$C_2 = \frac{50}{8{,}66} = 5{,}77$$

sein. Der Zusammenhang zwischen dem Metallgehalt verschieden feiner Trübesorten kann derzeit nicht festgestellt werden, und zwar aus Mangel an diesbezüglichen experimentellen Angaben. Mit Rücksicht auf die praktische Wichtigkeit dieser Frage aber wäre es allerdings angezeigt, auch Versuche in dieser Richtung anzustellen.

Daß beim Sortieren nach der Gleichfälligkeit auch eine Anreicherung stattfindet, beweist z. B. die Konzentration der Steinkohlenschlämme in Spitzkästen. Ob in diesem Falle der im ersten oder letzten Spitzkasten abgesetzte Schlamm an Kohle reicher sein wird[1]), hängt von dem spezifischen Gewicht der Kohle und

---

[1]) Schennen, H. und Jüngst, F.: Lehrbuch der Erz- und Steinkohlenaufbereitung. S. 680. Stuttgart 1913.

der Berge, ferner von der Bruchform dieser, wie das aus den Ausführungen am Ende des § 13 hervorgeht.

Beschäftigen wir uns nun — mit Rücksicht auf den unter 1 erwähnten Umstand — mit der Frage, wie praktisch die Schwierigkeiten, die bei der Behandlung nahezu oder theoretisch genau gleich großer, in dem spezifischen Gewicht aber verschiedener Mineralkörner auf Herden auftreten, vermindert werden könnten. Wie bekannt, kann die Anreicherung in erster Linie desto leichter erzielt werden, je größer in der Richtung der Herdneigung die Geschwindigkeitsdifferenz der spezifisch verschieden schweren Mineralkörner ist. In der Richtung der Herdneigung läßt sich die Geschwindigkeit durch die Formeln 7 und 16 des § 15 ausdrücken:

$$v = \frac{wd}{H}\left(2 - \frac{d}{H}\right) - v_0 \sqrt{\varrho - \sin\varepsilon} \quad \ldots \ldots \quad 11)$$

oder
$$v = \frac{wd}{H}\left(2 - \frac{d}{H}\right) - v_0(\varrho - \sin\varepsilon), \quad \ldots \ldots \quad 12)$$

je nachdem die Endgeschwindigkeit v_0 des Mineralkornes größer oder kleiner als die kritische Geschwindigkeit ist. Man sieht, daß in der Fallrichtung der Herdfläche die Geschwindigkeit eines Mineralkornes desto größer sein wird, je größer die mittlere Geschwindigkeit w des Wasserstromes, der Durchmesser d des Mineralkornes und je kleiner die Endgeschwindigkeit, daher auch das spezifische Gewicht des letzteren ist.

Es seien die Durchmesser zweier in dem spezifischen Gewicht verschiedener Mineralkörner gleich groß, ferner sei v_0' die Endgeschwindigkeit des spezifisch schwereren, v_0 die des spezifisch leichteren Mineralkornes; dann ist in der Richtung der Herdneigung die Geschwindigkeit des spezifisch schwereren Mineralkornes nach der Formel 11:

$$v' = w\frac{d}{H}\left(2 - \frac{d}{H}\right) - v_0' \sqrt{\varrho - \sin\varepsilon}$$

und die des spezifisch leichteren:

$$v = w\frac{d}{H}\left(2 - \frac{d}{H}\right) - v_0 \sqrt{\varrho - \sin\varepsilon}.$$

Da $v_0' > v_0$ ist, so wird die Geschwindigkeit des spezifisch schwereren Mineralkornes auch bei gleichem Durchmesser kleiner sein als die des spezifisch leichteren. Gleicher Schluß kann auch aus der Formel 12 gezogen werden.

Als Differenz der beiden Geschwindigkeiten ergibt sich:
$$v - v' = (v_0' - v_0)\sqrt{\varrho - \sin \varepsilon} \quad \ldots \ldots \quad 13)$$
oder wenn die Endgeschwindigkeit kleiner als die kritische Geschwindigkeit ist:
$$v - v' = (v_0' - v_0)(\varrho - \sin \varepsilon). \quad \ldots \ldots \quad 14)$$

Des weiteren wollen wir hier nur auf die Gleichung 14 eingehen, da diese Frage besonders bei den feineren Trübesorten von Wichtigkeit ist. Bemerkt sei aber, daß gleiche Schlüsse auch aus der Gleichung 13 gezogen werden können.

Die Endgeschwindigkeit in Millimeter, falls diese kleiner als die kritische Geschwindigkeit ist, läßt sich durch die Formel 5 ausdrücken:
$$v_0 = 545 (\delta - 1) d^2,$$
$$v_0' = 545 (\delta' - 1) d^2,$$
und die Differenz dieser Endgeschwindigkeiten ist:

beziehungsweise: $\quad v_0' - v_0 = 545 d^2 (\delta' - \delta).$

Dies in die Gleichung 14 eingesetzt, ergibt:
$$v - v' = 545 d^2 (\delta' - \delta)(\varrho - \sin \varepsilon) \quad \ldots \ldots \quad 15)$$

Aus dieser Gleichung kann man ersehen, daß bei gleichem Durchmesser die Differenz aus den Geschwindigkeiten desto größer ist, je größer der gemeinsame Durchmesser d der Mineralkörner, die Differenz aus den spezifischen Gewichten $(\delta' - \delta)$ und die Differenz $(\varrho - \sin \varepsilon)$ ist.

Wir sind nicht in der Lage, die ersten zwei Faktoren zu vergrößern, aber wir können den Faktor $(\varrho - \sin \varepsilon)$ vergrößern, und zwar in zweifacher Weise:

a) durch Vergrößerung des Reibungskoeffizienten ϱ (z. B. die Herdfläche wird mit Rillen versehen);

b) durch Verkleinerung von $\sin \varepsilon$, d. h. der Herdneigung. Wenn $\varrho - \sin \varepsilon = 0$ ist, so folgt: $v = v'$, daher muß $\sin \varepsilon < \varrho$ sein. Z. B. bei $\varrho = 0{,}2$ besteht die Bedingung:
$$\varepsilon < 11^0 30'.$$

Je kleiner nun ε ist, desto größer wird die Differenz $(\varrho - \sin \varepsilon)$ sein, die theoretisch am größten bei $\varepsilon = 0^0$ wird; praktisch kann aber dieser Wert nicht erreicht werden, denn wenn der Neigungswinkel der Herdfläche Null ist, so ist auch die Geschwindigkeit des Wasserstromes Null, und dann ist $v = v'$.

Da die Durchmesser spezifisch verschieden schwerer Mineralkörner voneinander desto weniger abweichen, je feiner die Trübesorte ist, so kann man allgemein sagen, daß die Neigung der Herdfläche desto kleiner sein soll, je feiner die anzureichernde Trübesorte ist. Diesen Grundsatz bestätigt auch die Praxis. Aus der Gleichung 15 geht hervor, daß bei $\varepsilon > 11^0 30'$ $v' > v$ ist, d. h. in der Richtung der Herdneigung wird die Geschwindigkeit des spezifisch schwereren Mineralkornes in diesem Falle größer sein als die des spezifisch leichteren.

Im Zusammenhang mit den obigen Betrachtungen sei noch erwähnt, daß nach Sparre[1]) die rollende Bewegung der Mineralkörner in die gleitende übergeht, wenn man dem Trübestrom eine große Geschwindigkeit, d. h. der Herdfläche eine große Neigung gibt, welcher Umstand die Anreicherung stört, weil die gleitenden großen, aber spezifisch leichten Mineralkörner die kleinen und spezifisch schweren mit sich reißen. Wir haben aber in § 6 nachgewiesen, daß im allgemeinen die Mineralkörner auf ebenen Herdflächen gleiten. Daß die Anreicherung bei großer Herdneigung nicht durchgeführt werden kann, das hat nach den vorhergehenden Betrachtungen seinen Grund darin, daß die spezifisch schweren Mineralkörner sich in diesem Falle mit nahezu gleicher oder eventuell mit größerer Geschwindigkeit fortbewegen werden als die spezifisch leichteren.

Das gleitende Mineralkorn von größerer Geschwindigkeit und größerem Durchmesser, aber kleinerem spezifischen Gewicht könnte übrigens ein kleineres, aber spezifisch schwereres Mineralkorn nur dann mit sich reißen, wenn bei dieser Bewegung die durch die Mittelpunkte beider Mineralkörner gedachte Gerade stets der Neigung der Herdfläche, daher der Richtung des Wasserstromes parallel wäre. Allerdings kann eine solche Ausnahmslage eintreten, das Fluten des Trübestromes und die Bewegung der benachbarten Mineralkörner aber werden diese bald stören, so daß die beiden Mineralkörner einander ausweichend ihre Bewegung fortsetzen werden.

Es möge nun ein Zahlenbeispiel folgen, um uns einen Begriff von der Größe der Geschwindigkeitsdifferenz $(v - v')$ machen zu können. Gegeben seien die spezifischen Gewichte $\delta' = 7{,}5$ (Blei-

---

[1]) Siehe die erste Anmerkung in § 6.

Die Verwendbarkeit der verschiedenen Herde.

glanz), $\delta = 2{,}6$ (Quarz) und der gemeinsame Korndurchmesser $d = 0{,}1$ mm. Es ist dann nach der Gleichung 15:

$$v - v' = 27{,}2\,(\varrho - \sin \varepsilon).$$

Wird nun $\varrho = 0{,}2$ gesetzt, so ergibt sich im theoretisch günstigsten, aber — wie schon erwähnt — praktisch nicht erreichbaren Falle, nämlich bei $\varepsilon = 0$:

$$v - v' = 5{,}54 \text{ mm},$$

also ein verhältnismäßig geringer Wert. Ist der Reibungskoeffizient größer, z. B. $\varrho = 0{,}3$, so wird auch die Geschwindigkeitsdifferenz größer, und zwar erhält man bei $\varepsilon = 0$:

$$v - v' = 8{,}16 \text{ mm}.$$

Von wesentlichem Einfluß auf die Anreicherung ist bei den in der Querrichtung bewegten Herden — wie wir gesehen haben — auch die Größe der wagrechten, zur Neigungsrichtung der Herdfläche winkelrechten Geschwindigkeiten, die den Mineralkörnern der Bewegung zufolge erteilt werden, und zwar im allgemeinen wird die Trennung desto vollkommener sein, je größer die wagrechte Geschwindigkeit der spezifisch schwereren und je kleiner die der spezifisch leichteren Mineralkörner ist.

Die wagrechte Geschwindigkeit läßt sich bei Stoßherden durch die Formel 42 des § 18

$$c = \psi \frac{an}{60} \quad \ldots \ldots \ldots \ldots 16)$$

ausdrücken, worin a den Ausschub und n die minutliche Stoßzahl, die von dem Beschleunigungskoeffizienten z abhängt, bedeutet. Für ein spezifisch schwereres Mineralkorn ist die wagrechte Geschwindigkeit:

$$c' = \psi' \frac{an}{60}$$

und der Quotient aus beiden Geschwindigkeiten:

$$\frac{c'}{c} = \frac{\psi'}{\psi} > 1,$$

woraus folgt: $c' > c.$

Im gegebenen Falle hängt aber der Wert des Beschleunigungskoeffizienten, wie wir in § 18 nachgewiesen haben, nur von den spezifischen Gewichten der verschiedenen Mineralien ab, weil für das spezifisch schwerste Mineral $z' = 0{,}637$ sein muß, in welchem Falle dann für das spezifisch leichtere Mineral

$$z = \frac{g_0}{g_0'} z'$$

ist, so daß man im gegebenen Falle hat:

$$\frac{\psi'}{\psi} = \frac{c'}{c} = m = \text{konstant},$$

oder $\qquad c' = mc$ . . . . 17)

Man sieht also, daß man in Wirklichkeit diese beiden Geschwindigkeiten nicht willkürlich vergrößern und vermindern kann, denn wenn man die Geschwindigkeitsdifferenz

$$c' - c = c(m-1) \quad \ldots \ldots \quad 18)$$

vergrößert oder vermindert, so werden gleichzeitig auch die Geschwindigkeiten c und c' zu- oder abnehmen. Es ist nun die Frage, wie groß die wagrechten Geschwindigkeiten c und c' sein sollen, wenn man die praktisch vollständigste Anreicherung erzielen will. Die Geschwindigkeiten in der Neigungsrichtung v und v' und der Quotienten m sind bei dieser Untersuchung als gegeben vorausgesetzt. Hat das spezifisch schwerere Mineralkorn in der Neigungsrichtung die Geschwindigkeit v', in wagrechter Richtung die Geschwindigkeit $c' = mc$ und schließt seine tatsächliche Geschwindigkeit, die durch diese zueinander winkelrechten Geschwindigkeitskomponenten bestimmt ist, mit der Fallinie der geneigten Herdfläche den Winkel α ein, so ist:

$$\operatorname{tg}\alpha = \frac{c'}{v'} = \frac{mc}{v'}.$$

Gleicherweise kann man für das spezifisch leichtere Mineralkorn schreiben:

$$\operatorname{tg}\beta = \frac{c}{v}.$$

Wie wir bereits wissen, vollzieht sich die Anreicherung um so leichter, je größer der Winkel

$$\gamma = \alpha - \beta \quad \ldots \ldots \quad 19)$$

ist. Da aber dieser nicht größer als $\frac{\pi}{2}$ sein kann, so ist sein Wert

Die Verwendbarkeit der verschiedenen Herde.

desto größer, je größer sein Tangens ist. Man kann also schreiben:
$$\operatorname{tg}\gamma = \frac{\operatorname{tg}\alpha - \operatorname{tg}\beta}{1 + \operatorname{tg}\alpha \cdot \operatorname{tg}\beta},$$
oder wenn man tg α und tg β durch ihre Werte ersetzt:
$$\operatorname{tg}\gamma = \frac{c(mv-v')}{mc^2 + vv'}. \quad \ldots \ldots \quad 20)$$

Es ist nun die Frage, wie groß derjenige Wert von c ist, der tg γ und folglich auch den Winkel γ zu einem Maximum macht. Nach den Regeln der Differentialrechnung erhält man diesen Wert durch Nullsetzen des ersten Differentialquotienten
$$\frac{d\operatorname{tg}\gamma}{dc} = \frac{(mc^2 + vv')(mv - v') - 2mc^2(mv - v')}{(mc^2 + vv')^2},$$
in welchem Falle sich ergibt:
$$mc^2 + vv' - 2mc^2 = 0.$$
Die Auflösung dieser Gleichung liefert den gesuchten Wert von c, nämlich:
$$c = \sqrt{\frac{vv'}{m}}. \quad \ldots \ldots \ldots \quad 21)$$
Ist $m = 1$, so folgt: $\quad c = \sqrt{vv'},$
was wir bereits in § 17 nachgewiesen haben.

Aus der Gleichung 21 geht hervor, daß c desto kleiner sein muß, je kleiner die Geschwindigkeiten v und v' sind. Da aber diese nach den Formeln 11 und 12 um so kleiner sind, je kleiner der Durchmesser d ist, so können wir allgemein sagen, daß die den Mineralkörnern erteilte wagrechte Geschwindigkeit desto kleiner sein muß, je feiner die Trübesorte ist, die man auf Stoßherden anreichern will.

Ferner kann man aus der Formel 16 ersehen, daß diese wagrechte Geschwindigkeit dem Produkt an direkt proportional ist. Die minutliche Stoßzahl aber ist nach der Formel 5 des § 19:
$$n = \frac{60}{\dfrac{a}{u} + 2{,}5\sqrt{\dfrac{a}{g_0'\varrho}}}, \quad \ldots \ldots \quad 22)$$
woraus folgt:
$$an = \frac{60}{\dfrac{1}{u} + \dfrac{2{,}5}{\sqrt{ag_0'\varrho}}} \quad \ldots \ldots \quad 23)$$

Finkey-Pocsubay, Erzaufbereitung. 18

Man sieht, daß der Nenner auf der rechten Seite der Gleichung 23 desto größer, daher das Produkt an desto kleiner sein wird, je kleiner a ist. Wenn aber a kleiner wird, so muß n der Formel 22 gemäß größer werden. Zusammenfassend können wir also sagen, daß bei Stoßherden die Länge des Ausschubes desto kleiner und die minutliche Stoßzahl desto größer sein muß, je feiner die anzureichernde Trübesorte ist.

Auch für die Schüttelherde läßt sich eine mit der vorstehenden vollkommen übereinstimmende Regel aufstellen, wenn man berücksichtigt, daß bei diesen Herden die wagrechte Geschwindigkeit durch die Formel 38 des § 29

$$c = \frac{r n \psi}{30} \qquad \ldots \ldots \ldots 24)$$

ausgedrückt ist, worin r den Kurbelhalbmesser und n die Zahl der minutlichen Kurbelumdrehungen bedeutet. Die letztere ergibt sich aus der Formel 36 desselben Paragraphen:

$$n = 9{,}55 \sqrt{\frac{\varrho g_0}{z r}}, \qquad \ldots \ldots \ldots 25)$$

und hieraus folgt: $\qquad r n = 9{,}55 \sqrt{\frac{\varrho g_0 r}{z}}. \qquad \ldots \ldots \ldots 26)$

Man sieht, daß rn und c desto kleiner sind, je kleiner r ist. Dagegen wird n nach der Formel 25 um so größer, je kleiner r ist.

Wir haben in unseren bisherigen Betrachtungen stets vorausgesetzt, daß die Mineralkörner sich auf der Herdfläche unbehindert bewegen können.

In Wirklichkeit ist aber dies nicht der Fall, weil sich die spezifisch verschieden schweren und verschieden großen Mineralkörner der aufgetragenen Trübe in der freien Bewegung auf der Herdfläche in gewissem Maße behindern.

Wir wollen im nachstehenden die Folgen dieser gestörten Bewegung feststellen und untersuchen, wie man praktisch diese eliminieren könnte.

Wie wir bereits wissen, ist auf der Herdfläche die Geschwindigkeit der spezifisch leichteren Mineralkörner in der Neigungsrichtung, die der spezifisch schwereren dagegen in der wagrechten, zur ersteren winkelrechten Richtung größer. Während die Mineral-

Die Verwendbarkeit der verschiedenen Herde. 275

körner von verschiedenen Durchmesser und spezifischen Gewicht in verschiedenen Richtungen mit verschiedenen Geschwindigkeiten auf der Herdfläche sich fortbewegen, stoßen sie stellenweise zusammen, und die Folge des Zusammenstoßes wird sein, daß die Mineralkörner von größerer Geschwindigkeit und Masse die Mineralkörner von kleinerer Geschwindigkeit und Masse von ihren ursprünglichen Bahnen in gewissem Maße ablenken werden.
— Berücksichtigt man das Verhältnis der zueinander winkelrecht gerichteten Geschwindigkeitskomponenten, so kann man leicht einsehen, daß

1. die unhaltigen Körner von größerer Masse die erzhaltigen von kleinerer Masse in der Richtung der Herdneigung und
2. die erzhaltigen Körner von größerer Masse die unhaltigen von kleinerer Masse winkelrecht zu dieser, in wagrechter Richtung von ihren Bahnen abzulenken bestrebt sind.

Die Ablenkung von der Richtung der ursprünglichen Bahn wird desto größer sein, je größer die Richtungsabweichung und Größe der Impulse (Bewegungsgrößen) beider Mineralkörner im Augenblick des Zusammenstoßes sind.

Es ist leicht einzusehen, daß die erste Wirkung Metallverlust verursachen, bzw. diesen erhöhen, die zweite aber den Anreicherungsgrad vermindern wird.

Berücksichtigt man die in der Tabelle 29 angegebenen Durchmesser der Bleiglanz- und Quarzkörner, so kann man mittels einer einfachen Berechnung beweisen, daß neben Bleiglanz in jeder Trübesorte auch Quarzkörner von größerer Masse und umgekehrt neben Quarz auch Bleiglanzkörner von größerer Masse vorhanden sein werden. Hieraus folgt, daß man in der Praxis weder die Metallverluste vermeiden noch eine vollständige Anreicherung erzielen kann. Am ungünstigsten wird sich das Verhältnis in der 4., der feinsten Trübesorte gestalten, wo bei 30 mm maximaler Endgeschwindigkeit — wie wir gesehen haben — der Durchmesser des größten Quarzkornes gegen 0,2 mm, der des größten Bleiglanzkornes etwa 0,1 mm ist, während die Durchmesser des kleinsten Bleiglanz- und Quarzkornes der Null sehr nahe liegen, so daß theoretisch der Quotient der Massen des größten Quarz- und kleinsten Bleiglanz- gleichwie des größten Bleiglanz- und kleinsten Quarzkornes ∞, daher praktisch sehr groß ist.

18*

Das Ziel der Praxis wäre gleichzeitiges Erreichen der vollständigsten Anreicherung und des geringsten Metallverlustes. Es fragt sich nun, ob man in Wirklichkeit dieses Ziel erreichen kann.

Der Anreicherungsgrad läßt sich in zweifacher Weise erhöhen.

1. Wenn das minder angereicherte Erz wiederholt auf Herden verarbeitet wird. Dieses wiederholte Verwaschen ist gleichfalls mit Metallverlusten verbunden, so daß man durch dieses Verfahren mit dem Anreicherungsgrad zugleich auch die Metallverluste vergrößert.

2. Wenn an den erforderlichen Stellen und in entsprechender Menge Klar- oder Läuterwasser auf die Herdfläche gegeben wird, mittels dessen man die Bergeteilchen, die in vorerwähnter Weise zwischen das angereicherte Erz gelangen, zu entfernen trachtet. Im allgemeinen übt der Klarwasserstrom auf die Berge — wie das aus den vorhergehenden Betrachtungen hervorgeht — eine größere Wirkung aus als auf die haltigen Körner. Dieser Wirkung können aber die haltigen Körner nicht entzogen werden, so daß ein Teil dieser auch in die Zwischenprodukte gelangt und bei der nochmaligen Verarbeitung aufs neue Metallverluste erleidet. Daraus folgt, daß dem Aufgeben des Klarwassers auf die Herdfläche besondere Aufmerksamkeit zu schenken ist.

Man sieht also, daß im allgemeinen durch Erhöhung des Anreicherungsgrades auch die Metallverluste vergrößert werden. Leider stehen uns keine experimentellen Angaben zur Verfügung, die bei verschiedenen Erzen und Herden den Zusammenhang zwischen dem Anreicherungsgrad und der Größe des Metallverlustes ausdrücken, obgleich es klar ist, daß vom praktischen Gesichtspunkte aus die Kenntnis dieses Zusammenhanges höchst wichtig wäre.

In der Praxis läßt sich also das vorher erwähnte doppelte Ziel gleichzeitig nicht verwirklichen. Folglich ist eine der wichtigsten Aufgaben des praktischen Aufbereitungsmannes, jenen günstigsten Anreicherungsgrad festzustellen, bei dem der beste wirtschaftliche Erfolg erzielt werden kann. Anderseits ist es wünschenswert, daß der vorher abgeleitete Zusammenhang — nämlich zwischen dem Anreicherungsgrad und Metallverlust — womöglich schon bei der Feststellung der Erzverkaufsvorschriften der Hütten berücksichtigt werde, damit der Aufbereitungsmann nicht genötigt sei, ohne Grund mit großen Metallverlusten zu arbeiten, was nicht nur in Anbetracht des Bergwerkes, sondern im allgemeinen auch aus dem Gesichtspunkte der Nationalökonomie unbedingt fehlerhaft wäre.

Die störenden Wirkungen, die unmittelbar oder mittelbar den Metallverlust verursachen oder vergrößern, sind besonders bei der Verarbeitung der 4. Trübesorte gründlich zu erwägen, denn wie bekannt, ist diese Trübesorte am gröbsten sortiert.

Wird das Ergebnis des der Herdarbeit vorhergehenden Sortierens, d. h. das Massenverhältnis der in den einzelnen Trübesorten befindlichen spezifisch verschieden schweren Mineralkörner als gegeben betrachtet, so kann der Metallverlust zum Teil vermindert werden, und zwar durch Verminderung der Größe, hauptsächlich aber der Richtungsabweichung der Geschwindigkeiten der spezifisch verschieden schweren Mineralkörner.

Es ist nämlich aus der Mechanik bekannt, daß die Wirkung des Stoßes nicht der Geschwindigkeit, sondern der Bewegungsgröße proportional ist. Nach unserer Voraussetzung sind die Massen gegeben und es kann auch die Geschwindigkeitsgröße der Mineralkörner nicht in beliebigem Maße reduziert werden, weil sonst die Trennung nicht erfolgen würde. Dagegen wird, wenn man die Bewegungsgrößen als gegeben betrachtet, ein Mineralkorn, dessen Bewegungsgröße größer ist, ein anderes von kleinerer Bewegungsgröße desto stärker von der Richtung seiner ursprünglichen Bahn ablenken, je mehr die Richtungen der augenblicklichen Geschwindigkeiten beider Mineralkörner verschieden sind.

Man sieht, daß der Metallverlust in gewissem Grade reduziert werden kann, wenn man die Richtungsabweichung der Geschwindigkeiten der spezifisch verschieden schweren Mineralkörner vermindert.

Bei den ebenen Stoß- und Schüttelherden ist diese Richtungsabweichung — wie bekannt — konstant und — zwecks Erreichens einer je besseren Anreicherung — möglichst am größten. Dagegen ist die Richtungsabweichung bei den Stoßrundherden anfangs Null und nimmt nur allmählich zu (siehe Abb. 34), so daß bereits eine gewisse Trennung stattgefunden hat, als diese einen verhältnismäßig größeren Wert erreicht.

Von diesem Gesichtspunkte aus müssen also die Stoßrundherde den ebenen bewegten Herden vorgezogen werden. Wird aber die Richtungsabweichung der Geschwindigkeiten der spezifisch verschieden schweren Mineralkörner nur allmählich vergrößert, so muß man, um eine entsprechende Anreicherung zu erzielen, entweder die Breite der Aufgebevorrichtung verkleinern, wodurch auch die Leistung des Herdes herabgesetzt wird, oder es muß die Herdfläche einen genügend großen Durchmesser erhalten. Man sieht also, daß die Stoßrundherde nur dann ihrem Zwecke entsprechen, wenn sie einen genügend großen Durchmesser haben.

Die Folgen dessen müssen jedoch auch vom wirtschaftlichen Gesichtspunkte aus in Erwägung gezogen werden. Der Flächeninhalt der Herdfläche wächst nämlich proportional mit dem Quadrat des Durchmessers, und je größer dieser ist, desto größer sind die Anschaffungskosten, der Raumbedarf, das Gewicht und der Kraftbedarf des Herdes, daher um so größer die Amortisations- und Betriebskosten der Aufbereitung. Die Verminderung der Metallverluste aber ist vom wirtschaftlichen Gesichtspunkt aus — abgesehen von Ausnahmefällen — nur begründet, solange der Überschuß in dem Metallausbringen wenigstens die Zunahme der Aufbereitungskosten deckt. Beachtet man diesen wirtschaftlichen Gesichtspunkt und auch den Umstand, daß der Metallverlust bei den feineren Trübesorten größer ist, weil diese gröber sortiert sind, daher mit einem geeigneten Herde durch Verminderung des Verlustes ein verhältnismäßig höheres Mehrausbringen erreicht werden kann, so kann man einsehen, daß sich die bewegten ebenen Herde viel mehr für die Verarbeitung der gröberen, dagegen die Stoßrundherde für die Verarbeitung der feineren Trübesorten eignen. Zugleich kann man einsehen, daß für die Verarbeitung der feinsten Schlämme, die am gröbsten sortiert sind, die feststehenden Rundherde (z. B. der Linkenbachsche Rundherd) besonders geeignet sind, weil bei diesen die Geschwindigkeiten der spezifisch verschieden schweren Mineralkörner gleiche Richtungen haben, d. h. die Richtungsabweichung ist stets Null.

Für den guten Erfolg der Herdarbeit ist auch die Dichte der Trübe, die den Herden zugeführt wird, von großer Bedeutung. Im allgemeinen versteht man unter Dichte der Trübe die Menge der festen Bestandteile, die in der Trübe enthalten sind. Die Dichte wird meistens in Meterzentner oder in Kilogramm ausgedrückt, und zwar im ersten Falle auf 1 m³, im letzteren auf 10 l Trübe bezogen. Je dichter die Trübe ist, desto größer ist die Zahl der in der Raumeinheit enthaltenen Mineralkörner, folglich um so mehr behindern die Mineralkörner sich in der freien Bewegung auf der Herdfläche. Mit Rücksicht auf die Konstitution der verschieden feinen Trübesorten folgt, daß der Gehalt an festen Teilen, d. h. die Dichte der auf den Herd gebrachten Trübe, desto kleiner sein soll, je feiner die zu verarbeitende Sorte ist. Demzufolge wird auch die Leistung der Schlammherde kleiner sein als die der röschen Herde.

Fassen wir die Ergebnisse der vorstehenden kritischen Betrachtungen über den jetzigen Stand der nassen Aufbereitung fein eingesprengter Erze zusammen, so können wir folgendes sagen: **Das heutige Aufbereitungsverfahren fein eingesprengter Erze hat seinen Hauptfehler darin, daß zwischen der Trennung auf Herden und dem vorhergehenden Sortieren jener kontinuelle Zusammenhang fehlt, der für einen möglichst vollständigen Erfolg der Aufbereitung erforderlich wäre,** oder mit anderen Worten, daß das derzeit benutzte der Herdarbeit vorhergehende Sortieren den Grundbedingungen der Anreicherungsarbeit auf den in Anwendung stehenden Herden nicht entspricht.

Eine wesentliche Verbesserung könnte man in zweifacher Weise erreichen.

1. Durch Konstruktion solcher Herde oder anderer Apparate, die die Trennung der spezifisch verschieden schweren Mineralkörner ohne vorheriges Sortieren ermöglichen.

2. Durch Anwendung der gegenwärtig benutzten oder anderer Herde von ähnlicher Arbeitsweise, wenn das der Herdarbeit vorhergehende Sortieren den Gundbedingungen dieser Herde entsprechend vervollkommnet wird.

Für die Vervollkommnung des Sortierens eignet sich meiner Ansicht nach am besten der durch Richards konstruierte und pulsator classifier genannte Stromapparat[1]) in einer entsprechend verbesserten Ausführung.

Dieser Stromapparat (Abb. 43 und 44) besteht aus einem Kasten K, der durch vertikale Scheidewände, die winkelrecht zur

---

[1]) Richards, R. H.: Ore Dressing. Bd. III, S. 1388. New York 1909. Dieser Stromapparat wird von der „Denver Engineering Works Company" gebaut.

Kastenlänge stehen, in Abteilungen von verschiedener Länge geteilt ist. Die erste Abteilung A dient zur Einführung der Trübe, während in den übrigen Abteilungen 1 bis 6 das Sortieren statt-

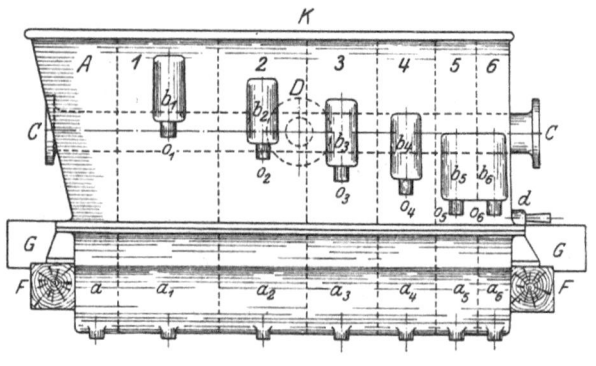

Abb. 43.

findet. Bei s befinden sich zwei Siebe mit größeren und kleineren Maschen, die in sämtlichen Abteilungen einen gemeinsamen Boden bilden und das Niederfallen der haltigen und unhaltigen Körner verhindern. Die geschlossenen trichterförmigen Räume unter dem Siebe der einzelnen Abteilungen a, a_1 bis a_6 sind durch je ein kurzes Rohrstück h mit dem Wasserverteilungsrohr $C-C$ verbunden; letzteres steht mit dem Wasserleitungsrohr $D-D$ in Verbindung. In diesem steht das Wasser unter einem Druck von mindestens einer Atmosphäre. In das Wasserleitungsrohr ist ein Hahn B eingeschaltet, der in rasche Umdrehung versetzt wird (die Umdrehungen betragen etwa 200 in der Minute). Bei jeder Öffnung des Hahnes tritt ein Wasserstrom in die Abteilungen, der bei der darauffolgenden Schließung

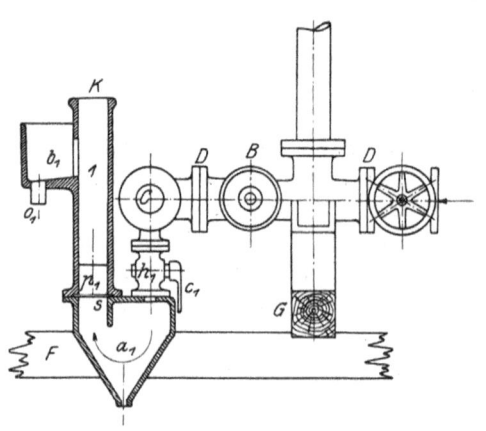

Abb. 44.

des Hahnes unterbrochen wird. Infolgedessen führt der Wasserstrom in den einzelnen Abteilungen eine pulsierende Bewegung aus, und zwar immer in derselben — durch den Pfeil angegebenen — Richtung; seine Geschwindigkeit ändert sich zwischen Null und einem größten Wert.

Die zu sortierende Trübe wird zuerst in die Eintragsabteilung A geleitet und gelangt von hier infolge der Wirkung des Wasserstromes durch die Öffnung p_1, die sich in der ersten vertikalen Scheidewand über dem Siebe befindet und deren Größe eingestellt werden kann, in die Sortierungsabteilung 1, die unter sämtlichen Abteilungen die größte Länge hat, so daß in dieser die Geschwindigkeit des Wasserstromes am kleinsten ist. Diejenigen Mineralkörner, deren Endgeschwindigkeit kleiner als die Geschwindigkeit des Wasserstromes ist, gehen aufwärts und treten durch eine in der Vorderwand der Sortierungsabteilung angebrachte Austragsöffnung in einen kleineren Vorkasten b_1, aus dem sie durch o_1 ausgetragen werden, während alle übrigen Körner von größerer Endgeschwindigkeit niedersinken und durch die ebenfalls einstellbare Öffnung in der zweiten vertikalen Scheidewand in die Sortierungsabteilung 2 gelangen. Nachdem die Länge der aufeinander folgenden Abteilungen fortwährend abnimmt, wächst dementsprechend die Geschwindigkeit des aufsteigenden Wasserstromes, so daß aus den aufeinander folgenden Abteilungen immer gröbere Sorten ausgetragen werden. Die Geschwindigkeit des aufsteigenden Wasserstromes läßt sich in den einzelnen Abteilungen auch durch die entsprechende Einstellung der Hähne c, die sich an den Rohrstücken h befinden, regeln. Diejenigen Mineralkörner, die auch in der letzten Abteilung 6 zu Boden sinken, können durch das mit einem Pfropfen versehene Rohr d von Zeit zu Zeit abgelassen werden.

Die Trennung der verschiedenen Sorten voneinander wird nicht nur durch die Erhöhung der Geschwindigkeit des Wasserstromes geregelt, sondern auch dadurch, daß die Austragöffnungen der aufeinander folgenden Abteilungen dem Siebe immer näher angebracht werden. Um die Geschwindigkeit des durchfließenden Trübestromes nach Bedarf regeln zu können, kann auch die Größe der Öffnungen, die sich in den vertikalen, die einzelnen Abteilungen voneinander trennenden Scheidewänden befinden, eingestellt werden. Der trichterförmige Boden der einzelnen Abteilungen ist an seiner Spitze mit einer Öffnung versehen, durch welche die durch das Sieb gefallenen Körner zeitweise abgelassen werden können.

Die Abmessungen des Stromapparats und die Leistung desselben sind nach den Angaben Richards in der nachstehenden Tabelle 30 zusammengestellt.

Tabelle 30.

Nummer des Stromapparats	Anzahl der Abteilungen	Breite in engl. Zoll	Leistung in 24 Stunden t	Abmessungen in engl. Zoll			Durchmesser	Öffnung
				Länge	Höhe	Breite	des rotierenden Hahnes in engl. Zoll	
1	6	2	40	37	31	19	8	$1^1/_2$
2	6	3	100	53	35	21	8	3
3	6	4	175	$70^1/_2$	38	$22^3/_4$	8	4

Bei dem Stromapparat Nr. 3 sind die aufeinander folgenden 6 Abteilungen 13, 11, 9, 7, 5 und 4 engl. Zoll lang; die Höhen der Austragöffnungen über dem Siebe sind: 15, $12^1/_8$, $9^5/_8$, $7^5/_8$, $6^1/_4$ und 5 engl. Zoll. Die größte Breite des trichterförmigen Bodens beträgt etwa $13^1/_4$ engl. Zoll, seine Tiefe ebensoviel. Die Eintragsabteilung hat unten eine Länge von 5 und oben von $10^1/_2$ engl. Zoll. Die Umdrehungen des rotierenden Hahnes betragen 200 in der Minute, so daß die Anzahl der pulsierenden Stöße 400 ist.

Nach den Versuchen, die in der Aufbereitungsanlage der ,,Boston and Montana Consolidated Copper and Silver Mining Company" im Jahre 1907 angestellt wurden, soll dieser Stromapparat in 24 Stunden 128 t Material (bestehend aus Kupferkies, Schwefelkies, Enargit [Cu_3AsS_4], Buntkupfererz [Cu_3FeS_3] als nutzbare Mineralien, Quarz und verwittertem Feldspat als Gangarten) verarbeitet haben. Der tägliche Frischwasserverbrauch betrug 267179 Gallons[1]), so daß auf 1 t Material

$$2087 \text{ Gallons} = 9{,}481 \text{ m}^3$$

entfallen. Die maximale Korngröße des zu sortierenden Kornes war $2^1/_2$ mm. Die Ergebnisse des Versuches sind aus der folgenden Tabelle 31 zu ersehen[2]).

---

[1]) 1 Gallon = 4,543 l.
[2]) Diese Angaben sind nach der Tabelle 490 und der Abb. 694 (Diagramm) des oben angeführten Werkes zusammengestellt.

Tabelle 31.

Korngröße	In dem unsortierten Material vH.	In den Trübesorten vH.					
		1.	2.	3.	4.	5.	6.
Über 1 mm .	12	0	0	12	31	52	71
1—0,5 mm . .	49	5	16	56	53	39	26
0,5 mm — 100*	21	39	43	25	14	8,5	3
100*—200* . .	6	16	13,5	4	1	0,5	0
Feiner als 200*	12	40	27,5	3	1	0	0
Summe	100	100	100	100	100	100	100

Es sei schließlich noch erwähnt, daß alle sechs Sorten auf Wilfley-Herden angereichert wurden.

Aus der Tabelle 30 kann man ersehen, daß die Abmessungen dieses Stromapparats um vieles kleiner sind als die der bei uns angewendeten Spitzkästen, so daß man die Anzahl der Abteilungen je nach Bedarf erhöhen kann, ohne dadurch die Abmessungen eines Spitzkastenapparats zu überschreiten. Während z. B. ein „pulsator classifier" mit 6 Abteilungen, dessen Leistung in 24 Stunden 150 t beträgt, eine Grundfläche von etwa 1,5 m² einnimmt, ist bei gleicher Leistung der Grundflächenbedarf eines Spitzkastenapparats, der nur aus vier Spitzkästen besteht, etwa 93,4 m², also ungefähr 62mal größer.

Es ist praktisch von besonderer Wichtigkeit, daß der feine Schlamm mittels dieses Stromapparats sehr gut abgesondert werden kann. Z. B. nach den Angaben der Tabelle 31 kommen von dem Schlamm unter 0,13 mm Korngröße (die ungefähr der Maschenweite eines 100-Maschensiebes entspricht) zum Niederschlag in der 1. Trübesorte etwa 53,1 vH., in der 2. 38,5 vH., in der 3. 6,6 vH., in der 4. 1,9 vH., in der 5. nur mehr 0,4 vH. und in der 6. 0 vH. Mit den Spitzkästen oder Spitzlutten, in denen von dem Schlamm in der 4., d. h. in der feinsten Trübesorte nur 22 vH., bzw. nur 33 vH. zum Niederschlag kommen, läßt sich ein solches Ergebnis nicht erzielen; außerdem gehen bei den letztgenannten Apparaten 8 vH. bzw. 22 vH. des Schlammes verloren, so daß in den gröberen Trübesorten

$$100 - (22 + 8) = 70 \text{ vH}.$$

bzw. $$100 - (33 + 22) = 45 \text{ vH}.$$

des Schlammes zum Niederschlag kommen. Dagegen erfolgt das Sortieren in dem „pulsator classifier" ohne Verluste.

Vergleicht man diesen Stromapparat mit den bei uns benutzten Spitzkasten- und Spitzluttenapparaten, so kann man folgendes sagen:

1. Während in den letzteren Apparaten die Trennung der einzelnen Gleichfälligkeitssorten voneinander mit der Ablagerung der gröbsten Sorte beginnt, wird in dem „pulsator classifier" zuerst die feinste Sorte abgesondert, so daß die Reihenfolge der Sortenabsonderung der vorerwähnten gerade entgegengesetzt ist.

2. Der „pulsator classifier" gibt die Möglichkeit, die Geschwindigkeit des Wasserstromes in jeder Abteilung auch während des Betriebes zu regeln.

Diesen Umständen ist es zuzuschreiben, daß dieser Stromapparat viel vollkommener sortiert als die Spitzkasten- und Spitzluttenapparate.

3. Auch seine Abmessungen und sein Platzbedarf sind viel geringer als die der erwähnten Apparate.

4. Während die Spitzkasten- und Spitzluttenapparate mit starken Verlusten arbeiten, indem bereits beim Sortieren 4 bis 10 vH. des Roherzes verloren gehen, können bei dem „pulsator classifier" die Erzverluste gänzlich vermieden werden.

Z. B. wenn eine Aufbereitungsanlage in 24 Stunden 100 t Roherz verarbeitet, welches 5 vH. Blei und 10 vH. Zink enthält, und wenn die Verluste beim Sortieren in Spitzkästen zu 4 vH. angenommen werden, so beträgt der tägliche Roherzverlust 4000 kg, in dem 80 kg Blei und 160 kg Zink enthalten sind. Wenn bei der Anreicherung 65 vH. des Bleies und 70 vH. des Zinkes ausgebracht werden, so kann man täglich, falls das Sortieren ohne Verluste erfolgt, um 52 kg Blei und 112 kg Zink mehr ausbringen, was jährlich — das Jahr zu 300 Arbeitstagen angenommen — einen Gewinn von 15 600 kg Blei und 33 600 kg Zink bedeutet. Das Ergebnis wird aber ein noch günstigeres sein, wenn man beachtet, daß bei der Anreicherung eines besser sortierten Gutes auch ein größeres Metallausbringen erzielt werden kann.

Wie man aus dem oben Gesagten sieht, bietet die Anwendung des „pulsator classifier" bedeutende Vorteile, so daß dieser geeignet ist, die heute benutzten Spitzkasten- und Spitzluttenapparate zu ersetzen. Auch seine weitere Vervollkommnung stößt auf keine

Die Verwendbarkeit der verschiedenen Herde.

Hindernisse. Man könnte z. B. nach gleichem Grundsatz einen Stromapparat mit zwölf Abteilungen konstruieren und den Wasserstrom in den einzelnen Abteilungen annähernd mit den folgenden Geschwindigkeiten aufsteigen lassen: 5—10—15—20—25—30—40—50—60—80—100—120 mm

Wollte man in einem Spitzkastenapparat 12 Sorten bilden, so würden seine Abmessungen zu groß ausfallen; dagegen würden die Abmessungen des pulsator classifier mit 12 Abteilungen bei gleicher Leistung noch immer geringer sein als die eines Spitzkastenapparats mit vier Spitzkästen. Daß die Anreicherung der in dieser Weise gewonnenen Trübesorten mit einem unbedingt höheren Ausbringen — als das bisher erzielte — erfolgen könnte, bedarf nach den vorhergehenden Betrachtungen keines Beweises, denn es würden ja in jeder Trübesorte die Durchmesser der Mineralkörner ein und desselben spezifischen Gewichts in viel geringerem Maße differieren als bei dem noch heute bei uns in Anwendung stehenden Sortierungsverfahren.

Wie aus den Angaben der Tabelle 29 hervorgeht, kann die gröbste Trübesorte mit genügender Genauigkeit nach der Gleichfälligkeit nicht sortiert werden, weil die Durchmesser der in ihr enthaltenen größten Mineralkörner verschiedenen spezifischen Gewichts nahezu gleich groß sind. Praktisch kann man diesen Übelstand folgendermaßen beseitigen:

1. Wenn man beim Aufschließen den Austrag der Trübe so regelt, daß in der Trübe, die den Pochtrog verläßt, nicht die Durchmesser, sondern die Endgeschwindigkeiten der gröbsten Mineralkörner gleich groß sind. Das läßt sich in gewissem Grade durch die Anwendung des Austrages durch den Schuber verwirklichen; allerdings ist das Ergebnis ein sehr unvollkommenes, weil das Wallen des Ladewassers nicht vermieden werden kann.

2. Ein viel besseres Ergebnis kann man erzielen, wenn man die Geschwindigkeit des aufsteigenden Wasserstromes in der letzten Abteilung des pulsator classifier der Zusammensetzung des Erzes entsprechend bestimmt.

Es bestehe z. B. das Roherz aus Bleiglanz und Quarz; der größte Durchmesser dieser Mineralien sei 2 mm. Dann ist die Endgeschwindigkeit des Quarzkornes von 2 mm Durchmesser:

$$v_0 = 77 \sqrt{2 \cdot 1{,}6} = 138 \text{ mm}$$

und der Durchmesser des gleichfälligen Bleiglanzkornes:
$$d = \frac{19044}{5929 \cdot 6{,}5} = 0{,}49 \text{ mm}.$$

Wird also die Geschwindigkeit des aufsteigenden Wasserstromes derart geregelt, daß diese in der letzten Abteilung etwa 138 mm beträgt, so werden die Bleiglanzkörner von 2,0 bis 0,5 mm Durchmesser in dieser Abteilung niedersinken, die Quarzkörner aber theoretisch nicht, in Wirklichkeit nur in geringer Menge. Durch dieses Verfahren kann man erreichen, daß auch das gröbste Korn genau nach der Gleichfälligkeit sortiert sein wird; anderseits wird ein beträchtlicher Teil der Bleiglanzkörner der weiteren Anreicherungsarbeit entzogen, so daß auch der Verlust an Blei geringer sein wird.

Wenn das Roherz, z .B. Quarz, Zinkblende und Bleiglanz enthält, so berechnet man die entsprechende Geschwindigkeit für Zinkblende. Z. B. es wäre
$$v_0 = 77 \sqrt{2 \cdot 3} = 188 \text{ mm};$$
der Durchmesser des gleichfälligen Bleiglanzkornes ist dann:
$$d = \frac{35344}{5929 \cdot 6{,}5} = 0{,}92 \text{ mm}.$$

Sachverzeichnis.

Allardscher Rätter 162
Amalgamation 6
Anfangsbeschleunigung des Herdes 184, 209 u. f., 243
Anreicherungsgrad 6, 276
Ausbringen 8 u. f.
Ausschub des Stoßherdes 180, 208

Bahnen der Mineralkörner auf dem Rundherde 218
Bartschscher Rundherd 225
Bazinsche Formel 67
Berge 7
Bergerz 11
Beschleunigungskoeffizient 186, 243
Bewegte Herde 177
Bewegung der Kugel im geneigten Wasserstrome 61
— im horizontalen Wasserstrome 86
— im vertikalen Wasserstrome 50
Blechsiebe 83 u. f.

Daumenscheibe des Stoßherdes 181
Derberz 10
Dichte der Trübe 203
Drahtsiebe 84
Druck des Wasserstromes auf eine ebene Platte 11
— auf eine Kegelfläche 13
— auf eine Kugelfläche 15
Dynamische Wirkung des Wasserstromes 11

Eastmans logarithmische Kurven 30, 43 u. f.
Elektrostatische Aufbereitung 6
Endgeschwindigkeit 19, 30, 40, 48
Englisches Setzen 132
Erzverkaufsvorschrift 276

Fallgeschwindigkeit 19 u. f., 41
Feder des Stoßherdes 183
Ferrarisherd 254
Feste Herde 174
Flotationsverfahren 4

Geschwindigkeit des Ausschubes 198
— des Herdes 184, 244
— des Mineralkornes auf der Herdfläche in der Neigungsrichtung 174
Geschwindigkeitsgefälle 64
Gleichfälligkeit 78, 86
Grenze des Setzens 162
Günstigster Anreicherungsgrad 276

Happenbrett 169
Hauptdaten der ebenen Stoßherde 198
— der Rundherde 214
— der Schüttelherde 251
— der Setzmaschinen 129
Herdarbeit 165
Horizontalgeschwindigkeit der Herdfläche 184, 244
— des Mineralkornes auf der Herdfläche 193, 204, 244, 249
Hubzahl der Setzmaschine 130
Hydrostatische Beschleunigung 4
Hyperbelfunktionen 21

Innere Reibung 64

Klarwasser 276
Klasse 79
Klassieren 78, 79
Kolbenhub der Setzmaschine 130
Konzentrate 6
Kraftbedarf der Schüttelherde 257
— der Setzmaschinen 162
— der Stoßherde 235
Kreisevolvente 182
Kritische Geschwindigkeit 44

Laugerei 6
Länge der Spitzkästen 264
Läuterwasser 276
Leistung des Bartschschen Herdes 234
— des pulsator classifier 282

Sachverzeichnis.

Leistung des Rittingerherdes 203
Linkenbachscher Rundherd 234
Lochweite 79

Magnetische Aufbereitung 4
Maschenzahl 82
Mechanische Aufbereitung 2
Mehle 96
Metallausbringen 8 u. f.
Metallverlust 7, 277
Minder rösche Trübesorte 96
Mittelerz 11
Mittlere Geschwindigkeit des Wasserstromes 65
Möglichkeit des Setzens 144, 154

Nasse Aufbereitung 4
Normale englische Siebskala 166, 167
Nutzeffekt des Siebes 79
Nützliche Siebfläche 82

Oberflächengeschwindigkeit des Wasserstromes 65

Péchsche Siebskala 81
Planengeschwindigkeit 204
Problem des Setzens 131
Pulsator classifier 99, 279

Quotient der Siebskala 80, 154

Radiale Geschwindigkeit des Mineralkornes auf der Herdfläche 215 u. f.
Reibungsbeschleunigung beim Schüttelherde 243
— beim Stoßherde 185
Relative Geschwindigkeit 50
— Geschwindigkeit des Mineralkornes bei dem Bartschschen Rundherde 226
Richards Indikator 116, 125
— Stromapparat 99, 279
Richardssche Siebskala 81
Rittingerherd 200
Rittingersche Formel der Endgeschwindigkeit 23, 33 u. f.
— Siebskala 81
Rösche Trübesorte 96
Rundherd 208
— mit feststehender Aufgebevorrichtung 221
Rückstoß des Stoßherdes 180

Sande 96
Schlamm 96
Schmant 96
Schnellstoßherd 239
Schüttelherd 180, 242
Schwimmverfahren 4
Setzarbeit 100
Setzmaschine 100
Siebe 79
Sortieren nach der Gleichfälligkeit 78, 86
Spezifische Gewichte der Mineralien 5
Spitzkasten 95
Spitzlutte 98
Stein-Bilharzscher Herd 204
Stillstand des Stoßherdes 181
Stokessche Formel der Endgeschwindigkeit 30, 40
Stoßherd 179, 180
Stoßzahl des Stoßherdes 195

Tangentialgeschwindigkeit des Mineralkornes auf dem Rundherde 210 u. f.
Tangentialgeschwindigkeit des Rundherdes 208
Trockene Aufbereitung 4
Trübesorten 93

Umdrehungszahl beim Schüttelherde 249, 252
Unterkorn 79

Verfassers Formel der kritischen Geschwindigkeit 47
Vertikale Beschleunigung des Schüttelherdes 242
Verwendbarkeit der Herde 260
Vorarbeiten der nassen Aufbereitung 77, 78

Wagoners Formel der Endgeschwindigkeit 48
Wagrechte Geschwindigkeit des Mineralkornes auf der Herdfläche 193, 204, 244, 249
Weg des Mineralkornes auf der Herdfläche 193, 248

Zähe Trübesorte 96
Zwischenprodukte 7
Zyanidlaugerei 6

Verlag von Julius Springer in Berlin W 9

Lehrbuch der Bergbaukunde mit besonderer Berücksichtigung des Steinkohlenbergbaues. Von Prof. Dr.-Ing. e. h. **F. Heise,** Direktor der Bergschule zu Bochum, und Prof. Dr.-Ing. e. h. **F. Herbst,** Direktor der Bergschule zu Essen. In 2 Bänden.
Erster Band: Gebirgs- und Lagerstättenlehre. Das Aufsuchen der Lagerstätten (Schürf- und Bohrarbeiten). Gewinnungsarbeiten. Die Grubenbaue. Grubenbewetterung. Fünfte, verbesserte Auflage. Mit 580 Abbildungen und einer farbigen Tafel. (XIX u. 626 S.) 1923.
Gebunden 11 Goldmark / Gebunden 3.20 Dollar
Zweiter Band: Grubenausbau. Schachtabteufen. Förderung. Wasserhaltung. Grubenbrände. Atmungs- und Rettungsgeräte. Dritte und vierte, verbesserte und vermehrte Auflage. Mit 695 Abbildungen. (XVI u. 662 S.) 1923. Gebunden 11 Goldmark / Gebunden 3.20 Dollar

Kurzer Leitfaden der Bergbaukunde. Von Prof. Dr.-Ing. e. h. **F. Heise,** Direktor der Bergschule zu Bochum, und Prof. Dr.-Ing. e. h. **F. Herbst,** Direktor der Bergschule zu Essen. Zweite, verbesserte Auflage. Mit 341 Textfiguren. (XII u. 224 S.) 1921.
5.20 Goldmark / 1.25 Dollar

Der basische Herdofenprozeß. Eine Studie. Von Ing.-Chemiker **Carl Dichmann.** Zweite, verbesserte Auflage. Mit 42 Textfiguren. (VIII u. 278 S.) 1920. 12 Goldmark / 2.90 Dollar

Leitfaden für Gießereilaboratorien. Von Geh. Bergrat Prof. Dr.-Ing. e. h. **Bernhard Osann,** Clausthal. Zweite, erweiterte Auflage. Mit 12 Abbildungen im Text. (IV u. 62 S.) 1924.
2.70 Goldmark / 0.65 Dollar

Die Herstellung des Tempergusses und die Theorie des Glühfrischens nebst Abriß über die Anlage von Tempergießereien. Handbuch für den Praktiker und Studierenden. Von Dr.-Ing. **Engelbert Leber.** Mit 213 Abbildungen im Text und auf 13 Tafeln. (VIII u. 312 S.) 1919. 16 Goldmark / 3.80 Dollar

Grundzüge des Eisenhüttenwesens. Von Dr.-Ing. **Th. Geilenkirchen.** Erster Band: Allgemeine Eisenhüttenkunde. Mit 66 Textabbildungen und 5 Tafeln. (VII u. 249 S.) 1911.
Gebunden 8 Goldmark / Gebunden 1.95 Dollar

Handbuch der Eisen- und Stahlgießerei. Unter Mitarbeit von zahlreichen Fachleuten herausgegeben von Dr.-Ing. **C. Geiger,** Düsseldorf.
I. Band: **Grundlagen.** Zweite Auflage. Mit etwa 180 Textabbildungen und 5 Tafeln. In Vorbereitung.
II. Band: **Betriebstechnik.** Mit 1276 Figuren im Text und auf 4 Tafeln. (X u. 772 S.) Unveränderter Neudruck. 1920.
Gebunden 36 Goldmark / Gebunden 9 Dollar
III. (Schluß-) Band: **Anlage, Einrichtung und Verwaltung der Gießerei.** In Vorbereitung.

Die Formstoffe der Eisen- und Stahlgießerei. Ihr Wesen, ihre Prüfung und Aufbereitung. Von **Carl Irresberger.** Mit 241 Textabbildungen. (V u. 245 S.) 1920. 10 Goldmark / 2.40 Dollar

Verlag von Julius Springer in Berlin W 9

Schrotthandel und Schrottverwendung unter besonderer Berücksichtigung der Kriegs- und Nachkriegsverhältnisse. Von Dipl.-Kaufmann **Karl Klinger**. Mit 7 Abbildungen im Text und zahlreichen Tabellen. Erscheint im Frühjahr 1924.

Das schmiedbare Eisen. Konstitution und Eigenschaften. Von Professor Dr.-Ing. **Paul Oberhoffer**, Aachen. Zweite, verbesserte und erweiterte Auflage. Mit etwa 450 Textfiguren. Erscheint im Sommer 1924.

Die Praxis des Eisenhüttenchemikers. Anleitung zur chemischen Untersuchung des Eisens und der Eisenerze. Von Prof. Dr. **Carl Krug**, Berlin. Zweite, vermehrte und verbesserte Auflage. Mit 29 Textabbildungen. (VIII u. 200 S.) 1923.
6 Goldmark; gebunden 7 Goldmark / 1.45 Dollar; gebunden 1.70 Dollar

Lötrohrprobierkunde. Anleitung zur qualitativen und quantitativen Untersuchung mit Hilfe des Lötrohres. Von Prof. Dr. **Carl Krug**, Berlin. Mit 2 Figurentafeln. (VI u. 80 S.) 1914.
Gebunden 3 Goldmark / Gebunden 0.75 Dollar

Die Bergwerksmaschinen. Eine Sammlung von Handbüchern für Betriebsbeamte. Unter Mitwirkung zahlreicher Fachgenossen herausgegeben von Dipl.-Ing. **Hans Bansen**, Bergingenieur, ord. Lehrer an der Bergschule zu Tarnowitz.
Dritter Band: **Die Schachtfördermaschinen.** Zweite, vermehrte und verbesserte Auflage. Bearbeitet von **Fritz Schmidt** und **Ernst Förster.**
I. Teil: Die Grundlagen des Fördermaschinenwesens. Von Privatdozent Dr. **Fritz Schmidt**, Berlin. Mit 178 Abbildungen im Text. (VIII u. 209 S.) 1923. 8.40 Goldmark / 2 Dollar
II. Teil: Die Dampffördermaschinen. Bearbeitet von Privatdozent Dr. **Fritz Schmidt**, Berlin. In Vorbereitung.
III. Teil: Die elektrischen Fördermaschinen. Von Prof. Dr.-Ing. **Ernst Förster**, Magdeburg. Mit 81 Abbildungen im Text und auf 1 Tafel. (VII u. 154 S.) 1923. 6 Goldmark / 1.45 Dollar
Fünfter Band: **Die Wasserhaltungsmaschinen.** Von Dipl.-Ing. **Karl Teiwes.** Mit 362 Textfiguren. (X u. 488 S.) 1916.
Gebunden 18 Goldmark / Gebunden 4.30 Dollar
Sechster Band: **Die Streckenförderung.** Von Diplom-Bergingenieur **Hans Bansen.** Zweite, vermehrte und verbesserte Auflage. Mit 593 Textfiguren. (XII u. 444 S.) 1921.
Gebunden 18 Goldmark / Gebunden 4.30 Dollar

Die Förderung von Massengütern. Von Prof. Dipl.-Ing. **G. v. Hanffstengel**, Charlottenburg.
Erster Band: Bau und Berechnung der stetig arbeitenden Förderer. Dritte, umgearbeitete und vermehrte Auflage. Mit 531 Textfiguren. Unveränderter Neudruck. (VIII u. 306 S.) 1922.
Gebunden 11 Goldmark / Gebunden 2.65 Dollar
Zweiter (Schluß-) Band: Förderer für Einzellasten. Dritte Auflage. In Vorbereitung.

Die Drahtseilbahnen (Schwebebahnen). Ihr Aufbau und ihre Verwendung. Von Reg.-Baum. Prof. Dipl.-Ing. **P. Stephan.** Dritte, verbesserte Auflage. Mit 543 Textabbildungen und 3 Tafeln. (VI u. 460 S.) 1921. Gebunden 18 Goldmark / Gebunden 4.30 Dollar

MIX
Papier aus verantwortungsvollen Quellen
Paper from responsible sources
FSC® C105338

If you have any concerns about our products,
you can contact us on
ProductSafety@springernature.com

In case Publisher is established outside the EU,
the EU authorized representative is:
**Springer Nature Customer Service Center GmbH
Europaplatz 3, 69115 Heidelberg, Germany**

Printed by Libri Plureos GmbH
in Hamburg, Germany